나쁜 유전자

나쁜 유전자

정우현 지음

세계사를
뒤바꾼

문제적 유전자
바로 읽기

이른비

추천의 말

김유태 시인, 매일경제신문 문화부 기자, 『나쁜 책』 저자
—

이 책은 단순한 유전학 서적이 아니다. 과학이라는 중립의 가면을 쓴 채 인간 삶을 통제하고 인간 존엄을 옥죄었던 결정론의 성채를 차갑게 무너뜨리는, 서늘하면서도 도발적인 지적 선언문이다. 저자는 인간의 모든 현상과 행위를 물질적 원인으로 환원하려는 본질주의적 편향을, 인간이 스스로에게 가했던 은밀한 폭정이라 부른다. 그 왜곡과 오류의 심연을 응시하며 해방을 모색하는 과정은, 과학의 울타리를 넘어 인간의 근원적 자유를 탐사하는 원대한 여정이 된다.

이 책은 말한다. 유전자는 구체적인 삶에 선행하는 천형이나 피할 수 없는 운명이 아니라고. 삶은 살아가는 과정 속에서, 또 환경과 맥락 속에서 끝없이 새 의미를 부여받는 가변적인 항해라는 깨달음은 이 책이 우리에게 주는 선물이며, 결핍과 정상성에 대한 낡은 관념을 치밀한 사유를 통해 전복하려는 저자의 문장은 인간의 가능성에 대한 근본적 재인식을 촉구하는 날카로운 초대장과도 같다. 그뿐인가. 그리스 신화, 근현대 철학, 오늘날의 문학, 동시대 시각예술, 성서와 신학이라는 다섯 개의 거대한 사유의 렌즈가 인간을 근거리와 원거리에서 동시에 조망한다. 저 렌즈에 비친 인간의 초상에는 원래부터 선한 것도 원래부터 악한 것도 없음이 폭로된다. 오직 선악의 저울 위에 올려놓여진 '인간'만이 있다. 책의 마지막 장을 덮으며, 우리는 뜨거운 침묵 속에서 저자의 문장을 되뇌게 될 것이다. "그런 유전자는 없다."

이은희(하리하라) 과학커뮤니케이터, 『엄마 생물학』 저자

―

안전과 위험에 대한 믿음, 고정관념의 강화와 타파의 대결은 언뜻 공평해 보이지만, 실상은 매우 불합리하다. 위험에 대한 믿음과 고정관념의 강화는 반대의 경우에 비해 훨씬 더 쉽게 사람들을 파고들기 때문이다. 유전자 역시 마찬가지다. 유전자의 물리적 개념 성립조차 제대로 되어 있지 않던 19세기 후반에 이미 '나쁜' 유전자에 대한 위험성이 널리 퍼져 있었고, '이기적 유전자'가 불러일으킨 고정관념은 반세기 가까이 지난 지금도 여전히 유전자에 대한 오해를 재생산하고 있다. 실체 없는 위험에 대한 막연한 공포는 혐오와 배척을 불러오고, 획일화된 선입관과 고정관념에 의존하는 사고방식은 스스로를 우물 안 개구리로 남게 만든다.

하지만 여전히 희망은 존재한다. 이 책의 저자처럼 쉽지 않은 대결임을 충분히 알면서도, 기꺼이 나서서 '나쁜 유전자'라는 말에 함축된 나쁜 생각과 낡은 고정관념에 정면으로 맞서길 주저하지 않는 이가 있어서, 그를 통해 우물 밖에 다른 세상이 있는지를 볼 수 있게 단단한 디딤돌을 만들어주는 이가 있어서 말이다. 그런 이들이 있어서 인류는 지금까지 느리게나마 앞으로 나아가고 멀리 바라볼 수 있게 된 것이 아닐까.

정재승 KAIST 뇌인지과학과 교수 및 융합인재학부 학부장

―

정우현 교수의 『나쁜 유전자』는 제목과는 달리 "세상에 나쁜 유전자는 없다"는 담대한 선언으로 시작한다. 이 책은 유전자를 질병의 씨앗, 차별의 근거, 숙명의 덫으로 오해해온 현대사회의 깊은 편견을 해체하고, 과학이 아니라 인간이 붙여온 '나쁨'이라는 딱지의 정체를 탐문한다. 피부색, 혈우병, 폭력성, 동성애, 암 등 역사적으로 악명을 얻은 유전자를 중심으로, 저자는 생물학적 실체와 사회적 신화를 분리해 보여준다. 특히 우생학의 유산이 어떻게 과학이라는 이름 아래 차별을 정당화했는지, 그리고 여전히 '유전자 치료'나 '능력주의'의 얼굴로 우리 사회에 남아 있는지

를 날카롭게 짚는다.

정우현 교수의 문장들은 저명한 과학 저널 속 발견들 위에 플라톤에서 조지 플로이드까지 이어지는 세계사의 소용돌이를 세심히 얹는다. 유전자의 편견은 과학의 오류가 아니라 인간의 해석 방식에서 비롯됐지만, 바로 그 인간성의 덧없음과 아름다움을 저자는 포기하지 않는다. 『나쁜 유전자』는 유전자의 진실을 밝히는 데서 나아가, 우리가 인간을 바라보는 방식을 다시 쓰는 책이다.

정혜윤 작가, CBS 라디오 PD, 『삶의 발명』 저자

우리는 오랫동안 세상에는 '나쁜 유전자'가 있다고 배워왔다. 범죄자는 어떤가? 정신 질환은 어떤가? 희귀병은 어떤가? 유전자가 나쁜 역할을 해줘야만 설명되는 일들이 세상에는 있다. 개인적으로도 유전자 뒤에 숨고 싶을 때가 있다. 특히 약함과 어두움을 다뤄야 할 때 그렇다. 내가 이렇게 몸이 약한 것은? 내가 이렇게 겁이 많은 것은? 내가 이렇게 열등한 사회적 존재인 이유는? 우리 엄마가 나를 이렇게 낳아서, 그렇게 타고나서, "다 나쁜 유전자 때문이야!"라고 대답하고 싶을 때가 있다. 좋은 유전자, 나쁜 유전자라는 것도 인간이 마음대로 정한 것일 뿐이란 생각은 하지 못한 채. 우리는 진실이 아니라 익히 알고 있던 신화, 즉 '나쁜 유전자' 신화 속에 있기를 갈망한다.

이 책의 저자는 우리가 유전자에 덧씌운 인간적 의미들에는 조심해야 할 그늘이 있음을 잘 알고 있다. 그는 우리가 신화가 아니라 진실을 택하길 바랐기 때문에 이런 말을 한다. '세상에 나쁜 유전자는 없고 대신 나쁘게 바라보는 편협한 눈이 있을 뿐이다.' 이 얼마나 해방적인가! 하긴 어려울 때마다, 골치 아픈 문제가 생길 때마다 "유전자 때문이야!"라고 대처한다면 뭐가 나아질 수 있겠는가. 세상에 나쁜 유전자는 없다는 신념이 이 책을 쓰게 만들었다. 그리고 마침내 이런 말을 하게 만들었다. '당신 인생 이야기의 주인공은 유전자가 아니라 당신이다.' 읽을수록 자유를 주는 지식이 가득한 책이다.

들어가는 글

세상에 나쁜 유전자는 없다

"몹시 비열하게 생기지 않았나요? 깡마르고 변변치 못하며 비굴해 보여요. 정직해 보이지도 않고요. 저런 유라시아인들은 매우 타락한 사람들 같아요. 백인과 인도인의 혼혈아는 두 인종의 나쁜 점만 물려받았다는 소리를 들은 적이 있어요. 그게 사실인가요?"

"맞는 말인지도 모르겠네요. 유라시아인들 대부분은 그리 좋은 사람들이 아니고, 또 교육을 받더라도 크게 달라지지 않는 것 같습니다. 그러나 그들에 대한 우리의 태도에도 문제가 있습니다. 우리는 그들을 태생적으로 결점을 가지고 땅에서 솟아 올라온 버섯처럼 대하고 있지요. 그러나 결국 우리 역시 그들의 존재에 책임이 있습니다."

조지 오웰George Orwell, 『버마 시절Burmese Days』
박경서 옮김, 열린책들, 2010, 167쪽.

유전자가 뉴스나 언론에 언급될 때는 대개 질병과 연관된 경우가 많다. 그런 까닭에 '유방암 유전자', '알츠하이머 유전자', '노화 유전자' 등 우리가 많이 들어 익숙한 유전자들은 어김없이 부정적인 이름을 갖고 있다. 유전자는 종종 범죄나 불륜에 연루되기도 한다. 범죄 현장에 남겨진 혈흔의 유전자를 감식해 범인을 특정한다든가, 내 자식이 아무리 봐도 나를 닮지 않았다는 의심에 친자 검사를 의뢰한다든가 하는 일들 말이다. 유전자에 대해 갖는 느낌은 왠지 음침하고 불쾌하다.

때로는 사이코패스의 살해 동기를 추정하면서 '범죄 유전자'란 것이 있느니 없느니 갑론을박하기도 한다. 범죄를 저지르게 만드는 유전자를 타고난 게 아니라면 인간이 어찌 그렇게 극악무도할 수 있겠는가? 최근에는 '비만 유전자' 또는 '탈모 유전자'를 소환해 탓하기까지 한다. 갑자기 몸에 원치 않는 변화가 생겼을 때 내 잘못이 아니라 유전자 때문이라고 핑계를 대고 싶은 것이다. 비만과 탈모는 운 나쁘게도 우리 조상이 멸종한 네안데르탈인의 유전자 일부를 물려받았기 때문이라는 기사도 나오지 않았던가! 이처럼 유전자와 관련해 좋았던 기억이 좀체 없다. 앞으로도 내가 유전자 덕을 볼 일이 과연 있을까?

"공부 잘하는 유전자가 정말 있나요?" 한 교양 방송 프로그램의 진행자가 천진난만하게 묻는다. 그 질문에 패널로 참석한 어느 저명한 과학자는 조금의 망설임도 없이 대답한다. "네, 그런 유전자가 실제로 존재합니다." 그 순간 청중은 약속이나 한 듯 일제히 탄식한다. 그리고 러시안룰렛 게임의 희생자처럼 저주받은 자신의 이번 생을 원망한다. 하지만 따지고 보면 내 잘못이 아니다. 이 모든 게 부모를 잘못 만난 탓이다. 언젠가 우리 가문의 핏줄에 '나쁜 유전자'가 몰래 들어온 게 틀림없다. 유전자란 무엇일까? 유전자가 도대체 뭐길래 내 인생과 운명을 이렇게 정해놓았단 말인가. 과연 우리는 유전자가 무엇인지 정확히 알고 있을까? 사람들은 끊임없이 유전자에 대해 말하지만, 정작 그 실체를 제대로 아는 이는 거의 없다.

'유전자'라는 이름은 맨 처음 누가 붙였을까? 덴마크의 식물학자 빌헬름 요한센Wilhelm Johannsen(1857~1927)이다. 그는 1909년 유전의 단위를 일컫는 말로 '유전자gene'라는 용어를 맨 처음 만들어 사용했다. 그레고어 멘델Gregor Johan Mendel(1822~1884)이 유전 법칙을 발견한 지 40년도 더 지난 후였다. 멘델이 '유전학의 아버지'라면 요한센은 '유전자의 아버지'라 불릴 만하다. 이 용어는 물리적 실체가 아닌 추상적 개념으로서 지금까지도 널리 사용되고 있기 때문이다.

현대적 의미에서 '유전inheritance'이라는 용어는 18세기 말 칸트

Immanuel Kant(1724~1804)의 글에서 거의 처음 발견된다. 또한 '유전'이라는 명백한 용어는 아니었을지라도 유전 이론에 기초해 국가를 강력하게 만들 수 있다는 우생학적 아이디어는 일찌감치 고대 그리스의 플라톤에게서 찾을 수 있다. 그는 『국가 The Republic』에서 유전 이론을 바탕으로 인간과 사회를 원하는 대로 조직할 수 있다고 역설했다.

근대 생물학적인 의미로서 '유전'에 가장 근접한 표현은 1863년 허버트 스펜서Herbert Spencer(1820~1903)의 『생물학의 원리 Principles of Biology』와 1869년 프랜시스 골턴Francis Galton(1822~1911)의 『유전적 천재 Hereditary Genius』에서 발견된다. 골턴은 우생학의 가능성을 인식했을 때 그것을 단지 유전학의 응용 학문이라고만 여기지 않았다. 그는 이렇게 썼다.

> 자연이 맹목적으로 느리고 무자비하게 하는 일을, 인간은 신중하고 빠르고 상냥하게 할 수 있다. 그럴 수 있는 힘이 수중에 들어올 때, 그 방향으로 일할 의무도 함께 온다.

이처럼 그는 우생학을 의무라고 생각했다. 알면 사랑한다. 골턴은 우생학의 힘에 대해 알게 된 순간, 사랑하지 않을 도리가 없었다. 인류를 사랑하는 마음으로, 그것을 즉시 세상에 알리고 실천해야 했다. 오늘날 우리는 여기서 어떤 비극이 시작되었는지 잘 알고 있다. 하지만 골턴은 인류에게 고통을 주려 한 것이 아니었다. 단지 후대를 위해 선한 일을 도모했을 따름이다. 그러나 과학 지식에 의존해 세계를 이해하고 개선하려는 시도가 언제나 선한 결과를 가져다주지 않는다. 과학 자체는 훌륭할지 몰라도 그 해석이 인간에 의해 이루어지는 한 실수와 오판이 생겨나게 마련이다.

지금으로부터 약 50년 전, 리처드 도킨스Clinton Richard Dawkins(1941~)는 『이기적 유전자The Selfish Gene』에서 "생명이란 유전자를 운반하는 생존 기계survival machine에 불과하다"라는 놀랄만한 주장을 했다. 그리고 그 주장은 진화의 패러다임을 완전히 바꿔놓았다. 그에 따르면 우리 인생의 진짜 주인공은 내가 아니라 내 속에 있는 유전자다. 나는 그저 껍데기일 뿐이다.

그러나 그의 주장은 사실 새로운 것이 아니었다. 당시로부터 거의 100년 앞서 발표된 골턴의 가설에서도 똑같이 발견되기 때문이다. 1865년 골턴은 「유전적 재능과 성격Hereditary Talent and Character」이라는 논문에서 "우리는 불가역적인 우리 특성의 수동적 전달자에 불과하다"라고 말했다. 유전자에 대해 정확히 알지 못하던 시절에도 사람들은 인간의 운명을 불가역적으로 결정하는 본질적인 무언가가 우리 안에 틀림없이 존재한다고 믿었다. 그 실체가 궁금했던 사람들에게 과거에는 별자리가 가장 설득력 있는 정보였다면, 지금은 유전자가 그 자리를 차지하고 있다. 이런 사고를 '유전자 결정론genetic determinism'이라 부른다.

콩 심은 데 콩 나고 팥 심은 데 팥 난다는 속담으로는 부족하다. 이제 좋은 콩을 심어야 좋은 콩이 나고, 나쁜 팥을 심으면 나쁜 팥이 난다고 믿는다. 유전자 결정론은 인간 사회에서 '나쁜 유전자'는 제거하고 '좋은 유전자'만 남겨야 한다는 강박을 갖게 하는 원인이 된다. 그리하여 우생학은 20세기 전반기에 유전학을 떠받치는 강력한 기둥이 되었다. 또한 유전자 결정론은 '진화의 종말'이라는 바람직하지 못한 결과를 부추긴다. '좋은 유전자'가 무엇인지 결정하는 것은 인간이므로, 인간 사회에서는 자연선택에 따른 진화가 의미를 잃게 된다.

우생학은 사라진 과거의 흑역사가 아니다. 교묘히 이름만 바뀌었을 뿐 자발적이고 능력주의적인 모습으로 여전히 우리 곁을 서성이고 있다. 특히 자본주의와 결탁한 채 '유전자 치료'라는 미명으로 점점 더 성행할 가능성이 높다. 과거와 달리 이제 돈과 권력이 있어야만 선망할 수 있는 대상이 되었다. 왜 우리는 유전자가 모든 것을 결정한다는 생각에 매력을 느낄까? 우리의 '본질주의 편향'에 더 잘 들어맞기 때문이다. 그러나 유전자가 모든 것을 결정한다는 믿음은 그 자체로 인간의 수많은 가능성을 닫아버린다.

반대로 우리의 삶에 우연성이 내재한다는 사실을 인식할수록 삶은 활기가 넘친다. 내가 어디까지 도달할 수 있는지 확인하고자 하는 도전 의식과 각오가 생긴다. 타인과 연대할 필요를 느끼고 사랑을 실천할 수 있게 된다. 괴테Johann Wolfgang von Goethe(1749~1832)가 『파우스트Faust』에서 말했듯이, "인간은 노력하는 한 방황한다. Es irrt der Mensch, *solang er strebt.*" 불완전함과 갈등 상황에 놓여 번민하고 분투하는 것이 인간다움의 본질이다. 방황은 인간이 살아있고 움직이고 성장하려는 존재임을 증명한다. 만약 완벽한 유전자를 가진 사람이 있다면 그는 정체된 존재나 다름없다. 우리는 완성된 '존재로서의 인간human being'이 아니라, 점차 변모해가는 '과정으로서의 인간human becoming'이다. 이 책은 생명이 '존재'가 아니라 '과정'임을 역설하고자 한다.

과학자들은 그들이 발견한 유전자에 온갖 불편한 딱지를 붙여놓았다. 키 유전자, 지능 유전자, 범죄 유전자, 동성애 유전자 등등. 이는 발견이 아니라 차라리 '발명'에 가깝다. 사실 누구도 그런 유전자가 무엇인지, 어디에 있는지 콕 집어 말할 수 없다. 어쩌면 이런 선동이 유전자에 대한 왜곡된 믿음과 부당한 혐오, 또는 어리석은 열광을 낳는 가장 큰 원인인지도 모른다.

당연한 말이지만, 유전자는 질병을 유발하거나 오해 또는 분쟁을 일으키려고 존재하는 것이 아니다. 가장 악명 높은 유전자조차도 널리 퍼지는 악성 질병을 일으킨 일은 거의 없다. 유전자가 아무리 포악하다 해도 그것 때문에 전쟁이 일어나거나 인류 전체가 멸종할 일은 없다. 오히려 환경의 변화 때문에 멸종할 가능성은 충분하다. 그런 의미에서 유전자보다 그것을 둘러싼 환경이 더 중요하다고 말할 수 있다. 유전자는 정보일 뿐이며, 정보를 어떻게 사용할 것이냐는 언제나 환경이 조절하고 결정하기 때문이다.

현대인의 지능지수는 시간이 지날수록 점점 높아지고 있다. 그것은 인간의 유전자가 점점 더 똑똑해지는 방향으로 진화하기 때문이 아니다. 이는 환경과 교육이 얼마나 중요한지 보여주는 매우 중요한 단서다. 유전자 돌연변이로 인해 발생하는 암 환자의 수는 매년 점점 더 늘어나지만 부단한 연구에 이은 치료 기술의 개발로 환자들의 생존율은 조금씩이나마 올라가고 있다. 꾸준한 노력과 환경의 개선으로 유전적 결함은 차차 메워지고 있다.

정치철학자 존 그레이John Nicholas Gray(1948~)는 『꼭두각시의 영혼 *The Soul of the Marionette*』에서 '과학적 세계관'이라는 것이 존재하지 않는다고 말했다. 과학은 탐구의 방법이지 세계관이 아니라는 것이다. 일리가 있는 말이지만, 나는 과학이 세계관이 아니라고는 말하지 못하겠다. 그러나 만약 과학에도 세계관이 있다고 한다면 이는 과학이 알려주는 것이 아니라 과학을 해석하는 인간이 만들어내는 것이라는 점은 분명하다. 그렇다면 과학적 세계관이란 언제나 하나의 답만 말하고 있을 리 없다. 인간은 과학을 이용해 유전자를 발견하고 어떤 것에는 '좋은 유전자', 또 다른 것에는 '나쁜 유전자'라는 낙인을 찍었다. 과학이 가르쳐준 것이 아니라 인간이 마음대로 정한 것이다.

세상에 '나쁜 유전자'라는 것은 없다. 단지 그것을 나쁘게 바라보려는 편협한 시각이 있을 뿐이다. '장애 운동의 어머니'라 불리는 인권운동가 주디스 휴먼Judith Ellen "Judy" Heumann(1947~2023)은 이렇게 말한 적이 있다. "장애는 사회가 장애인들이 살 수 있는 환경을 제공하는 데 실패할 때만 비극이 된다." 이 문장에서 장애 대신 '나쁜 유전자'를 대입해 보아도 비슷한 의미가 무리 없이 전달된다. '나쁜 유전자'는 그것을 극복할 수 있는 환경이 제공되는 한 더 이상 나쁠 이유가 없다.

유전자에 대한 심각한 편견과 몰이해는 세계의 역사를 여러 차례 뒤흔들며 그 흐름마저 바꾸어왔다. 특정 유전자에 대한 오해가 때로 과학의 이름으로 정당화되었고, 차별과 폭력의 논리로 악용되기도 했다. 과학기술이 하루가 다르게 발전하는 오늘날, 이러한 현상은 더욱 만연해지고 첨예화되고 있다. 당신은 앞으로도 계속 유전자 탓을 하고 싶은가? 지금은 과거의 오류를 되짚고, 유전자가 실제 말해주는 바와 인간이 그것에 덧씌운 의미를 냉철하게 구분해내는 안목이 필요한 때다.

이 책을 통해 독자 여러분은 유전자 결정론의 기반이 우리가 흔히 생각하는 것보다 훨씬 더 취약하다는 사실을 깨닫게 될 것이다. 이제 인류 역사의 중요한 변곡점마다 커다란 오해를 빚어온 여덟 가지 대표적인 '문제적' 유전자를 하나하나 만나보려 한다. 그 만남에서 그간 제대로 알려지지 않았던 유전자의 본모습을 발견하게 되리라 믿는다.

1장에서는 피부색을 만드는 유전자가 어떻게 인종이라는 허구의 개념과 차별의 원흉으로 오해받게 되었는지 살펴본다. 2장에서는 혈우병과 근친혼에 따른 각종 희귀병의 원인이 된 나쁜 유전자와 돌연변이를 소개하며, 그것이 세상을 어떻게 바꾸었는지 돌아본다. 3장에서는 사나웠던 과거의 인류를 지금과 같은 사회적 동물로 바꾼 유전적 변화와 그 의미를 탐구한다. 4장에서는 우생학이 낳은 비극적인 역사와 더불어 유전자의 우월함과 열등함이라는 오해가 생긴 원인에 대해 생각해본다. 5장에서는 범죄와 폭력을 유발한다고 알려진 나쁜 유전자의 실체를 밝혀본다. 6장에서는 동성애의 오랜 역사와 성적 성향을 결정하는 유전자에 숨겨진 비밀을 파헤친다. 7장에서는 암을 유발하는 유전자와 그것을 억제하는 유전자 사이의 힘겨루기를 살펴봄으로써 암의 생물학적 의미에 대해 고찰한다. 마지막 8장에서는 유전자를 바라보는 시각을 완전히 바꿔버린 '이기적 유전자' 이론의 허와 실을 구체적으로 살펴보며 유전자와 진화에 대한 오랜 오해를 풀어보고자 한다.

이렇게 유전자를 둘러싼 담론을 다시 성찰하고, 그 과학적 실체와 사회적 신화를 구분하려는 이 책의 시도에 독자 여러분이 끝까지 동행해주기를 바란다. 유전자는 결코 나쁘지 않다.

2025년 8월
정우현

차례

- 추천의 말 **5**   • 들어가는 글 _ 세상에 나쁜 유전자는 없다 **9**

1 **피부색 유전자**
　　　　피부색이 불러온 차별의 아픈 역사 **25**

피부색은 어떻게 만들어졌을까 **30**
피부색에 대한 결정적 오해들 **33**
계몽주의 시대가 낳은 인종이라는 편견 **36**
인종차별은 어떻게 시작되었을까 **42**
피부색을 넘어 확장되는 인종의 굴레 **46**
인종이란 실재일까 허구일까 **50**
유전학이 인종에 대해 말해주는 것 **54**
차별의 역사는 다시 쓰여져야 한다 **58**
피부색이 도대체 뭐길래 **62**

2 **희귀병 유전자**
　　　　세계사의 흐름을 바꾼 무서운 질환들 **69**

해가 지지 않는 나라와 피가 멈추지 않는 왕가 **74**
혈우병 유전자가 없었다면 소련도 없었다 **76**
혈우병이 낳은 스페인의 쿠데타와 독재 정치 **80**
위대한 합스부르크가의 미친 결혼 **84**
근친혼을 피해야 하는 이유 **88**
그래도 근친혼은 계속된다 **92**
얼마나 희귀해야 희귀병일까 **98**
돌연변이는 세상을 어떻게 바꿨나 **102**
유전질환은 피할 수 없는 운명일까 **106**

3 사나운 유전자
우리는 어떻게 인간이 되었을까 **111**

'개와 늑대의 시간'은 언제였을까 **116**
사나운 여우가 길들여질 수 있다면 **120**
더 유순해질수록 외모도 더 귀여워지는 수수께끼 **123**
대체 누가 누구를 길들였을까 **127**
사나운 유전자는 다 어디로 갔을까 **131**
다정한 것이 살아남는다는 섣부른 믿음 **134**
다정도 병인 양: 다정함은 만능이 아니다 **139**
홉스 vs. 루소, 인간은 원래부터 폭력적이었나 **141**
다정함이 지닌 두 얼굴 **146**

4 열등한 유전자
우월함 숭배하는 사회와 당신이 열등하다는 착각 **151**

바보는 삼대면 충분하다 **156**
칼리카크 가문의 유전 이야기 **160**
우생학의 악몽을 용케 피해간 영국 **166**
우생학은 결국 다윈의 유산: 진화가 진보가 된 이유 **171**
살 가치가 없는 생명 **175**
우생학의 망령은 아직도 사라지지 않았다 **178**
그들의 유전자는 과연 우월했을까 **184**
열등한 유전자라는 오해 **189**
열성 유전자는 열등하지 않다 **192**

5 범죄 유전자
당신은 오해받기 위해 태어난 사람 197

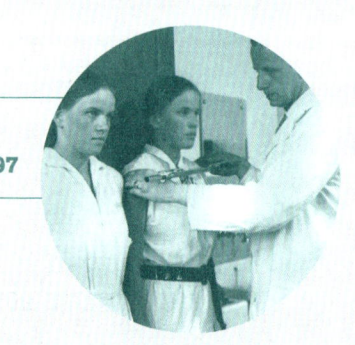

초남성 증후군 소동 203
범죄자는 타고나는 걸까 206
단골 용의자 테스토스테론은 억울하다 210
범죄 유전자, 드디어 발견되다 214
내 잘못이 아니라 유전자 때문이야 218
유전자는 환경의 영향을 압도하는가 222
'멋진 신세계'는 환경과 양육의 세계 228
범죄는 정말 감소하고 있을까 234
인간에 대한 오해 238

 6 동성애 유전자
엄마, Xq28 유전자를 주셔서 고마워요! 241

성이란 완전을 위한 결핍의 상태 246
성을 결정할 권한은 누구에게 있나 248
출생 시 배정된 성 vs. 결정된 성 253
성은 결코 고정되어 있지 않다 255
동성애, 그 금기와 차별의 역사 260
동성애는 질환일까 263
동성애 유전자를 찾아서 268
환경이 동성애를 만드는 거라면 272
오직 자연만이 지극히 자연스럽다 277

7 암 유전자
영생을 꿈꾼 세포의 다단계적 일탈 281

암은 현대인의 질병일까 286
암을 부르는 나쁜 습관 290
기생충이 암을 일으킨다고? 294
암과의 전쟁을 선포하다 298
암은 우리 내부에서 스스로 키운 괴물 302
유발 vs. 억제, 두 세계의 끝없는 힘겨루기 304
신은 주사위 놀이를 한다 309
유전자에 '나쁜' 이름 붙이기 312
암세포가 못다 이룬 영생의 꿈 316

8 이기적 유전자
유전자야말로 내 인생의 주인공이라는 속삭임 321

당신이 아니라 유전자가 주인공 326
유전자는 어쩌다 이기적 존재가 되었을까 330
사회생물학과 유전자 결정론 335
미워도 다시 한 번, 본성이냐 양육이냐 339
그런 유전자는 없다 343
진짜 이기적 유전자는 나야 나 349
유전자는 문화와 더불어 진화한다 356
도킨스의 위험한 생각 360
죽어라, 이기적 유전자여, 죽어라 365

• 나가는 글 373 • 참고문헌 377 • 도판 출처 및 소장처 393

1

피부색 유전자

피부색이 불러온
차별의 아픈 역사

클레어가 남편에게 차를 건네며 애교스럽게 그의 팔에 손을 얹었다. 그리고 자신 있게 즐기는 투로 말했다. "세상에, 잭! 이렇게 오랜 세월을 함께한 뒤에, 나에게 흑인의 피가 일이 퍼센트쯤 섞여 있다 한들 달라질 게 있어요?"

벨루는 서둘러 완강하고 단호하게 손을 내저었다. "아, 아니지. 닉." 그가 말했다. "나한테는 있을 수 없는 일이야. 내가 당신이 깜둥이가 아닌 걸 아는 한, 다 괜찮아. 당신이 얼마든지 까매져도 상관이 없다고, 당신이 깜둥이가 아니라는 걸 내가 아니까. 하지만 거기까지야. 우리 집안에 깜둥이는 안 돼. 전에도 없었고, 앞으로도 절대."

아이린은 입술이 떨리는 걸 막을 수 없었다. 그러나 다시 웃음을 터뜨리고픈 파괴적인 욕망이 끓어 가까스로 참았다. 웃음은 사라졌다.

넬라 라슨Nella Larsen, 『패싱Passing』
박경희 옮김. 문학동네, 2021, 55쪽.

어린 파에톤Phaeton은 화가 나 얼굴이 벌게졌다. 태양신 아폴론이 자기 아버지라고 아무리 얘기해봐도 친구들이 그 말을 믿기는커녕 오히려 자신을 거짓말쟁이라며 조롱했기 때문이다. 파에톤도 사실 아버지의 얼굴을 한 번도 본 적이 없어 내심 자신이 없었다. 파에톤은 민망하고 속상한 나머지 집으로 돌아와 어머니 클리메네의 품에 안겨 울음을 터뜨렸다.

"어머니, 제가 하늘의 씨앗에서 태어난 게 사실이라면 그 증거를 보여주세요."

클리메네는 더 설명할 것도 없이 아들을 태양이 떠오르는 동쪽의 땅끝으로 보냈다. 파에톤은 정든 고향 에티오피아를 떠났고, 뜨거운 인도인들의 땅을 지나 마침내 번쩍이는 황금으로 지은 태양신의 궁전에 다다랐다.

반신반의하던 파에톤의 눈앞에 나타난 이는 정말로 온 우주를 다스리는 위대한 태양신 아폴론이 아닌가. 그는 파에톤을 반갑게 맞이하며 아들을 위해 어떤 소원이라도 다 들어주겠노라 맹세했다. 아버지 없이 자란 어린 아들이 불쌍해 그렇잖아도 마음이 몹시 쓰이던 차였다. 파에톤은 의기양양해져 늘 갈망해오던 소원을 하나 청했다.

"아버지가 모는 태양 마차를 하루 동안만 제가 몰아볼 수 있게 해주세요."

아폴론은 당황했다. 태양을 끄는 일은 너무나 위험해 자신 외에 누구에게도 허락한 적이 없었기 때문이다. 심지어 올림푸스를 통치하는 제우스도 감히 시도해볼 생각조차 못 했다. 그는 철없는 아들의 요청을 여러 차례 만류해보았지만 고집을 꺾을 수 없었다. 신의 맹세는 그 누구도 취소할 수 없는 법. 아폴론은 깊이 후회했지만 이미 때는 늦어버렸다.

새벽의 여신 아우로라가 자줏빛 문을 활짝 연 이튿날 이른 새벽, 아폴론은 파에톤에게 마차의 고삐를 쥐어주며 신신당부했다.

"아들아, 말들이 사나우니까 정말로 조심하거라. 너무 높이 날거나 낮게 날면 큰일이 벌어질 수 있으니 하늘의 중간으로만 정확히 잘 몰아야 한다."

마차를 몰 생각에 흥분한 파에톤은 아버지의 충고가 귀에 들어오지 않았다. 그리스어로 '빛나는 자'라는 뜻을 가진 이름대로 파에톤은 드디어 태양을 끌며 천상에서 가장 빛나는 존재가 될 운명이 이루어지길 고대하고 있었다.

그런데 아뿔싸! 출발하기가 무섭게 마차를 끄는 네 마리의 말이 멋대로 날뛰기 시작하는 게 아닌가. 평소 고삐를 쥐는 주인의 손길이

「파에톤의 추락」(얀 반 에이크, 1636~1638).
그리스 신화에서 태양신 아폴론의 아들 파에톤은 아버지를 졸라 태양 마차를 몰다가 통제력을 잃어 추락해 죽고 말았다. 이때 마차가 적도 근처의 땅을 스치면서 불태우는 바람에 에티오피아 사람들의 피부가 까맣게 되었다는 전설이 생겨났다. 마드리드 프라도 미술관 소장.

아님을 말들이 알아챈 것이다. 마차는 이내 궤도를 이탈해 대기를 온통 불길로 휘저으며 하늘 높이 솟구쳤다가 지상으로 곤두박질쳤다. 파에톤은 겁에 질려 고삐를 놓아버렸고, 태양의 화염이 대지를 완전히 불태워 잿더미로 만들었다. 분노한 제우스는 벼락을 내렸고, 파에톤은 그 벼락에 맞아 이탈리아 북부 포Po강에 추락해 죽고 말았다.

피부색은 어떻게 만들어졌을까

오비디우스Pūblius Ovidius Nāsō(기원전 43~기원후 17)의 『변신 이야기Metamorphoses』에 소개된 파에톤의 비극은 지구상에 맨 처음 인종이 어떻게 생겨났는지 넌지시 말해준다. 그리스 사람들은 리비아의 땅이 뜨거운 사막으로 변하고 에티오피아 사람들의 피부가 까맣게 된 것은 바로 그때부터라고 믿었다. 태양을 끄는 마차가 적도 가까이 위치한 땅에 스치듯 떨어지면서 엄청난 열기로 강이 완전히 마르고, 그곳에 사는 사람들은 심하게 그슬린 나머지 검은 피부를 갖게 되었다는 것이다. 흑인은 '불의의 사고'로 생겨난 셈이다.

'에티오피아Ethiopia'라는 국가명은 실제로 그리스어에서 유래했다. '검게 탄aitho 얼굴ops을 가진 사람들의 땅'이라는 뜻이다. 고대 그리스에서는 나일강 상류 지역에 흑인이 살고 있다는 것을 알고 있었는데, 그곳이 세상의 최남단이라고 생각해 사하라 사막 아래 지역을 전부 에티오피아라 불렀다. 그러니까 '에티오피아 사람들'이란 아프리카 중남부에 사는 모든 흑인들을 통칭하는 말이었다.

이처럼 흑인들의 피부가 어느 순간 검게 변했다는 설명은 서구 중심의 편견에서 비롯되었다. 인간의 피부가 본래 자신들처럼 밝은색이었을 거라는 믿음이다. 그러나 사실은 정반대에 가깝다. 지금으로부터 약 4만 년 전 아프리카에서 유래한 현생인류는 처음부터 피부색이 매우 짙었다. 어두운 피부색은 강한 태양광을 막아주기 때문에 일조량이 많은 저위도 지방에서 사는 데 유리하게 작용한다. 혹 밝은 피부색을 가진 사람이 그곳에 살았다면 뜨거운 태양 아래서 피부암과 같은 위험에 쉽게 노출되어 틀림없이 생존에 불리했을 것이다.

아프리카에서 나와 차츰 유럽에 정착하기 시작한 사피엔스들은 북쪽으로 올라갈수록 짙은 피부색이 생존에 별로 도움이 되지 않는다는 사실을 깨달았다. 피부색이 짙은 경우 일조량이 적은 고위도 지역에서는 피부가 태양광을 잘 흡수하지 못한다. 그러면 생존에 꼭 필요한 비타민 D를 만들어내는 데 어려움을 겪게 된다. 햇빛이 매우 적은 극지방에 사는 사람은 비타민 D가 절대적으로 부족해 뼈가 휘어지는 구루병rickets으로 고생했을 수도 있다. 고대 인류가 수렵채집 생활을 했을 때는 다양한 식생활을 통해 비타민 D를 충분히 섭취할 수 있었다. 그러나 약 8,000년 전 농업혁명이 일어났고 인류가 탄수화물이 풍부한 곡물을 주식으로 삼으면서 오히려 생존에 꼭 필요한 미네랄과 비타민을 섭취하기가 어려워졌다. 공교롭게도 이때 하나의 유전자에 돌연변이가 우연히 발생했고, 이것이 피부색을 밝게 만들어 생존에 유리하게 작용하면서 오늘날 유럽에 사는 백인들의 조상을 만들어냈다.

인간의 15번 염색체에는 SLC24A5라는 흡사 외계어처럼 들리는 이름의 유전자가 하나 놓여 있다. 이 유전자는 멜라닌 색소를 생성하

에티오피아 다사나치 부족의 여성.
약 4만 년 전 아프리카 대륙에서 유래한 현생인류는 본래 피부색이 매우 짙었다.

는 데 중요한 역할을 함으로써 눈동자와 피부, 머리카락에 어두운색을 부여한다. 짙은 피부색을 가진 사람은 SLC24A5 유전자의 rs1426654 위치에 구아닌(G) 염기로 된 뉴클레오타이드nucleotide를 가지고 있지만, 여기 돌연변이가 일어나 염기가 아데닌(A)으로 살짝 바뀌면 이 대립유전자는 멜라닌 색소를 덜 만들기 때문에 피부색이 밝아진다. 밝은색 피부를 갖게 된 사람들은 적은 태양광 아래서 보다 생존력이 강한 자손을 남길 확률이 높다. 현존하는 거의 모든 유럽인과 상당수의 아시아인에게서 이 변이가 발견된다. SLC24A5 외에도 TYR, OCA2, TYRP1 등 다른 몇 가지 유전자에 특정 돌연변이가 생기면 피부뿐 아니라 눈동자와 머리카락도 하얗게 변하는 눈피부백색증oculocutaneous albinism을 일으킬 수 있다고 알려져 있다. 눈피부백색증은 멜라닌 색소의 합성 과정에 결함이 생겨 발생하는 희귀 유전질환으로 피부암이나 시각 장애가 생길 위험이 매우 커진다.

이처럼 유전자에 일어나는 돌연변이는 대개 건강에 좋지 못한 영향을 끼치게 마련이다. 생존에 심각한 해를 끼치는 돌연변이가 일어난다면 그 개체는 자손을 번식할 가능성이 낮아지므로 서서히 도태되어 사라지고 말 것이다. 그러나 피부색을 조금씩 밝게 또는 어둡게 바꾸는 돌연변이라면 어디서 거주하느냐에 따라 생존에 얼마든지 유리하게 작용할 수 있다. 여러 세대가 지난 후 자연선택natural selection에 의해 검은 피부를 가진 사람은 저위도 지역에, 흰 피부를 가진 사람들은 고위도 지역에 점점 더 많아졌을 것이다. 하지만 예외도 있다. 이누이트Inuit 같은 에스키모인들은 북극 지방에 살고 있지만 어두운 피부를 지닌다. 이들은 햇빛을 통해 얻지 못하는 부족한 비타민 D를 전통 음식으로 보충해왔기 때문이다. 에스키모인들이 즐겨 먹는 생선과 간유肝油에는 생존에 필요한 비타민 D가 풍부하게 함유되어 있다.

피부색에 대한 결정적 오해들

그러나 혹시라도 고위도 지방에 사는 사람들은 햇빛이 약하고 적어서 피부색이 밝아진 나머지 백인이 되었고, 저위도 지방에 사는 사람들은 오랜 시간 강한 햇빛에 노출되어 피부색이 검게 변해 흑인이 되었다고 생각한다면 이는 잘못된 추론이다. 흑인은 햇볕을 많이 쬐어 검은 피부를 가지게 된 것이 아니다. 물론 유해한 자외선에 오래 노출된 피부는 스스로를 보호하기 위해 멜라닌 합성을 증가시키기 때문에 색소 침착으로 피부가 조금씩 검어지게 되는 것은 사실이다. 그러나 갓 태어난 흑인 아기는 햇빛을 한 번도 쬔 적이 없는데도 이미 피부가 검지 않은가. 어릴 때 하와이로 이민 가 평생 뜨거운 햇빛 아래 살았던 한국인이 나중에 피부가 까맣게 되어 현지인과 구분하기 어려울 정도로 변하기도 한다. 그러나 이런 한국인 커플도 아기를 낳게 되면 그 아기 역시 원래의 동양인 피부색을 지니고 태어나게 될 것은 자명하다.

피부색은 인류가 오랜 세월에 걸쳐 자연선택을 통해 습득하고 적응한 유전형질이다. 따라서 타고난 피부색은 자식을 통해 그대로 유전된다. 그러나 사람이 태어나 살아가면서 당대의 환경 변화에 따라 후천적으로 습득하게 된 피부색은 유전형질에 전혀 영향을 미치지 못한다. 결론적으로 말해 한 사람의 피부색은 유전에서 비롯되지만 환경이 함께 만들어가는 '살아있는 작품'이라 할 수 있다. 역사학자 카Edward Hallett Carr(1892~1982)의 유명한 표현을 빌리자면, 피부색은 유전과 환경의 '끊임없는 대화'로 만들어지는 셈이다.

놀랍게도 찰스 다윈Charles Darwin(1809~1882)은 1871년에 쓴 『인간의 유래와 성선택The Descent of Man, and Selection in Relation to Sex』에서 인류가 서로 다른 피부색의 인종으로 갈라진 것은 자연선택이 아니라 '성선택sexual selection'이 작용한 결과라고 추측한 바 있다. 성선택이란 짝짓기나 번식과 관련해 어떤 개체가 다른 개체보다 유리한 위치에 놓여 획득되는 선택을 말한다. 수컷 공작새의 화려한 깃털이나 엘크의 거대한

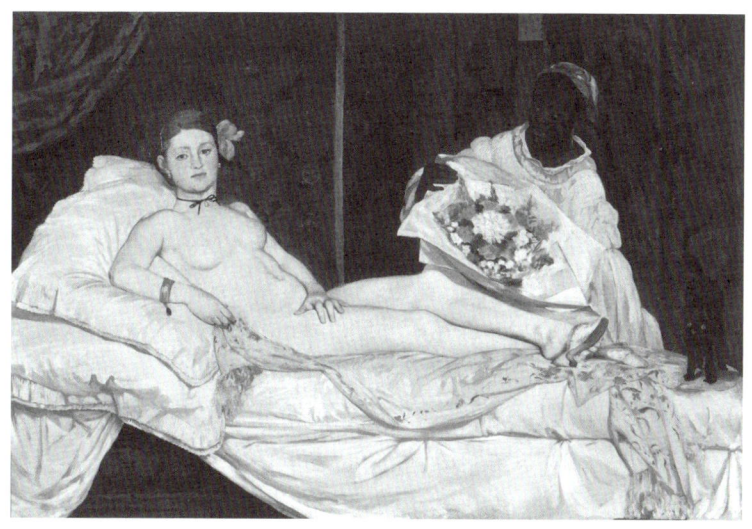

「올랭피아」(에두아르 마네, 1863).
마네는 침대에 누워 있는 백인 매춘부가 흑인 하녀의 시중을 받는 모습을 사실주의적으로 묘사했다. 파격적인 표현의 이 작품은 명백히 백인 중심적 시선과 인종적 위계를 내포하고 있다. 파리 오르세 미술관 소장.

뿔처럼 성적 파트너에게 매력적으로 보이고픈 경쟁적 적응의 산물이 인간에게는 다양한 피부색으로 나타났다는 것이다.

『인간의 유래와 성선택』은 본래 다윈이 그 전에 쓴 『종의 기원 The Origin of Species』에서 일부러 언급하기를 꺼렸던 점들, 특히 인간이 어디서 유래했는지에 대해 처음 본격적으로 다룬 책이다. 그리고 여기서 자연선택으로 설명하기 어려운 형질들을 성선택이라는 새로운 이론으로 보완했다. 따라서 상식적으로 판단하건대, 이 책은 『종의 기원』보다 더 큰 반향을 일으키거나 적어도 비슷한 비중으로 받아들여졌어야 마땅하다. 그런데도 이 책은 오늘날까지도 그리 널리 알려지지 않았다.

왜일까? 거기에는 사실 그럴 만한 이유가 있다.

이 책에는 문제가 될 만한 주장이 여럿 들어있기 때문이다. 첫째, 남자는 여자보다 거의 모든 분야에서 지적 능력이 훨씬 뛰어나고, 둘째, 남자가 여자를 선택하는 게 아니라 여자가 남자를 선택하며, 셋째, 흑인과 같은 미개인과 유럽인은 서로 다른 인종으로 진화하여 지적 능력과 도덕성에서 큰 차이가 있다는 것이다. 첫 번째 주장은 여자들이 좋아하지 않았고, 두 번째 주장은 남자들이 반길 리 없었다. 게다가 세 번째 주장은 백인이 아닌 일부 인종이 열등하다는 뜻으로 받아들여져 많은 이들에게 비난을 받았다. 급기야 다윈은 인종주의자라는 비판까지 듣게 되었다. 한마디로 그의 주장은 남녀노소 할 것 없이 누구도 좋아할 수 없었다. 다윈은 평소 노예제 철폐를 공개적으로 주장하곤 했는데, 그런 그였을지라도 유색인종보다 백인이 더 우월하다는 생각까지 포기하지는 못했다.

계몽주의 시대가 낳은 인종이라는 편견

—

18세기 중반 스웨덴 웁살라대학의 식물학자 카를 폰 린네Carl von Linné (1707~1778)는 '인종'이라는 다소 모호한 개념에 그럴듯하게 과학적인 포장을 더했다. 유능한 분류학자였던 그는 1735년 발표한 『자연의 체계Systema Naturae』에서 처음으로 인간을 원숭이와 함께 영장목目에 집어넣었고, 이명법二名法을 이용해 인간에게 '호모 사피엔스Homo sapiens'라는 종명을 부여했다. '슬기로운 사람'이라는 뜻의 라틴어였다.

린네는 수백 종에 이르는 생물을 분류하고 각각의 형태적 특징을 자세히 기록했다.

그러나 호모 사피엔스 항목에 이르러서는 '노스케 테 입숨nosce te ipsum'이라고만 간단히 적었다. 소크라테스가 한 말로 유명한 '너 자신을 알라'라는 뜻의 라틴어 문장이었다. 인간은 자신의 정체와 위치를 스스로 알 수 있는 특별한 존재라는 자부심의 표현이었을까, 아니면 아직 자신에 대해 모르는 것이 많은 미지의 존재라는 겸손함의 표현이었을까.

린네는 모든 인간이 하나의 종에 속한다고 생각했지만, 다음과 같이 네 개의 하위 종으로도 나눌 수 있다고 여겼다. 흰 피부의 '에우로페아누스Europeanus', 붉은 피부의 '아메리카누스Americanus', 누런 피부의 '아시아티쿠스Asiaticus', 그리고 마지막으로 검은 피부의 '아프리카누스Africanus'였다. 분류 체계를 만든 주체로서 백인 유럽인은 당연히 가장 우월한 집단에 놓였다.

인종을 단순히 피부색에 따라 분류한 것 같지만 자세히 보면 그게 전부가 아니었다. 1758년에 간행된 제10판에서는 인간 변종variety을 설명하는 란에 다음과 같은 특성을 추가로 적어놓았다. "흰 피부의 유럽인은 법의 지배를 받고governed by laws, 검은 피부의 아프리카인은 변덕의 지배를 받는다governed by caprice."

파리왕립식물원의 원장이었던 뷔퐁 백작Georges-Louis Leclerc, Comte de Buffon(1707~1788)은 거의 50년에 걸쳐 총 44권에 달하는 방대한 분량의 『박물지Histoire Naturelle』를 집필했다. 뷔퐁은 이 책에서 동물을 설명할 때 인간의 성격과 특징을 부여하는 재치를 발휘해 대중에게 큰 인

MAMMALIA PRIMATES. Homo.

I. PRIMATES.

Dentes Primores superiores IV, paralleli.
Mammæ Pectorales II.

1. HOMO nosce Te ipsum. (*)
Sapiens. 1. H. diurnus; *varians cultura, loco.*
Ferus. tetrapus, mutus, hirsutus.
 Juvenis Ursinus lithuanus. 1661.
 Juvenis Lupinus hessensis. 1344.
 Juvenis Ovinus hibernus. Tulp. obs. IV: 9.
 Juvenis Hannoveranus.
 Pueri 2 Pyrenaici. 1719.
 Johannes Leodicensis.

America- 2. rufus, cholericus, rectus.
nus. Pilis nigris, rectis, crassis; *Naribus* patulis; *Facie* ephelitica, *Mento* subimberbi.
 Pertinax, hilaris, liber.
 Pingit se lineis dædaleis rubris.
 Regitur Consvetudine.

β al-

(*) Nosse Se Ipsum gradus est primus sapientiæ, dictumque *Solonis*, quondam scriptum litteris aureis supra *Dianæ* Templum. Mus. *ADOLPH. FRID.* Præfat.
Physiologice: Te contextum Nervis, intertextum Fibris, Machina tenella, sed adolescente in perfectissimam, facultatibus instructam fere omnibus pluribusque, quam reliqua cuncta. *Nudum in nuda humo, natali die, objectum natura ad vagitus statim & ploratum, manibus pedibusque devinciendum Animal cæteris imperaturum; cui scire nihil sine doctrina; non fari, non ingredi, non vesci, non aliud natura sponte. Plin. Vides itaque qualem vitam nobis rerum natura promisit, quæ primum nascentium omen fletum esse voluit.* Seneca.
Diatetice: Te sanitate & tranquillitate, si noveris, felicem; *Moderatis* conservandum, *Nimiis* destruendum, *Variatis* afficiendum, *Insvetis* frangendum, *Consvetis* indurandum; polyphagum Culina instructissima, per errores gratissima, igne vinoque horrenda. *Parvo fames constat, magno fastidium.* Seneca.
Pathologice: Te tumidam usque dum crepueris bullam, piloque pendulam in puncto fugientis temporis. *Nihil enim homine imbecillius terra alit.* Homer. *Nulli vita fragilior; nulli tot Morbi, tot Curæ, tot Pericula. Breve universum utique ævi tempus: Pars æqua morti similis exigitur; nec reputantur Infantiæ anni, qui sensu carent; nec Senectæ in pœnam vivaces: hebescunt Sensus, torpent Membra, præmoriuntur Visus, Auditus, Incessus, Dentes, Ciborum instrumenta. Plin. Sic magna pars mortis jam præterit, quidquid ætatis retro est Mors tenet. Totum denique hunc, quem vides populum, quousque cogitas esse; cito natura revocavit & condet; Mors omnes æque vocat; ivatis Diis propitiisque moriendum.* Senec. II.

린네의 『자연의 체계』(제10판, 1758) 가운데 '호모 사피엔스' 항목.
『자연의 체계』는 1735년 초판을 시작으로 린네 사후까지 여러 판본이 간행되었다. 1758년 간행된 제10판은 특히 동물의 분류 체계를 확립하는 데 중요한 역할을 했다. 고래가 어류에서 포유류로 옮겨졌고, 동물 종 분류에 이명법이 처음 도입되었다. 호모 사피엔스 항목에는 '너 자신을 알라 nosce te ipsum'라고 적혀 있다.

기를 끌었다. 그는 다윈보다 거의 100년 앞서 종의 진화를 주장한 것으로도 잘 알려져 있는데, 그의 이론은 엄밀히 말해 진화론이라기보다는 오히려 '퇴화론degeneration theory'에 가깝다. 그는 모든 생물이 처음에는 신에 의해 완전한 모습으로 창조되었으나 시간이 지남에 따라 변이를 거듭해 점점 퇴화한다고 보았다.

공교롭게도 린네와 같은 해 태어나 같은 해 죽은 뷔퐁 역시 피부색과 인종에 대한 당대의 편견에서 자유롭지 못했다. 뷔퐁은 자신의 퇴화론에 근거해 흑인을 인간의 부류에 포함시키기는 했지만, 남아프리카 부족의 하나인 호텐토트Hottentot인을 설명할 때는 그들이 심각한 퇴화를 겪어 마치 원숭이나 다름없는 상태가 된 것처럼 묘사했다. 동물을 인간처럼 친근하게 설명했던 뷔퐁은 인간도 동물처럼 미개하게 보는 우를 범하고 말았다.

같은 시대 독일의 철학자 칸트도 크게 다르지 않았다. 근대 도덕 이론의 아버지라 불리는 칸트는 그 명성과 달리 인종에 대해 본질주의적이며 생물학적인 차별을 정당화하는 정교한 이론을 창안했다. 그가 미학에 대해 쓴 『아름다움과 숭고함의 감정에 관한 고찰』과 『실용적 관점에서의 인간학』을 보면 오직 유럽인만이 미와 도덕에 대한 감각과 자질을 지니고 있으며, 아프리카인과 동양인은 그 부분에 대해 아무런 개념이 없거나 기껏해야 유치하거나 기괴한 수준에 머물러 있다고 적혀 있다. 흑인과 백인 간 정신능력의 차이는 피부색의 차이보다 더 크다고 단정했다. 그는 『아름다움과 숭고함의 감정에 관한 고찰』에서 이렇게 썼다.

아프리카 흑인들은 본래 우스꽝스러움 이상의 감정을 지니고 있지 않다. 흄David Hume은 누구에게든 흑인이 재능을 발휘한 단 하나의 사례라도 있으면 제시해보라고 요구한다. 그리고 자기 나라에서 다른 나라로 강제로 끌려간 수십만 명의 흑인들 중 상당수가 자유를 얻었지만, 예술이나 과학에서 위대한 업적을 이루거나 다른 칭찬받을 만한 자질을 보인 사람은 단 한 명도 없었다고 주장한다. 반면 백인들 중 일부는 가장 밑바닥에서 일어나 비범한 재능으로 세상의 존경을 얻은 사람들이 항상 있었다. 이 두 인종 사이의 차이는 본질적이며, 피부색만큼이나 정신적 역량 면에서도 큰 것으로 보인다.

독일의 의사이자 해부학자였던 요한 프리드리히 블루멘바흐Johann Friedrich Blumenbach(1752~1840)는 린네의 제자였다. 그러나 스승의 이론과 달리 피부색이 환경에 따라 변할 수 있다는 생각에 보다 믿을 만한 근거를 찾다가 두개골에 관심을 가지기 시작했다. 블루멘바흐는 두개골의 모양에 따라 인종을 코카서스인(백인), 몽골인(황인), 아메리카인(적인), 말레이인(갈인), 에티오피아인(흑인) 다섯 가지로 분류했다. 이중 코카서스인은 가장 아름다운 두개골을 가졌으므로 고귀한 인종임에 틀림없고, 나머지는 모두 코카서스인에서 퇴락한 열등한 인종이라고 주장했다. 19세기에 접어들어 두개골 측정법craniometry을 기반으로 발전한 인종주의는 골상학phrenology과 결합하면서 일반 대중에게까지 선풍적인 관심을 끌게 된다.

다윈은 『인간의 유래와 성선택』에서 선배 학자들이 인종을 분류할 때 통일성이 없음을 지적했다. 린네와 칸트는 인종을 4종으로

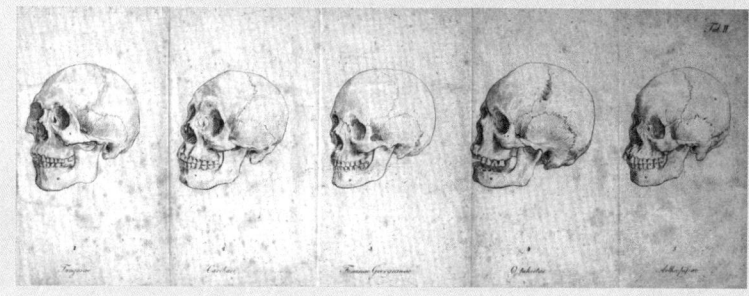

요한 프리드리히 블루멘바흐(루트비히 에밀 그림, 1823)와 그가 분류한 다섯 인종의 두개골(1795). 블루멘바흐는 자연사적 측면에서 인류를 연구하였으며, 인종 분류의 창시자로 일컬어진다. 그는 인류를 코카서스인(백인), 몽골인(황인), 아메리카인(적인), 말레이인(갈인), 에티오피아인(흑인) 다섯 가지 인종으로 분류할 수 있다고 주장했다(『인류의 자연적 다양성에 관하여De Generis Humani Varietate Nativa』에서 발췌한 아래 그림 참조). 특히 백인 두개골 유형을 '원형original'으로, 다른 모든 형태를 '퇴화형degenerations'으로 여겼다. 그의 기준에 따르면 에티오피아인의 두개골이 가장 퇴화된 형태였다. 블루멘바흐는 알렉산더 폰 훔볼트와 같은 후대 독일 생물학자들에게 영향을 주었다.

분류했고, 블루멘바흐는 5종, 뷔퐁은 6종, 아가시Jean Louis Rodolphe Agassiz(1807~1987)는 8종, 모턴Samuel George Morton(1799~1851)은 22종으로 나누었다. 어떤 학자는 심지어 63종으로 나누기도 했다. 다윈은 한 지인에게 보내는 편지에서 문명화된 코카서스 인종이 생존투쟁에서 투르크인을 완벽히 압도했다면서, '더 우월한 인종'에 의해 '더 하등한 인종'이 제거되는 현상은 막을 수 없다는 의견을 피력했다. 흑인은 신의 눈으로 볼 때조차도 동등할 수 없었다. 그러면서도 동시에 다윈은 인종이 서로 연속해 있으므로 그 경계를 명확히 나눈다는 것은 사실상 불가능하다고 인정했다. 인종은 어떤 기준을 따라 객관적으로 명확하게 나뉘지 않는다. 인종은 과연 실재하는 것일까? 도대체 인종이라는 개념은 맨 처음 어디서 비롯된 것일까?

인종차별은 어떻게 시작되었을까

15세기에 유럽인들은 '같은 혈통의 짐승'이라는 뜻으로 '종자race'라는 용어를 쓰기 시작했다. 즉 'race'는 애초 인간이 아니라 가축을 구분하기 위해 생긴 말이다. 실제로 좋은 품종의 말 따위를 고를 때 조상이 어디서 기원했는지 가리키는 라틴어 'radix(뿌리)'에서 유래했다.

그러나 이 '종자'가 사람을 가리키는 '인종race'으로 바뀌어 쓰이게 된 계기가 있으니, 바로 유대인을 구별하기 위한 것이었다. 레콩키스타Reconquista 운동이 끝나가던 15세기 스페인에 살던 유대인들은 종교적 박해가 심해지자 스스로 기독교로 개종해 이른바 '콘베르소converso',

즉 '개종자'가 되었다. 그러나 유럽인들은 유대인이 단지 개종했다는 이유만으로 그 불손한 '종자'가 바뀌지는 않는다며 이들을 콕 집어 '유대 인종'이라고 낮잡아 부르기 시작했다. 맹세 한 번으로 죄 많은 태생에서 벗어날 수는 없다고 고집스럽게 주장했던 것이다.

15세기 중반 이미 스페인 톨레도에서는 유대인 혈통이 조금이라도 섞인 사람은 법적으로 구교도와 결혼할 자격을 박탈당하고 공직을 맡을 수 없었다. 이전 5대까지의 조상 중에 유대인이 한 명이라도 있으면 콘베르소로 분류되었다. '피의 순수성limpieza de sangre'을 증명하기 위해 스페인 사회 곳곳에서 계보학에 집착하는 분위기가 만들어졌고, 그 바람에 문서 위조가 신흥 산업으로 성장하기도 했다.

20세기 초반까지도 유대인은 하나의 특별한 인종처럼 간주되었다. 유대인만 걸리는 질병 목록까지 따로 만들어져 보존될 정도였다. 인종 개념은 처음부터 피부색으로 인간을 구분하기 위해서가 아니라 유대인 혈통을 주류 사회에서 분리해 차별하기 위한 것으로 고안되었다.

16세기 들어 스페인과 포르투갈 사람들이 신대륙을 발견하고 식민지화하면서 차별의 대상이 아메리카 원주민으로 옮겨갔다. 그곳의 원주민들에게 무력을 행사하고 강제로 땅을 빼앗기 위해서는 자신들의 행위를 합리화할 논리가 필요했다. 원주민들은 이성적 능력이 없으며 교화될 가능성조차 없는 인간 이하의 미개한 존재라고 그들을 낙인찍기 시작했다. 이때 등장한 것이 선先아담 인류설pre-Adamite hypothesis과 퇴락설이다.

선아담 인류설은 아담 이전에 또 다른 기원의 인종이 있었다는 믿음이라는 점에서 다원발생설polygenism의 하나로 볼 수 있다. 이는 『구약성경』「창세기」의 논란이 된 설화에서 출발한다. 동생 아벨을 죽인 형 카인은 두려워하면서 하나님에게 요청한다. '누구를 만나든지' 자기를 죽이려 할 테니 자신을 보호해달라고. 이에 하나님은 카인에게 표를 주어 '누구를 만나든지' 죽임을 당하지 않도록 보장한다. 아담 이전에 누군가 다른 사람이 존재하지 않았다면 어째서 이런 걱정을 했겠는가? 게다가 떠돌아다니던 카인은 한 여성을 만나 아내로 삼았다. 미지의 대륙에서 맞닥뜨린 아메리칸 인디언들은 아담 이전에 있었던 다른 인종의 사람들임에 틀림없었다. 선아담 인류설은 유색인종과 백인의 조상이 같다는 사실을 탐탁지 않게 여기는 이들에게 환영받았다.

　　퇴락설은 일원발생설monogenism에 해당한다. 즉 모든 인류가 똑같이 아담과 이브의 후손이라고 보는 입장이다. 그러나 후손 중 하나가 어떤 이유로 멀리 이주했고, 퇴락하여 퇴화하고 말았다고 여긴다. 노아의 아들 함의 설화를 하나의 예로 들 수 있다. 지상의 모든 것을 휩쓸어간 대홍수 이후 노아와 그의 세 아들은 포도 농사를 짓고 있었다. 어느 날 노아가 술에 취해 벌거벗은 채 잠이 들었는데, 둘째 함은 대수롭지 않게 보고는 그냥 지나쳤다. 그러나 첫째 셈과 막내 야벳은 겉옷을 들고 뒷걸음질로 다가가 아버지의 벗은 몸을 가려주었다. 술에서 깬 노아는 둘째 아들의 행동을 듣고 분개한 나머지 저주를 퍼부었고, 그 이후로 함은 가장 비천한 인종이 되어 다른 두 형제의 후손을 섬기게 되었다는 것이다.

　　함의 후손은 에티오피아, 이집트, 리비아로 대표되는 아프리카의 흑인을 상징한다. 『성경』에는 세 형제의 피부색이나 인종에 대한 언급이 전혀 없는데도 함을 저주받은 흑인의 조상으로 보는 관점은 유럽에

「노아를 조롱하는 함」(베르나르디노 루이니, 1510~1515).
셈과 야벳은 아버지 노아의 벌거벗은 모습을 보지 않고 겉옷으로 가려주었지만, 그 장면을 보고 조롱했던 함은 노아의 저주를 받게 된다. 그 저주란 함이 가장 비천한 인종이 되어 두 형제의 후손을 섬기게 되었다는 것이다. 밀라노 브레라 미술관 소장.

서 널리 받아들여졌고, 후에 존 로크John Locke(1632~1704) 등의 지지를 받으며 흑인 노예제를 정당화하는 논리로 이용되었다. 16세기 스페인과 포르투갈 사람들이 인종의 차이를 설명하기 위해 고안한 선아담 인류설과 퇴락설은 20세기까지 이어지며 유색인종과 유대인에 대한 차별을 공고히 하는 데 일조했다.

피부색을 넘어 확장되는 인종의 굴레

라틴아메리카 지역에서는 백인과 다른 인종 사이에서 태어난 혼혈인을 백인의 피가 얼마나 섞였느냐에 따라 차등해 구분했다. 백인 남성과 원주민 여성을 부모로 가진 혼혈인은 '메스티소mestizo'라고 불렸다. 메스티소는 유럽 혈통과 아메리카 혈통이 1대 1인 셈이다. 메스티소가 백인과 결혼해 자식을 낳으면 신분이 상승해 '카스티소castizo'가 된다. 아메리카보다 유럽의 혈통비가 3대 1로 높아졌기 때문이다. 반대로 원주민의 혈통비가 높아지면 '촐로cholo'라고 불렸다. 그러나 시간이 흐르면서 촐로는 메스티소의 피가 조금만 섞인 원주민을 낮잡아 통칭하는 용어가 되었다.

식민지 시대 이래로 아프리카인과 유럽인의 혼혈은 '물라토mulatto'라고 불렸다. 물라토는 말과 당나귀 사이에서 태어난 '노새'를 의미하는 포르투갈어 'mule'에서 유래했다. 잡종의 짐승을 칭하던 용어가 사람에게 그대로 사용된 걸 보면 그 차별적인 뉘앙스가 어땠을지 상상하기는 어렵지 않다. 그래도 물라토는 백인의 피가 섞였다는 이유로 흑인보다는 더 나은 대우를 받았다. 그밖에 원주민과 아프리카인 사이에서 나온 혼혈을 가리키는 '삼보zambo'나, 백인·흑인·원주민의 세 가지 피가 섞인 다혼혈인을 의미하는 '파르도pardo'도 있다.

어째서 이렇게 다양한 멸칭이 생겨났을까? 혼혈로 인해 만들어지는 다양한 밝기의 피부색은 차별의 시작점이었다. 스페인은 라틴아메리카를 식민지로 다스리면서, 인종차별을 통해 사회 통제를 강화하고 개인의 권리를 규제하기 위해 피부색과 인종에 기반한 복잡한 신분제도를 고안했다. 식민통치가 거의 끝나가던 19세기 초에 이르면 혼혈인 신분의 범주는 점점 세분화되어 무려 100가지가 넘을 정도였다.

한편 미국에는 '한 방울 법칙one-drop rule'에 따라 인종을 구분하는 오랜 통념이 있다. 부모나 조상 가운데 흑인의 피가 한 방울이라도 섞였다면 외모가 어떻든 간에 무조건 흑인으로 분류된다. 혼혈아를 부모의 인종 중 지위가 더 낮은 쪽으로 분류하는 '하이포디센트hypodescent'라는 관습 때문이다. 백인의 피가 얼마나 섞였느냐에 따라 대우가 달라졌던 라틴아메리카와는 딴판이다. 따라서 흑인과 백인, 아메리칸 인디언, 태국인, 중국인의 복잡한 혈통을 골고루 가진 타이거 우즈Eldrick Tont "Tiger" Woods(1975~)는 그저 '흑인 골퍼'로, 케냐인 아버지와 백인 어머니 사이에서 태어난 버락 오바마Barack Hussein Obama II(1961~)는 미국 최초의 '흑인 대통령'으로 불렸다.

순혈주의의 극치라 할 만한 이 악명 높은 '한 방울 법칙'은 미국 남부에서 노예제가 정착되던 무렵 시작되었다. 백인 농장주가 흑인 여성 노예를 성적으로 유린한 결과 태어난 혼혈아를 흑인노예로 규정해 사유재산으로 삼고, 점점 늘어나는 흑백 간 결혼을 공식 금지할 목적으로 만든 일종의 관습법이 바로 '한 방울 법칙'이었다. 이는 1876년 시행되었던 흑백 인종분리 정책인 짐 크로 법Jim Crow laws과 함께 강력한 사회적 통념으로 자리 잡게 되었다. 1910년 테네시주 의회가 한 방울 법칙을 법제화했고, 1931년까지 10개 주에서도 이 법칙을 법률로 명문화했다. 흑백결혼 금지법은 1967년 연방대법원의 위헌 판결로 결국 폐지되었지만, 한 방울 법칙은 지금까지도 미국 사회에 지대한 영향을 미치고 있다.

「혼혈 계급 체계를 나타낸 카스타」(익명, 18세기).
라틴아메리카 지역의 16개 인종 그룹을 보여주는 카스타 그림(Las castas). 카스타는 '혈통'을 의미하는 스페인어로 인종과 사회적 신분을 구분하는 데 사용되었다. 멕시코 부왕령 국립박물관 소장.

1858년 미국 일리노이주 상원의원 선거를 앞두고 공화당 후보로 나온 에이브러햄 링컨Abraham Lincoln(1809~1865)은 민주당 후보 스티븐 더글러스와의 토론에서 다음과 같이 목소리를 높였다.

백인과 흑인 사이에는 육체적 차이가 있기 때문에 사회적·정치적 평등이라는 이름 아래 함께 생활하기란 영구히 불가능할 것이다. 그들이 그렇게 살 수 없는 한, 그리고 함께할 수 없는 우열의 지위가 존재할 수밖에 없다는 것은 분명하다. 다른 사람들과 마찬가지로 나 역시 백인에게 우월한 지위를 부여하는 것을 지지한다.

미국에서 가장 존경받는 대통령이자 노예해방의 아버지로 불리는 링컨이 한 말이라고는 믿기지 않는다. 더구나 당시 미국 사회의 첨예한 사안이던 노예제를 거론하며 했던 발언이다. 링컨은 노예제를 확대하지 말자는 폐지론자의 입장이었다. 흑인이 열등한 것은 사실이지만 그렇다고 노예가 될 정도까지는 아니라는 뜻이었을까? 그는 진보적인 사고를 지닌 개혁주의자였는지 몰라도, 인종에 따라 본질적인 차이가 내재한다고 보는 인종주의적 편견에서는 벗어나지 못했다.

인종차별은 과학과 이성이 아직 자리 잡지 못했던 미혹의 시대에 시작되었다. 그러나 이성과 계몽의 시대에 이르러 과학은 인종차별을 없앤 게 아니라 더 '과학적'이고 '합리적'으로 보이는 근거를 제공하며 인종차별에 정당성을 부여했다. 과학은 객관적이며 가치중립적인 지식을 바탕으로 합리적 판단에 힘을 실어줄 것 같지만 실상은 그렇지 않다. 과학은 차별의 알리바이가 되기도 한다.

대표적인 예로 제임스 왓슨James Dewey Watson(1928~)을 들 수 있다. 왓슨은 DNA가 이중나선 구조로 되어 있다는 사실을 밝혀 1962년 노벨생리의학상을 수상한 생물학계의 거목이지만, 흑인의 지능이 백인에 비해 훨씬 떨어진다고 평생 믿어왔던 것으로 보인다. 그는 그런 믿음을 마음속에만 두지 못하고 인터뷰에서 발설한 일로 40년 가까이 몸담고 있던 콜드스프링하버연구소의 소장직에서 쫓겨나고 말았다. 2007년에 그는 지능의 우열을 가르는 유전자가 앞으로 10년 내 발견되어 인종 간 유전적 차이가 있다는 자신의 견해를 과학적으로 증명해 주리라 주장하기도 했다. 그러나 현재까지도 그런 유전자는 (당연히!) 발견되지 않았다. 지금도 인종주의는 여전히 유사과학pseudoscience의 외피를 두른 채 혐오와 차별을 전파하고 있다. '진짜' 과학과 유사과학의 경계는 좀처럼 명확히 나뉘지 않는다.

인종이란 실재일까 허구일까

제2차 세계대전이 끝난 후 국제사회는 인종주의적 편견을 물리치기 위해 공동의 노력을 기울였다. 그 결실 중 하나가 1950년에 발표한 "모든 인간이 하나의 동일한 종에 속하며 인종이란 생물학적 실재가 아니라 신화에 불과하다"라는 유네스코UNESCO의 성명이다. 당대 인류학자와 사회학자뿐 아니라 과학자들의 방대한 연구 결과를 종합해서 내린 결론이었다.

이는 20세기에 들어와 백인 우월주의에 반대하고 인종차별을 없

「유네스코 소식지」Le Courrier de l'UNESCO』1950년판 표지.
유네스코가 1950년 발표한 '인종에 관한 성명'에는 인종에 기반한 불평등한 대우를 비판하려는 공동의 노력이 담겨 있으나, '인종'이라는 개념 자체에 대한 명시적인 문제 제기는 부족했다. 이러한 개념적 혼란은 오늘날에도 반복된다.

애기 위해 싸운 인류학자 프란츠 보아스Franz Boas(1858~1942)와 애슐리 몬터규Ashley Montagu(1905~1999)의 노력에 빚진 바 크다. 보아스는 수백 년간 굳어져온 인종의 개념을 과감히 깨고 서로 다른 집단의 역사와 경험, 그리고 문화적 차이가 수많은 인종적 차이를 만들어낸다고 주장했다. 그의 제자였던 몬터규는 1942년 『인류의 가장 위험한 신화: 인종이라는 허구Man's Most Dangerous Myth: The Fallacy of Race』에서 인종이란 존재하지 않으며 존재하는 것은 '연속 변이cline'에 불과하다고 보았다. 즉 인종과 인종 사이에 구분이 뚜렷한 불연속적인 경계가 있는 게 아니라, 구분하기 어려울 정도로 차이가 미미하고 점진적인 양적 형질의 변이만이 존재한다는 말이다. 과연 누가 어디에 선을 그을 수 있을까?

이러한 주장에 유전학적 근거를 제공하기 시작한 이는 하버드대의 진화생물학자 리처드 르원틴Richard Charles Lewontin(1929~2021)이었다. 르원틴은 1972년 서로 다른 7개 인종 집단을 대상으로 혈액 속 17가지 단백질 유형에 나타나는 변이를 조사했는데, 집단과 인종 내부에 존재하는 차이는 약 85퍼센트였고, 집단이나 인종 간 차이는 15퍼센트 정도에 해당했다. 그중에서도 명백하게 인종 간 차이로 확인된 경우는 겨우 6퍼센트 정도에 불과했다. 이후 스탠퍼드대의 유전학자 카발리–스포르차Luigi Luca Cavalli-Sforza(1922~2018)의 인간집단유전학human population genetics 분석을 포함해, 단백질뿐 아니라 DNA를 대상으로 변이를 추적한 다양한 연구에서도 위와 비슷한 수치의 결과를 반복적으로 얻었다.

이는 인종이나 집단 사이의 차이보다 오히려 집단 내 사람들 개개인의 차이가 더 크다는 사실을 말해준다. 인간을 인종으로 구분하려는 시도는 일종의 착시 현상 때문이며, 분류학적으로는 거의 아무런 의미가 없다는 뜻이다. 우리는 '생물학적 인종'이라고 말할 때 피부색, 눈동자, 입술 등 눈에 잘 띄는 몇 가지 생물학적 형질을 직관적으로 떠올리게 되는데, 수많은 다른 중요한 형질들에 비하면 무시할 만한 것들을 필요 이상으로 과장하고 있음은 분명하다. 인종의 구분에는 생물학적인 근거가 거의 없다고 해도 과언이 아니다. 인종이라는 개념은 인간 문화의 산물이다.

인류는 유전적으로 사실상 '클론clone'에 가깝다. 어떤 사람이든 모든 유전체에 걸쳐 염기서열이 99.9퍼센트 똑같다. 차이는 단 0.1퍼센트뿐이다. 이렇게 동일한 종은 포유류 중에서는 거의 찾아볼 수 없다. 포유류 집단 간 유전적 차이를 규정하는 Fst 값이라는 고정지수fixation index가 있다. Fst 값은 0에서 1 사이의 숫자로 나타낸다. 만약 같은 종 내에 존재하는 하위 집단——이를 아종subspecies이라 부른다——간에 유전적 차이가 전혀 없는 경우 0이 되며, 뚜렷한 아종이 존재하지만 그 아종 내 구성원 간에 다양성이 전혀 없는 경우 1로 규정한다. 즉 1에 가까운 큰 값을 가질수록 종 내에 분류 가능한 아종이 있을 가능성이 높다. 인간의 경우 아종이 존재하는 것으로 드러난다면 그것을 '인종'이라 부를 수도 있을 것이다.

그러나 대형 포유류의 경우 현재 아종으로 분류하기 위한 Fst 지수의 기준 값은 0.3이지만, 인간의 경우 0.156에 불과한 것으로 드러났다.* 이는 기준 값의 절반 수준으로, 인간 종 내에 '인종'이라 불릴 만한

---

* Barbujani, G. et al. (1997)과 Templeton, A.R. (1998) 논문 참조.

생물학적으로 유의미한 하위 종이 존재한다고 보기에는 Fst 값이 턱없이 작음을 의미한다. 인간의 Fst 값은 모든 대형 포유류 중에서도 가장 낮은 편에 속한다. 인간 종보다 더 낮은 값을 갖는 동물 종은 동아프리카산 버팔로와 케냐산 물영양 정도뿐이다.

유전학이 인종에 대해 말해주는 것

이처럼 우리가 인종이라고 부르는 것 사이에 선명한 경계선을 그을 수 없다는 사실은 유전자 수준에서 더 뚜렷하게 드러난다. 현대 분자생물학이 밝혀내는 인간의 유전적 변이들은 인종에 상관없이 모든 인간이 본질적으로 거의 동일한 유전자 풀을 공유하고 있음을 보여준다. 그렇다고 해서 인종 간의 작은 유전적 차이가 전혀 흥미롭지 않다는 뜻은 아니다. 의학적인 목적에서 질병을 진단하고 효과적으로 치료하기 위해서라도 인종의 차이를 구분하는 것이 필요하다고 주장하는 과학자들도 있다. 인종에 따라 특정 질병에 대한 취약성이 다른 경우가 종종 있기 때문이다.

낭포성 섬유증cystic fibrosis은 흔히 백인의 질병으로 여겨져 왔다. 호흡기와 소화기에 심각한 손상을 일으키는 이 유전질환은 백인의 경우 2,500명당 한 명꼴로 발생빈도가 꽤 높은 편이지만, 아시아인과 아프리카인에게는 약 9만 명당 한 명 정도로 매우 드물게 나타난다. 이는 CFTR 유전자의 특정 부위에 돌연변이가 일어나 발생하는데, 피부색이 밝은 백인만이 이 돌연변이에 취약할 이유는 없다. 인류의 조상에게 우연히 생긴 이 돌연변이가 유전자 병목현상genetic bottleneck*을 겪으면서 백인들 사이에서 주로 나타나게 되었을 뿐이다. 드물지만 유색인종에게도 유전적으로 전해져 내려온다. 백인의 질병이라는 편견 때문에 유색인종의 경우 도리어 과소 진단under-diagnosis될 우려도 있다.

겸상적혈구빈혈증sickle-cell anemia은 주로 흑인이 걸리는 질병이라고 인식되어왔다. 헤모글로빈 유전자에 일어난 돌연변이 때문에 적혈구가 낫 모양으로 변해 악성 빈혈을 일으키는 이 유전병은 주로 사하라 사막 이남 아프리카에 거주하는 흑인에게서 자주 발견된다. 그러나 빈혈증의 원인이 되는 돌연변이를 가진 사람들의 거주지를 조금만 유심히 살펴본다면 이 병이 아프리카뿐 아니라 인도와 네팔, 사우디아라비아, 그리고 이탈리아·그리스·터키 같은 지중해 연안의 다양한 지역에서 인종과 관계없이 나타난다는 것을 발견할 수 있다. 언급한 곳들은 놀랍게도 말라리아가 자주 발생하는 지역과 거의 일치한다. 이 빈혈증이 있는 사람들은 적혈구 내부 환경이 변화되어서 말라리아의 공격에 높은 저항성을 가지기 때문이다. 말라리아가 유행하는 환경이라면 유전자 돌연변이가 있는 편이 오히려 생존하는 데 유리하다. 겸상적혈구빈혈증은 말라리아 원충과 오랫동안 함께 살아온 우리 조상들이 발전시킨 진화적 방어기제의 한 예라고 할 수 있다.

테이-삭스병Tay-Sachs disease 역시 인종 관련 질환으로 자주 오해받

---

* 집단의 유전적 빈도에 큰 변화를 가져오는 현상으로, 개체군 병목현상 또는 창시자 효과(founder effect)라고도 부른다. 질병이나 자연 재해로 인해 개체군 크기가 급격히 감소한 후 적은 수의 개체로부터 개체군이 다시 형성될 때 유전자 빈도와 다양성에 큰 변화가 생기는 현상을 말한다.

> **도로시 한신 앤더슨(왼쪽)과 버나드 삭스(오른쪽).**
> 미국의 병리학자 앤더슨은 1939년 낭포성 섬유증을 처음으로 식별해 기술하고 그 이름을 지은 사람이다. 미국의 신경학자 삭스는 대부분의 테이-삭스병 환자가 동유럽의 유대인에게 발생한다는 사실을 밝혀냈다.

는다. 과거에 아슈케나지Ashkenazi 유대인에게서만 유독 높은 확률로 발견되었기 때문이다. 이 병은 지질의 과잉 축적으로 중추신경계가 점차 파괴되는 희귀질환인데, 헥소스아미니데이스hexosaminidase A 유전자에 일어나는 돌연변이가 원인이다. 남녀가 짝을 지을 때 이 돌연변이를 가진 열성 유전자끼리 만나면 자식에게서 발병한다. 유대인의 경우 종교적인 이유로 집단 내 혼인만을 허용하는 바람에 생겨난 비극이다. 따라서 이 병 역시 개체군의 문화적 문제이지, 인종 문제라 할 수 없다. 이제 아슈케나지 유대인들도 혼인 전 유전자 검사를 통해 자식에게 나타날 질환의 가능성에 대해 충분히 대비한다. 사전에 이렇게 노력한 결과 테이-삭스병의 발생률은 1980년대에 비해 2000년대 이후 불과 한 세대 만에 10분의 1 수준으로 감소했다.

　유전학에서 인종에 대한 잘못된 해석은 인종차별적 신념을 부추길 수 있다. 미래에 염기서열 분석기술이 더 발전하고 더 정확해진다면 인종 분류에 대한 유전적 근거가 새롭게 마련될 수 있을까? 그럴 것 같지는 않다. 세계 각 지역마다 나타나는 유전 변이의 패턴이 다소 다르기는 하지만, 이는 인류가 계속 돌연변이를 일으키며 세계로 퍼져 나갔다는 사실 외에는 아무런 중요한 정보도 알려주지 않는다.

　생물학적 관점에서 만약 어떤 종 내에 아종이 존재하고 그 아종이 엄격하게 분화된다면 이는 새로운 종이 출현하는 과정으로 볼 수 있다. 하지만 만에 하나 인간 종의 하위에 명백하게 구분되는 백인, 황인, 흑인 등의 인종이 실재한다고 가정하더라도 이들이 앞으로 새로운 종으로 분화할 가능성은 현재로서는 거의 없다고 봐야 한다. 서로 간의 교배와 유전자 교환이 전혀 일어나지 않을 정도로 집단 간 격리가 오랜 세월에 걸쳐 일어난다면야 가능한 일이지만, 현대는 세계화가 급속히 진행됨에 따라 모든 인종은 격리되는 게 아니라 더 빠른 속도로 섞이고 있기 때문이다.

　사실 인종이 생겨날 가능성이 하나 있긴 하다. 허버트 조지 웰스 Herbert George Wells(1866-1946)가 그것을 보여주었다. 그의 소설 『타임머신 The Time Machine』에는 지금으로부터 약 80만 년 후 인류 문명이 사라지고 없는 곳에 엘로이 Eloi와 몰록 Morlock이라는 두 종족이 지상과 지하로 오랫동안 분리되어 진화한 (또는 퇴화한) 모습이 그려져 있다. 핵전쟁으로 지구가 멸망하고 겨우 살아남은 소수의 인류가 수십만 년이라는 엄청난 시간이 흐르는 동안 철저히 격리된다면 서로 다른 인종이 생겨날 가능성이 왜 없겠는가?

차별의 역사는 다시 쓰여져야 한다

—

"숨을 못 쉬겠어 I can't breathe."

2020년 5월, 미국 미니애폴리스에서 백인 경찰이 한 흑인을 제압하고 수갑을 채운 뒤 무릎으로 목을 졸라 죽이는 사건이 일어났다. 사망한 흑인의 이름은 조지 플로이드였다. 그는 무려 8분 넘게 목이 눌려 숨을 쉬지 못하겠다며 호소하다 끝내 숨졌다. 경찰은 플로이드의 사망이 의료 사고 때문이었다고 발표했지만, 이 사건을 찍은 동영상이 인터넷에 퍼지면서 거짓말이 들통났다.

당시는 코로나19 팬데믹으로 온 세상이 마스크를 쓰고 '사회적 거리 두기 social distancing'를 실천하던 때였는데도, 분노한 시민들은 거리로 뛰쳐나와 대규모 항의 시위를 벌였다. 인종차별을 규탄하는 목소리는 미국 전역으로 퍼졌고, 곧 세계 곳곳에서 추모 행렬이 이어지며 비상한 관심을 끌었다. '#BlackLivesMatter(흑인의 생명도 소중하다)'라는 해시태그가 다시 한 번 온라인을 점령했다. 이 해시태그 운동은 조지 플로이드 사건이 일어나기 약 7년 전에 히스패닉계 남성이 흑인 청소년을 잔혹하게 살해한 사건으로 촉발되었고, 이후 SNS에서 흑인을 숨지게 한 백인 경찰의 과잉 대응에 항의하는 인권운동으로 확장되었다.

인종 개념이 생물학적으로는 의미가 없다 해도 엄연히 존재한다

'흑인의 생명도 중요하다 Black Lives Matter**'를 표현한 마스크 시위.**
2020년 조지 플로이드 사망 사건으로 마스크 시위 운동이 일어났다. 참가자들은 흑인에 대한 인종차별과 백인 경찰의 과잉 대응과 폭력에 항의하면서, 바이러스 전파를 막고 표현의 자유를 지키기 위해 마스크를 착용했다.

는 사실은 부정할 수 없다. 그것은 인간의 삶에 지대한 영향력을 발휘한다. 프랑스의 사회학자 콜레트 기요맹Colette Guillaumin(1934~2017)이 적절히 표현했듯이, "인종은 존재하지 않지만 사람들을 죽인다." 최근에 널리 관심을 받는 BLM 운동이 과거에 수없이 반복되었던 흑인 인권운동과는 다른 결과를 가져올 수 있을까? 적어도 이 사건을 계기로 경각심이 조금은 더 커진 분위기다. BLM 운동은 인종차별에 맞서는 전 세계적인 운동으로 거듭났다는 평가와 함께 2021년 노벨평화상 후보에 오른다. 그리고 같은 해 조지 플로이드를 살해한 백인 경찰 데릭 쇼빈에게 이례적으로 유죄 판결이 내려지고 22년 6개월의 무거운 징

미네소타주 의사당 밖에 쓰러진 크리스토퍼 콜럼버스 동상(2020).
2020년 6월 10일 미네소타주 세인트 폴의 의사당 밖에 서 있던 크리스토퍼 콜럼버스 동상이 미국 인디언 운동 회원들이 이끄는 집단에 의해 파괴되었다.

역형이 선고되었다.

조지 플로이드 사망 사건 이후 BLM 운동은 미국을 중심으로 과거 청산을 위한 구체적인 실천을 이끌어내고 있다. 2020년 6월 미국 보스턴에서 크리스토퍼 콜럼버스Christopher Columbus(1450~1506)의 동상이 참수되는 사건이 있었다. 버지니아주와 미네소타주에 서 있던 콜럼버스 동상도 성난 군중에 의해 차례로 쓰러졌다. 콜럼버스는 아메리카 대륙에 백인이 발을 들여놓게 한 장본인이자 백인 우월주의의 상징으로 지목되었다. 세계 여러 곳에서 오랫동안 콜럼버스가 아메리카 대륙에 도착한 1492년 10월 12일을 '콜럼버스의 날'로 지정해 기념해왔지만, 앞으로는 부끄러운 날로 기억될지도 모른다. 역사란 고정불변의 사실이 아니라, 사회적 동의로 얼마든지 재평가될 수 있는 유동적인 해석의 영역이라는 사실을 새삼 확인하게 된다.

노예제와 인종 불평등을 상징하는 남부 연합군의 기념비와 조형물도 점차 사라지고 있다. 미국 남북전쟁American Civil War 당시 남부 연합의 대통령이었던 제퍼슨 데이비스Jefferson Finis Davis(1808~1889)와 남부군 총사령관이었던 로버트 리Robert Edward Lee(1807~1870) 장군의 동상도 주 의회의 결정에 따라 철거되었다. 위스콘신대 본관 앞에 118년째 서 있는 링컨 동상도 철거의 바람을 피해 가지 못하고 논란에 휩싸였다. 철거를 요청하는 단체는 링컨을 노예해방의 업적으로만 기억하기엔 그의 인종차별적 언행과 원주민에 대한 탄압이 심각했다고 고발했으며, 대학 측은 철거에 강력히 반대하며 맞서고 있다. 그러나 코넬대 도서관에 전시되어 있던 링컨의 흉상과 게티스버그 연설Gettysburg address을 기념하는 명판이 지난 2022년 민원에 의해 철거되었다.

유럽의 기존 제국주의 세력에 맞서 미국을 초강대국으로 성장시킨 위대한 지도자로 꼽히는 시어도어 루스벨트Theodore Roosevelt. Jr.(1858~1919) 대통령도 제국주의자에 백인 우월주의자라는 상반된 평가가 공존한다. 그는 러시모어산 국립기념지Mount Rushmore National memorial에 링컨과 더불어 얼굴이 새겨질 정도로 미국인들에게 크게 존경받던 인물이다. 그러나 2021년 뉴욕 맨해튼의 국립자연사박물관 앞에 설치했던 그의 동상 역시 결국 철거 결정이 내려졌다. 늠름한 모습으로 말을 탄 루스벨트의 양쪽 아래로 흑인과 원주민이 서서 그를 보좌하는 듯한 비굴한 모양새의 조각이었기 때문이다. 하지만 그의 동상은 단순히 해체된 것이 아니라 노스다코타주에 새로 건립된 시어도어 루스벨트 도서관으로 옮겨 세워졌다. 기념물을 철거하고 과거의 흔적을 말끔히 지우는 것만이 불평등의 역사를 바로잡는 최선의 해결책은 아닐 것이다. 왜곡된 역사 또한 잘 보존해 부끄러운 과오를 되풀이하지 않게끔 기억하는 것도 의미 있지 않을까.

피부색이 도대체 뭐길래

세계 어느 지역을 막론하고 여성의 피부는 평균적으로 남성보다 더 밝다. 여성의 경우 임신했을 때 태아의 생장과 수유를 위해 칼슘이 필요한데, 칼슘을 다량으로 흡수하기 위해서는 비타민 D가 필요하게 된다. 따라서 여성은 비타민 D를 많이 만들기 위해 햇빛을 많이 흡수할 필요가 있었고, 햇빛을 더 많이 흡수하려면 더 밝은 피부를 갖는 것이 언제나 유리했다.

그래서인지 인류 역사를 통틀어 보편적으로 여성에게는 하얀 피부가 미인의 조건이었다. 일본에는 '하얀 피부는 일곱 가지 결점을 가려준다色白は七難隠す'라는 속담이 있다. 땡볕에서 힘들게 노동하지 않고 실내에서만 지내는 상류층을 상징하기 때문에 하얀 피부를 선호하게 되었다는 설도 있다. 중세 유럽에서는 백인 여성들이 더 희고 투명한 피부에 집착한 나머지 일부러 결핵균을 삼키기도 했다. 죽어가는 결핵 환자의 하얗다 못해 창백해진 피부를 너무나 선망했던 것이다.

『제인 에어*Jane Eyre*』의 작가 샬럿 브론테Charlotte Brontë(1816~1855)는 동생 앤이 결핵을 앓는 것을 보고 그 아름다움에 반해 "내 생각에 결핵은 '외모를 돋보이게 하는flattering' 질병이다"라고 썼다. 그 외모가 너무 부러웠던지 샬럿은 동생을 따라 결핵에 걸렸다. 먼저 세상을 떠난 둘째 에밀리를 비롯해, 영문학사에 길이 남은 걸작을 쓴 브론테 세 자매는 모두 결핵으로 요절하고 말았다. '블루 블러드blue blood'라는 단어가 말해주듯 핏줄이 파랗게 비쳐 보일 정도로 창백한 피부는 귀족과 상류층만이 가질 수 있는 것이었다. 오늘날에도 미백 화장품은 불티나게 팔리고, 아무리 고가의 미백 시술이라도 예약이 끊이지 않는다.

16세기 영국 튜더Tudor 왕조의 여왕이었던 엘리자베스 1세Elizabeth I(1533~1603)는 부친이었던 헨리 8세Henry VIII(1491~1547)로부터 빨간 머리카락과 하얀 피부를 물려받았다. 그러나 현재 남아 있는 그녀의 초상화를 보면 과연 이렇게까지 했을까 싶을 정도로 인위적인 미백 화장에 빨간 립스틱을 두껍게 바른 모습이다. 그녀는 여왕으로 즉위한 지 4년밖에 되지 않은 스물아홉의 젊은 나이인데 천연두에 걸려 아름다운 피부를 잃어버렸다. 극심한 스트레스에 시달린 여왕은 얼굴의 흉터를 가리기 위해 납 성분이 들어있는 연백鉛白을 발랐고, 생기 있게 보이기 위해 입술에 수은이 함유된 진사辰砂를 발랐다고 한다. 나중에는 납과 수은에 중독되어 탈모 증상과 우울증이 심해지자 방에 거울을 들여놓지 못하게 했다는 이야기도 전해진다. 우리나라에서도 일제강점기였던 1916년 납가루를 주성분으로 한 최초의 화장품 '박가분朴家粉'이 출시되어 큰 인기를 끌었지만, 피부 괴사와 정신 이상 등의 부작용으로 문제를 일으켰던 적이 있다.

그런데 엘리자베스 여왕의 머리카락은 왜 빨간색이었을까? 빨강머리 앤과 말괄량이 삐삐도 여왕과 같은 이유로 빨강머리를 갖게 된

엘리자베스 1세의 초상(작가 미상, 1575경).
엘리자베스 1세는 젊은 나이에 천연두를 앓았고, 얼굴에 난 흉터를 가리기 위해 납 성분이 든 연백을 자주 발랐다. 그 결과 납 성분에 중독되어 각종 후유증에 시달렸다.

것일까? 그러고 보니 이들은 빨강머리 말고도 얼굴에 주근깨가 많다는 공통점도 있다. 빨강머리와 주근깨, 이 두 가지 특징은 서로 연관이 있는 것일까? 피부색을 결정하는 유전자가 앞서 소개한 SLC24A5 하나만 있는 게 아니다. 16번 염색체에 위치한 MC1R$^{melanocortin\ 1\ receptor}$ 유전자도 피부색을 만드는 데 관여한다. 피부가 자외선을 받아 뇌하수체에서 멜라닌을 생성하라는 명령이 떨어지면, MC1R은 그 명령을 받아 멜라닌 세포 내에서 멜라닌 색소를 만드는 역할을 한다.

멜라닌 색소에는 거무스름한 갈색을 만드는 유멜라닌^{eumelanin}과 노란빛이 감도는 붉은색을 만드는 페오멜라닌^{pheomelanin} 두 가지가 있다. 이 두 색소의 양과 배합이 어떻게 되느냐에 따라 피부색이 결정된다. MC1R 유전자는 원래 유멜라닌을 만들라는 신호를 전달하지만 유전자 내부에 특정 돌연변이가 일어나면 유멜라닌 대신 페오멜라닌을 많이 생성하게 되고, 그 결과 머리카락 색깔이 붉어진다. 인간의 MC1R 유전자 중 머리카락 색깔을 다르게 만드는 변이는 현재까지 적어도 스무 가지 이상이 발견되었다.

주근깨는 멜라닌 세포가 농축되어 만들어지는 점이다. 백인에게 흔하지만 동양인에게는 거의 찾아보기 어렵다. MC1R 유전자에 변이가 있는 사람은 멜라닌을 많이 만들지 못해 피부가 밝아지고, 따라서 자외선에 취약해지므로 자외선을 받으면 멜라닌 소체가 과다 형성된 멜라닌 세포가 한 점으로 모여 주근깨를 만든다.

우리 몸속에서 빨간색이 만들어질 수 있다면 혹시 파란색도 가능할까? 그렇다! 실제로 파란색 피부를 가진 사람이 있다. 미국 켄터키주에는 '스머프 인간'이라 불리는 푸가트^{Fugate} 가문 사람들이 살고 있

푸가트 가문의 초상화.
켄터키 동부의 마틴 푸가트(Martin Fugate)와 엘리자베스 스미스(Elizabeth Smith)의 후손들은 메트헤모글로빈혈증을 앓아 피부가 파랗게 변했다.

다. 이들은 헤모글로빈 속의 철 이온이 산화된 상태로 존재해 산소를 운반하는 능력이 거의 없는 메트헤모글로빈혈증methemoglobinemia을 앓고 있다. 이 때문에 피부는 파랗게 보이고 입술은 보라색을 띤다. 이들은 1820년대부터 '유령 가족'이라고 불리기 시작하면서 주변의 시선을 피하게 되었고, 외부인과의 접촉을 거부한 채 근친혼을 지속하다 보니 200년이 지난 지금까지도 파란색이 사라지지 않고 있다. 메트헤모글로빈혈증에 의한 청색증은 비타민 C 섭취량을 늘리고 메틸렌 블루methylene blue를 투약하면 증상이 호전될 수 있다.

지금까지 설명한 유전자 외에도 DDB1, TMEM139, OCA2, HERC2, MFSD12 등 새로운 피부색 결정 유전자들이 계속해서 발견되고 있다. 이들 중 OCA2, HERC2, MFSD12의 특정 돌연변이는 유멜라닌을 더 많이 생성하여 피부색을 더 진한 까만색으로 만드는 데 일조한다. 현재까지 피부색 연관 유전자 변이는 무려 80가지 이상이 알려져 있다. 결과적으로 어떤 두 사람의 피부색이 비슷하더라도 같은 종류의 유전자 변이를 가지고 있지 않은 경우가 많다. 이처럼 서로 다른 집단 사이에서도 유사하게 나타나는 특질은 '수렴 진화convergent evolution'*에 따른 경우가 많다. 진화가 일어난 경로는 완전히 다르지만 결국 유사한 성질을 가지게 된 것이다. 피부색도 그중 하나다. 유럽인과 동북아시아인은 각각 독립적으로 일어난 별개의 유전자 변이 때문에 밝은색 피부를 가지게 된 것이다.

아리스토텔레스는 『형이상학』에서 다음과 같이 썼다.

> 형상 속에 존재하는 대립은 종의 차이를 만들어내고, 질료와 결합되어 고려되는 존재물 안에만 존재하는 대립은 종의 차이를 만들어내지 않는다. 그 때문에 인간의 흰색과 검은색은 특별한 차이를 만들지 않고, 각각에 이름을 붙인다고 해도 백인과 흑인 사이에는 특별한 차이가 없다. 사실상 여기서 인간은 질료로서 이해되며 질료는 차이를 만들지 않는다. 왜냐하면 질료는 인간 개개인을 각각의 인류로 만들지 않기 때문이다. 이 인간과 저 인간을 이루는 살과 뼈가 다르다고 해도 그렇다. 그 합성물은 틀림없이 다르기는 하지만, 특별하게 다르지는 않다. 본질에 있어서는 대립이 존재하지 않고 인류는 나눌 수 없는 마지막 종이기 때문이다. 칼리아스는 질료를 가진 형상이다. 그러므로 백인도 형상이자

---

* 수렴 진화란 새의 날개와 박쥐의 날개처럼 계통적으로 관련이 없는 두 생물이 비슷한 선택압에 적응하여 유사한 형태를 가지게 된 진화의 결과를 말한다.

질료다. 왜냐하면 칼리아스가 희기 때문이다. 따라서 인간은 단지 우연에 의해서만 흴 뿐이다.

아리스토텔레스의 추측대로 인간의 피부색은 우연히 달라졌다. 우리가 가진 피부색은 아주 오랜 시간에 걸쳐 인류의 이동과 진화가 함께 일어나면서 생긴 자연스러운 결과다. 언젠가 혹시라도 형광색 피부를 가진 사람이 나타난다면 그 경우는 예외로 해야겠지만. 또 하나, 꼭 기억해야만 할 중요한 사실이 있다. 로마의 위대한 작가 플리니우스Gaius Plinius Secundus(23-79)가 "아프리카에서는 항상 무언가 새로운 것이 생겨난다Ex Africa semper aliquid novi"라고 썼듯이, 모든 피부색 역시 검은 대륙 '아프리카로부터out of Africa' 유래했다는 것이다.

2

희귀병 유전자

세계사의 흐름을 바꾼
무서운 질환들

어셔 가는 오래된 가문이었지만, 어느 시대에도 오래 지속된 분가가 없었던 매우 특이한 가문이었다. 다시 말해서, 집안 전체가 직계이며 아주 사소하고 매우 드문 변화는 있었지만 그대로 지속되었다. 집안 사람들의 기질과 일치하는 이 저택이 완벽하게 보존되어왔다는 생각이 문득 들었다. 긴 세월을 통해 이 저택이 어셔 집안 사람들에게 끼쳤을 영향에 대해 곰곰이 생각하자 나는 이런 생각이 들었다. 분가가 없다는 사실과 상속 재산이 부자지간에 계속 전해졌다는 사실이, 결국 어셔 가라는 기묘하고 애매한 명칭 속에 어셔 가 저택이라는 명칭이 포함될 정도로 저택과 집안 사람을 동일하게 만들어버렸다.

에드거 앨런 포Edgar Allan Poe, 「어셔 가의 몰락The Fall of the House Usher」
『우울과 몽상』, 홍성영 옮김, 하늘연못, 2002, 677쪽.

찰스 디킨스Charles John Huffam Dickens(1812~1870)가 옳았다. 19세기는 영국에게 있어 "최고의 시절이자 최악의 시절"이었다. 산업혁명으로 인한 기술과 산업의 발전이 엄청난 경제 성장과 도시화를 이끌어냈지만, 심각한 빈부의 격차와 환경오염의 문제가 보이지 않게 사회를 위협하고 있었다. 빅토리아Alexandrina Victoria Hanover(1819~1901) 여왕이 재위하는 동안 대영제국은 '해가 지지 않는 나라'라는 칭호를 얻으며 최고의 호시절을 누렸다. 하지만 불행히도 그녀의 몸에서 유래한 비극의 씨앗은 프로이센, 러시아, 스페인 등 유럽 열강의 왕가로 암암리에 퍼져나가고 있었다.

1853년의 어느 봄날, 빅토리아 여왕은 여덟 번째 아이의 출산을 앞두고 있었다. 1837년 열여덟의 꽃다운 나이에 제위에 오른 그녀는 3년 뒤 동갑내기 사촌 앨버트 공과 결혼했다. 어찌나 금슬이 좋았던지 혼인 후 10년 남짓한 세월 동안 둘 사이에 이미 3남 4녀를 둔 터였다.

대영제국의 최전성기를 이끈 빅토리아 여왕.
그녀는 세계 역사상 가장 오래 재위한 여왕이었지만 역사적으로 유명한 혈우병 보인자이기도 했다.
자녀 중 차녀 앨리스와 4남 레오폴드, 5녀 베아트리스가 그녀로부터 혈우병을 물려받았다.

여왕은 젊은 나이에 좋아하던 승마를 마음껏 즐기지도 못하고 임신과 출산을 반복하는 일에 극도로 스트레스를 받았지만, 슬하에 자식을 많이 두고 싶었던 남편 앨버트 공의 요청에 못 이겨 고통을 참아내고 있었다.

얼마 못 가 금세 여덟 번째 아이를 임신한 여왕이 통증 없이 아기를 낳을 수도 있다는 이야기에 솔깃했던 것은 이상한 일이 아니었다. 여왕의 시녀 중 하나가 치아를 뽑으러 병원에 갔다가 클로로포름chloroform이라는 마취제를 처음 사용했는데 크게 만족스러웠다는 소식을 전해들은 것이다. 당시 클로로포름을 이용한 무통수술법을 시행하던 의사는 런던 소호에서 창궐했던 콜레라의 전파 원인을 밝혀내 훗날 '근대 역학epidemiology의 아버지'라 불리게 되는 존 스노우John Snow(1813~1858)였다.

여왕은 존 스노우를 왕궁으로 불러 무통분만을 집도하게 했다. 당시 클로로포름은 마취제로서의 안전성이 충분히 검증되지 않았기에 주치의들은 크게 반대했다. 하지만 여왕은 과감하게도 클로로포름을 묻힌 손수건을 입과 코에 대고 흡입하면서 끝내 큰 통증 없이 레오폴드Leopold 왕자를 출산하는 데 성공했다. 여왕은 마취 효과에 크게 만족했고, 4년 후 아홉 번째 베아트리스Beatrice 공주를 출산할 때도 클로로포름의 축복을 다시 한 번 누리게 된다.

무통분만은 여성들의 대대적인 환영을 받았다. 그러나 이를 달갑게 여기지 않는 부류가 있었다. 출산의 고통은 원죄의 대가로 신이 이브에게 내린 징벌이기 때문에 이를 일부러 피하려는 시도는 어떤 것이라도 신의 섭리를 거역하는 행위에 해당한다며 비판한 종교계의 인사들이었다. 고통을 피하려는 노력이 정말로 신의 노여움을 불러일으킨 걸까? 무통분만으로 태어난 레오폴드 왕자는 혈우병을 앓다 30세의 젊은 나이에 뇌출혈로 요절했고, 막내딸 베아트리스 역시 훗날 결혼해 낳은 둘째 아들을 혈우병으로 잃는 비극을 맞는다.

해가 지지 않는 나라와 피가 멈추지 않는 왕가

혈우병hemophilia이라는 용어는 '피hemo'를 '사랑한다philia'라는 뜻의 그리스어에서 유래한 것으로, 1828년 스위스의 의사 프리드리히 호프Friedrich Hopff가 명명했다. 혈우병은 상처가 났을 때 피를 멈추게 해주는 혈액응고인자blood clotting factor가 유전적으로 결핍되어 발생하는 출혈성 혈액 질환이다. 보통 신생아의 배꼽에서 출혈이 지속되거나 아기의 치아가 처음 나올 때 지혈이 되지 않으면서 발견된다. 경미한 상처에도 쉽게 피가 나고, 어찌어찌 지혈이 되더라도 과다출혈로 인해 몸이 허약해져 어린 나이에 사망에 이르는 경우가 많다.

혈액응고인자는 현재까지 총 12가지가 알려져 있다. 1번(I)은 피브리노겐fibrinogen, 2번(II)은 프로트롬빈prothrombin, 3번(III)은 조직인자tissue factor, 4번(IV)은 칼슘calcium이다. 이들을 제외한 나머지는 이름이 아니라 보통 로마 숫자를 이용해 번호로 부르는 편이다.

혈우병의 80퍼센트는 8번(VIII) 응고인자가 결핍되어 일어나는 A형 혈우병이며, 나머지 15퍼센트 정도는 9번(IX) 응고인자의 결핍에 따른 B형 혈우병이다. 8번과 9번 응고인자를 만드는 유전자는 모두 성염색체인 X 염색체상에 놓여 있어서, '반성 유전sex-linked inheritance'에 따라 자식에게 전달된다. 즉 성에 따라 발현 비율이 달라진다는 뜻이다. 여성은 X 염색체 두 개를 가지므로 해당 응고인자 유전자가 하나 결핍되어 있더라도 보인자carrier가 되어 증상을 나타내지 않지만, 성염색체 쌍이 XY인 남성은 돌연변이를 가진 X 염색체를 물려받는다면 그것을 보완해줄 다른 유전자가 없으므로 혈우병 증상을 나타낸다. 따라서 혈우병은 대부분 남성에게 발병하며, 여성 혈우병 환자는 거의 찾아보기 어렵다.

빅토리아 여왕은 혈우병 보인자였다. 여왕의 직계 조상 중에는 혈우병 환자가 한 명도 없었다. 다만 빅토리아가 태어날 당시 선친이었던 에드워드 왕자가 이미 51세의 고령이었기 때문에 아버지로부터 유전자 변이를 물려받았을 가능성이 크다. 여왕 자신은 보인자였으므로 건강에 별다른 문제가 없었지만, 여덟 번째로 태어난 레오폴드 왕자가 혈우병 환자였고, 여왕의 딸 중 절반은 보인자가 되어 돌연변이 유전자를 자식들에게 계속해서 전달할 운명이었다.

보인자였던 여왕의 명성 때문에 혈우병은 '왕가의 병the royal disease'이라는 명칭을 얻었다. 그리고 빅토리아 여왕의 자녀와 손주들은 당시의 정략결혼 정책에 따라 프로이센, 스페인, 러시아, 그리스, 루마니아와 노르웨이에 이르기까지 유럽 여러 나라의 공작이나 공작부인이 되었기 때문에, 빅토리아 여왕은 당시에도 '유럽의 할머니the grandmother of Europe'라고 불렸다. 혈우병 역시 그들을 따라 조용히 유럽의 주요 왕가로 퍼지게 되었다. 이 불행한 유전자를 물려받은 유럽의 왕족은 모두 합쳐 20명이 넘었다. 아이러니한 운명이랄까? 오히려 영국 왕가는 결함이 있는 유전자를 물려받지 않은 에드워드 7세Edward VII(1841~1910)가 왕위를 계승하면서 저주를 피해갔다.

혈우병 유전자가 없었다면 소련도 없었다

빅토리아 여왕의 둘째 딸 앨리스Alice는 오늘날 독일 중부에 위치한 헤센 대공국의 루트비히 4세Ludwig IV 대공과 결혼했다. 앨리스도 혈우병 보인자였기 때문에 둘 사이에 태어난 아들 중 하나를 혈우병으로 잃었다. 엎친 데 덮친 격으로 1878년 대공가에 디프테리아 전염병이 돌았는데, 이때 네 살밖에 되지 않은 막내딸 마리를 또 잃게 되자 앨리스는 충격을 이기지 못하고 사망하고 만다. 살아남은 딸 중 가장 어렸던 알릭스Alix는 장성하여 1894년 러시아 제국의 후계자인 니콜라이 2세Nikolay II(1868~1918)와 결혼했다. 가까운 친척 대공의 결혼식에서 알릭스를 만난 니콜라이는 그녀에게 한눈에 반해 열렬히 구애했는데, 그때는 후에 닥칠 비극을 전혀 알지 못했다.

황후가 되어 이름을 알렉산드라로 바꾼 알릭스의 첫 번째 의무는 제위를 물려받을 아들을 낳는 것이었다. 그러나 그녀가 출산한 네 아이는 모두 딸이었다. 1904년 마침내 모두가 고대하던 아들 알렉세이가 태어났는데, 안타깝게도 외할머니에게서 혈우병을 물려받았다는 것을 깨달았다. 알렉산드라는 러시아의 모든 의사를 불러 아들을 치료해달라고 애원했지만 당시 의술로는 혈우병을 낫게 할 방법이 없었다.

다른 사람들을 전혀 만나지 않고 아들의 치료만을 위해 광적으로

니콜라이 2세와 그의 가족(1913).
왼쪽부터 올가, 마리아, 니콜라이 2세, 황후 알렉산드라 표도로브나, 아나스타샤, 알렉세이, 타티아나. 상트페테르부르크 에르미타주 박물관 소장.

기도하던 황후는 1907년 영험하다고 소문난 시베리아의 수도사 그리고리 예피모비치 Grigori Yefimovich(1869~1916)를 운명적으로 만나게 된다. 그는 '라스푸틴 Rasputin'이라는 이름으로 더 잘 알려져 있었다. (이 이름은 '방탕하다'는 뜻을 가진 러시아어 '라스푸츠트보 распутство'에서 유래한 듯하다.) 실제로 그는 이름에 걸맞게 난봉꾼이었고, 술고래에 언행이 거친 파계승이었다. 그러나 라스푸틴은 자신을 성인이자 신비주의 예언자라고 소개했고, 상대를 꿰뚫어보는 듯한 불가사의한 눈빛에 홀린 알렉

2_ 희귀병 유전자

산드라는 그를 신봉하며 그의 치유능력에 의존하기 시작했다.

한 번은 어린 알렉세이가 어머니를 따라 나들이를 갔다가 사고로 사타구니에 심한 내출혈이 일어났는데, 피가 멎지 않아 시의들이 아무도 황태자를 치료하지 못하고 절망에 빠졌다. 알렉세이의 건강은 심하게 악화되어 모든 것을 포기하고 마지막 병자 성사를 받기에 이르렀다. 그때 알렉산드라의 전보를 받은 라스푸틴은 황태자가 결코 죽지 않을 것이니 아무 염려 말라고 차분히 예언했고, 얼마 되지 않아 놀랍게도 알렉세이의 상태가 기적적으로 호전되는 일이 일어났다. 라스푸틴은 최면술을 이용해 자주 병을 고쳤고, 황후의 영혼까지 안정시키는 신비한 능력을 발휘하기도 했다. 알렉산드라 황후에게 라스푸틴은 이제 없어서는 안 되는 존재로 자리매김하게 되었다. 일각에서는 황후가 라스푸틴과 육체적 관계까지 맺었다는 소문도 돌았지만 확실한 사실은 알 수 없다. 다만 황후를 통해 라스푸틴이 제정 말기 러시아 황실에 비후 실세로서 상당한 영향력을 발휘했음은 잘 알려진 사실이다.

1914년 여름 유럽에 제1차 세계대전이 발발하자 니콜라이 2세도 전쟁 속으로 휘말려 들어갔다. 라스푸틴이 예언한 대로 니콜라이 2세는 직접 전선으로 가 러시아군을 총지휘했지만 러시아는 재앙에 가까운 패배를 겪으며 1,000만 명이 넘는 사상자를 내고 말았다. 그사이 알렉산드라가 상트페테르부르크 궁전에서 내정을 관장했지만 실제로 국정을 좌지우지한 것은 라스푸틴이었다. 그는 자신에 반대하는 총리와 장관들을 줄줄이 갈아치우면서 정치적 불안과 혼란을 자초했다.

알렉산드라와 라스푸틴의 내밀한 관계는 황실의 권위를 떨어뜨렸지만, 니콜라이 2세는 아내의 두터운 신망을 얻은 라스푸틴을 내치지

그리고리 라스푸틴(작가 미상, 1916).
라스푸틴은 제정 러시아 말기의 파계 수도승이자 예언자였다. 혈우병에 걸린 황태자 알렉세이를 치료해준 것으로 황제의 신임을 얻었고, 이후 그 배후에서 내정 간섭을 일삼다 암살되었다.

못했다. 혈우병으로 인해 자주 공식 석상에 나서지 못하는 황태자에 대한 불길한 소문도 러시아 국민의 불만을 가중시키기만 했다. 결국 라스푸틴은 반대파의 암살 음모에 따라 청산가리에 중독된 채 총에 맞아 살해되었다. 그로부터 불과 3개월 후, 전쟁에 지칠 대로 지친 데다 차르의 통치에 진절머리가 난 러시아 국민은 대규모 시위를 일으켰고 결국 니콜라이 2세는 물러나고 만다.

연이은 정치적 혼란 속에서 1917년 10월 혁명이 일어났다. 이때 혁명의 주도 세력으로 부상한 급진적 볼셰비키의 지도자 레닌Vladimir Ilyich Lenin(1870~1924)이 권력을 잡았다. 니콜라이 2세는 황후와 모든 자녀들을 데리고 급히 도피했지만, 1918년 7월 어느 밤 볼셰비키 혁명

군에 발각되어 모두 총살당하고 말았다. 300년간 러시아 제국을 통치했던 로마노프 왕조는 이렇게 허무하게 막을 내렸다. 빅토리아 여왕에게 혈우병 유전자가 없었다면 라스푸틴도 없었을 것이고, 결과적으로 레닌과 소련도 역사에 이름을 남기지 못했을 것이다.

혈우병이 낳은 스페인의 쿠데타와 독재 정치

―

혈우병은 스페인에도 돌이킬 수 없는 흑역사를 남겼다. 빅토리아 여왕의 막내딸 베아트리스 공주는 어머니로부터 혈우병 유전자를 물려받은 보인자였는데, 그녀의 유일한 딸 빅토리아 유지니Victoria Eugenie(1887~1969) 역시 불행히도 외할머니의 돌연변이를 물려받았다. 물론 겉으로는 건강해보였기 때문에 결혼해 자식을 낳기 전까지는 그 운명이 좀처럼 드러나지 않을 터였다. 그녀의 아름다운 손을 잡은 인물은 때마침 영국을 방문해 왕비가 될 신붓감을 찾고 있던 스페인의 국왕 알폰소 13세Alfonso XIII(1866~1941)였다.

당시 런던 주재 스페인 대사관은 알폰소 13세에게 그녀가 '왕가의 병'을 지니고 있을지도 모른다며 경고했다. 알폰소 13세의 어머니 마리아 크리스티나 왕대비 역시 아들의 선택을 크게 우려했다. 빅토리아 유지니가 귀천상혼morganatic marriage 가문의 공녀이며, 가톨릭이 아니라 성공회 신자인 데다 혈우병 보인자일 가능성이 있다는 소문을 들었기 때문이었다. 그녀의 남자 형제 셋 중 두 명이 혈우병 환자라는 사실이 이미 알려져 있었다.

불행은 언제나 한꺼번에 찾아오는 법일까. 알폰소 13세가 그녀와 결혼식을 올린 날, 한 무정부주의자가 국왕 부부를 폭탄으로 암살을 시도하다 미수에 그친 사건이 일어났다. 결혼식은 빅토리아 유지니의 웨딩드레스가 온통 피로 물든 악몽의 날이 되었다. 의회의 결정에 자주 간섭하여 정치 상황을 불안하게 만든 국왕에 대한 국민의 불신이 커지고 있던 차였다.

얼마 지나지 않아 첫 아들이자 왕위 후계자인 아스투리아스 공Prince of Asturias 알폰소가 태어났으나 이번에는 그의 아랫도리가 피로 흥건히 젖었다. 태어난 지 얼마 되지 않아 할례를 받은 왕세자의 피가 멈추지 않고 계속 흘러나온 것이다. 왕세자는 심각한 혈종으로 오랫동안 병상 신세를 져야 했다. 부부는 모두 7명의 자녀를 낳았는데, 이중 첫째와 막내아들에게 혈우병이 있었고, 다른 아들에게는 심각한 청각장애와 언어장애가 있었다. 두 딸은 혈우병 보인자일 가능성이 있었고, 또 한 아이는 사산아로 태어났다. 스페인의 국민들은 저주받은 영국 왕가의 피가 자신의 나라를 오염시키고 있다고 믿었다. 알폰소 13세의 지지도는 갈수록 떨어지기만 했고, 그는 분노에 차 아내와 빅토리아 여왕을 평생 비난하며 용서하지 않았다. 장성한 장남 알폰소는 자동차 운전을 하다가 공중전화박스를 들이받는 가벼운 사고를 냈으나 출혈이 멈추지 않아 결국 31세의 나이로 요절했다.

스페인의 정치적 불안은 결국 쿠데타로 이어졌다. 1923년 미구엘 프리모 데 리베라Miguel Primo de Rivera(1870~1930) 장군은 군사 쿠데타를 일으켜 수상에 올랐고, 1930년까지 스페인을 독재 통치했다. 이후 1936년 스페인 내전Spanish Civil War의 주역으로 부상한 프란시스코 프

빅토리아 유지니와 그녀의 여섯 아이들(1918)
스페인의 국왕 알폰소 13세와 유지니 사이에는 7명의 자녀가 태어났는데, 첫째와 막내아들에게는 혈우병이, 다른 아들에게는 청각장애와 언어장애가 있었다. 두 딸은 혈우병 보인자일 가능성이 있었고, 나머지 한 아이는 사산아로 태어났다.

랑코Francisco Franco(1892~1975) 장군이 1939년 스페인의 독재자가 된 이후 거의 40년 가까이 철권통치를 하게 된다.

루마니아는 혈우병의 저주를 가까스로 피했다. 루마니아의 왕비는 자신의 아들 페르디난드 1세Ferdinand I(1865~1927)를 러시아의 니콜라이 2세와 알렉산드라 사이에서 태어난 장녀 올가 여대공과 혼인시키자는 제안을 받았지만 혹시 모를 혈우병을 우려해 거절했다. 그때가 1913년이었는데, 올가를 비롯한 니콜라이 2세의 모든 가족은 불과 4년 후 혁명의 여파로 총살을 당하게 된다. 혈우병이 아니었다면 올가는 루마니아의 왕비가 되어 완전히 다른 인생을 누렸을 것이다.

이처럼 유럽의 여러 왕족들 사이에 비극의 씨앗이 된 '왕가의 병'은 오늘날 B형 혈우병에 해당한다.* B형 혈우병은 '크리스마스 병Christmas disease'이라고도 불리는데, 1952년 영국에서 스티븐 크리스마스Stephen Christmas라는 다섯 살 소년에게서 처음 발견되었기 때문이다. B형 혈우병은 A형에 비해 매우 드물지만, 증상은 비슷하게 위험하다. 그러나 A형 혈우병은 완전히 치료할 방법이 없는 불치병으로 분류되는 데 반해 B형 혈우병은 지난 2022년 치료제가 개발되었다. (하지만 이 치료제의 1회 투여 비용은 현재 약 45억 원에 달할 정도로 매우 비싸다.)

드물지만 여성도 혈우병에 걸릴 수 있다. 신약성경의 사복음서에는 혈루증 앓는 여성의 이야기가 소개된다. 이 여성은 12년 넘게 하혈로 고생하면서 부정한 여인이라는 취급을 받았다. 이는 11번(XI) 응고인자의 결핍으로 인해 발생하는 C형 혈우병으로 추정된다. 11번 응고

---

* Lannoy & Hermans (2010) 논문 참조.

인자는 성염색체가 아니라 상염색체인 4번 염색체상에 존재하므로 돌연변이가 일어나면 드물지만 여성에게도 유전되어 발병할 수 있다. 여성 혈우병 환자의 경우 매달 정기적인 출혈이 있기 때문에 사춘기 이후로는 매달 생사를 오가는 위험한 상황에 놓일 수 있다.

위대한 합스부르크가의 미친 결혼

합스부르크 가문Haus Habsburg은 스위스 알프스 산맥 인근 슈바벤 지역에 웅거하던 작은 백작 가문이었다. 그런데 15세기부터 20세기 초까지 거의 600년 동안 오스트리아 지역을 거점으로 중부유럽과 세계 각지에 걸쳐 거대한 제국을 형성하며 세계사에 큰 영향력을 미친 가문으로 성장했다. 신성로마제국의 제위를 세습하면서 패권을 장악한 합스부르크 왕조는 특이하게도 군사적 정복이 아닌 왕족 간 정략결혼을 통해 영토를 확장해갔다.

특히 15세기 말 막시밀리안 1세Maximilian I(1459~1519)는 적극적인 결혼 정책을 펼쳤는데, 본인부터 부르고뉴 공국의 상속녀 마리와 결혼하면서 프랑스 동부뿐 아니라 벨기에, 네덜란드, 룩셈부르크 같은 저지대 국가들을 모두 손에 넣었다. 그리고 그의 아들 '미남왕' 펠리페 Felipe el Hermoso를 고귀한 혈통의 왕족과 결혼시켰다. 그 상대는 이제 막 레콩키스타Reconquèsta를 완수하고 이베리아 반도를 장악한 카스티야 왕국의 왕녀 후아나Juana였다. 왕국의 후계자로 지명되었던 친척들이 예기치 않게 모두 사망하면서, 펠리페와 후아나의 아들 카를 5세

막시밀리안 1세와 가족의 초상화(베른하르트 슈트리겔, 1515 이후).
막시밀리안 1세는 합스부르크 가문 출신의 신성로마제국의 황제이자 오스트리아의 대공이다. 그는 왕족 간 정략결혼 정책을 통해 영토를 확장해나갔다. 그림의 서 있는 왼쪽부터 막시밀리안 1세, 아들 펠리페 1세, 아내 부르고뉴의 마리, 그리고 앉아 있는 왼쪽부터 손자 페르디난트 1세, 카를 5세, 그리고 헝가리의 왕녀가 되는 손녀 마리아의 남편 루이 2세의 모습이다. 빈 미술사 박물관 소장.

Karl V(1500~1558)는 통합 스페인의 왕이 되는 행운을 누렸다.

16세기 초 막시밀리안 1세는 손자 카를 5세를 포르투갈의 이자벨Isabel 왕녀와 결혼시켜 이베리아 반도 전체를 수중에 넣었으며, 그다음 카를 5세의 동생인 페르디난트 1세Ferdinand I를 헝가리 왕실과 결혼시켜 중부유럽을 차지했다. 이들은 곧 보헤미아와 이탈리아 대부분의 영토를 장악했다. 이 시기에 페루를 중심으로 한 잉카 제국을 포함, 신대륙마저 상당 부분 스페인의 영토가 되었다. 1521년 탐험가 마젤란Ferdinand Magellan(1480~1521)에 의해 스페인 영토로 편입된 동남아시아의 섬나라 필리핀Philippines의 명칭은 카를 5세의 아들인 펠리페 2세의 이름에서 유래한 것이다.

불과 약 50년 만에 유럽 대륙의 절반을 포함해 세계 곳곳을 장악한 합스부르크 제국의 무기는 바로 결혼이었다. "다른 이들은 전쟁을 하게 내버려두어라, 행복한 오스트리아여, 그대는 결혼을 하라!Bella gerant alii, tu felix austria, nube!"라는 유명한 시구가 오랫동안 회자된 것도 바로 그런 이유였다. 과거 합스부르크 가문의 궁전이었고 오늘날 오스트리아 빈의 주요 관광 명소가 된 호프부르크Hofburg 궁전의 도서관 천장에는 세 명의 여신이 등장하는 프레스코화가 그려져 있다. 이 여신들은 'AEIOU'라고 적힌 깃발을 들고 있다. 이는 라틴어로 '오스트리아가 전 세계를 지배한다Austria Est Imperatre Orbi Universae'라는 뜻을 가진 문장의 첫 자를 조합한 글자다.

그러나 결혼으로 흥한 자, 결혼으로 망하는 것이 역사의 법칙일까? 이후 합스부르크 가문은 막대한 정치권력의 분산을 막고 왕족 혈통을 굳건히 지키고자 가까운 친인척 사이에서만 반복적으로 혼인 관계를 맺기 시작했다. 펠리페 2세에서부터 시작해 스페인 합스부르크 가문의 마지막 왕 카를로스 2세Carlos II(1661~1700)에 이르기까지 이어진 심각한 근친결혼 탓에 카를로스 2세의 근친계수inbreeding coefficient는 펠리페 1세 때보다 거의 10배 이상 높아졌다. 이 값은 부모와 자식 사이에서 태어난 아기가 가지는 근친계수보다도 훨씬 높은 것이었다.* 왕가의 계통에서 있었던 11건의 결혼 중 9건이 8촌 이내 사이에서 이루어졌기 때문이다. 동물의 왕국도 이 정도까지는 아닐 것이다.

사실 훨씬 전에 '미남왕'이라 불렸던 펠리페 1세의 아들 카를 5세는 이미 흉하게 튀어나온 턱을 가지고 있었다. 바로 그 유명한 '합스부르크 턱Hapsburg jaw'이다. 위턱과 아래턱이 서로 맞물리지가 않아 늘 입이 벌어져 있었다. 기다란 매부리코에 둥글넓적한 입술까지 눈에 크게 띄었다. 아버지는 잘생긴 외모로 유명했는데 어째서 아들은 갑자기 못난 얼굴이 되었을까? 그 이유는 어머니에게 있었을 가능성이 높다. 잘생긴 펠리페 1세와 결혼한 후아나는 우울증 비슷한 정신질환이 있어 '카스티야의 광녀'라고도 불렸다. 그녀의 집안은 이미 오랜 기간 근친혼을 반복해온 전력이 있었다. 후아나는 증손자가 될 돈 카를로스Don Carlos de Austria(1545~1568)에게 광기를 물려주었다.

펠리페 2세의 후계자가 될 돈 카를로스는 흉골 기형에 척추가 굽은 신체장애가 있었을 뿐 아니라 정신병과 망상에도 시달렸다. 아버지는 점점 더 폭력적으로 변한 아들을 결국 감옥에 가두었고, 돈 카를로스는 곡기를 끊고 저항하다 굶어죽고 말았다. 그때의 나이는 불과 23

---

* Alvarez, G. et al. (2009) 논문 참조.

세였다. 돈 카를로스의 조부모 네 명 중 둘이 증조모 후아나의 자식이었으며, 돈 카를로스의 조부였던 카를 5세와 그의 아내 이자벨은 둘 다 같은 조부모의 손자 손녀였을 정도로 가문의 근친결혼은 심각했다.

근친혼을 피해야 하는 이유

장남을 잃은 펠리페 2세는 조카인 아나 공주와 재혼해 펠리페 3세를 낳았다. 펠리페 3세는 국왕 자리를 승계한 뒤 사촌과 결혼했고, 그 사이에 낳은 아들 펠리페 4세에게 왕위를 물려주었다. 카를 5세가 좋아했던 '더 멀리 plus ultra'라는 가문의 좌우명과는 정반대로 그 자손들은 결혼 상대를 점점 '더 가까이'에서 찾기만 했다.

펠리페 4세의 첫 아내인 프랑스의 엘리자베트 왕녀는 아기를 가질 때마다 연이어 유산했다. 어렵게 낳은 아들 발타사르 카를로스는 불행하게도 천연두에 걸려 17세에 사망하고 말았다. 왕녀마저 세상을 떠나자 펠리페 4세는 다시 자신의 조카인 마리아나와 재혼했다. 마리아나는 자식을 셋 낳았는데 성인으로 성장한 것은 둘뿐이었다. 살아남은 자식 중 하나가 바로 궁정화가 디에고 벨라스케스 Diego Rodríguez de Silva y Velázquez(1599~1660)가 그린 명작 「시녀들 Las Meninas」속 화면 중앙에 서 있는 귀여운 공주 마르가리타 테레사 Margarita Teresa(1651~1673)였다. 그녀는 어린 시절 천사처럼 사랑스러운 모습으로 아버지의 사랑을 독차지했다. 하지만 나이가 들수록 주걱턱 prognathism이 심하게 돌출한 모습으로 바뀌어 총기를 잃고 말았다. 그녀는 22세의 나이로 죽었다.

「시녀들」(부분, 디에고 벨라스케스, 1656).
벨라스케스는 스페인 합스부르크 왕가의 펠리페 4세 궁정을 주도하던 화가로 초상화에 유능했다. 그의 대표작「시녀들」속 주인공은 화면 중앙의 인물인 근친혼으로 태어난 마르가리타 테레사 공주였다. 마드리드 프라도 미술관 소장.

    전염병과 기근이 닥친 데다 포르투갈 땅마저 잃고 쇠락해가는 스페인 제국을 하염없이 바라만 보던 펠리페 4세에게 이제 유일한 희망은 막내아들 카를로스 2세뿐이었다. 그러나 이 귀중한 아들은 합스부르크가 역사상 가장 허약한 왕으로 남게 된다. 카를로스 2세는 어려서부터 건강이 너무나도 좋지 않고 심신이 미약해서 유모가 거의 매일 업고 다녀야 했다. 주걱턱이 심하게 돌출해 입이 다물어지지 않았지만 식탐이 대단해서 뭐든 (씹을 수는 없으니) 통째로 집어삼켰다. 그러나 유전질환으로 인해 소화 능력도 매우 좋지 않아 먹은 것이 거의 그대로

2_ 희귀병 유전자

「카를로스 2세의 초상」(클라우디오 코엘료, 1680~1683).
카를로스 2세는 스페인을 다스린 합스부르크 왕가의 마지막 왕이다. 근친혼으로 태어나 신체가 허약한 데다 장애를 앓고 있었던 그는 광인으로 모함을 받기도 했다. 바르셀로나 카탈루냐 국립미술관 소장.

배설될 정도였다.

　카를로스 2세는 지적 장애를 앓았고 말년에는 듣지도 말하지도 못할 정도로 병약해졌다. 아무도 예상하지 못했지만 그는 35세까지 살아남았다. 그러나 자식을 남기지 못하고 죽었기 때문에 스페인 합스부르크 가문은 그의 대에서 종말을 고했다. 정확히 1700년의 일이었다. 기록된 바, 시의들이 그의 시신을 부검한 결과 심장은 호두만큼 작았고 콩팥 속에는 커다란 결석이 3개나 들어 있었으며, 하나뿐인 고환은 새까맣게 변한 데다 창자는 괴저가 가득한 채 썩어 있었다는 것이다.

　근친혼은 왜 피해야 할까? 생물학적으로 보았을 때 근친혼으로 자식을 낳는 행위는 유전자의 다양성을 감소시키고 열성 유전병의 발현 확률을 극단적으로 높여 생존과 번식의 차원에서 매우 불리하기 때문

하기 때문이다.

고대 이집트 왕조에서도 근친혼으로 그 고귀한 핏줄을 유지하려 했다. 기원전 14세기경 제18왕조의 10대 파라오 아케나톤Akhenaton은 말처럼 긴 얼굴에 지나치게 두툼한 아랫입술을 가지고 있었다. 또한 팔과 몸통은 거미처럼 말랐고 가슴은 오목하게 들어갔지만, 배는 올챙이처럼 기이하게 튀어나와 있었다. 흡사 외계인처럼 보이는 이런 특징은 근친혼의 결과일 가능성이 매우 높다. 그의 부친 아멘호테프 3세 Amenhotep III는 4명의 딸이 있었는데, 그중 하나를 아들인 아케나톤과 결혼시켰고, 다른 두 딸은 자신의 아내로 만들었다. 그러니까 아케나톤의 여동생들은 그의 새어머니가 된 셈이다.

그리고 현대에 발굴된 유적으로부터 DNA 검사를 한 결과, 아케나톤의 아들로 알려진 투탕카멘Tutankhamun은 아들이자 조카이며, 동시에 사위인 것으로 드러났다. 투탕카멘은 아버지인 아케나톤의 여동생이자 왕비인 네페르티티Nefertiti의 딸 안케세나멘Ankhesenamen과 결혼했기 때문이다. (세상에 어찌 이런 족보가?) 그래서인지 투탕카멘은 둔탁한 여성형 골반을 가졌으며, 심한 뻐드렁니에 발이 안쪽으로 휘는 선천성 내반족talipes equinovarus 기형 때문에 평생 지팡이를 짚고 살아야 했다는 사실이 유전자 검사를 통해 밝혀졌다. 아케나톤의 자식들은 모두 태어나지도 못한 채 사산되었으며, 그로 인해 제18왕조는 대가 끊기고 말았다. 혈통도 중요하고 신성함과 고귀함도 놓칠 수 없지만, 가능하면 인연은 멀리서 찾고 사랑은 서로 닮지 않은 이와 나눠야 한다.

투탕카멘과 안케세나멘(기원전 1327년경).
투탕카멘의 왕좌에 있는 세부 장면으로, 오른쪽에는 그의 아내 안케세나멘과 함께 있는 파라오가 묘사되어 있다. 카이로 국립박물관 소장.

그래도 근친혼은 계속된다

세계 전역에 흩어져 사는 정통파 유대인은 크게 세 그룹으로 나눌 수 있다. 독일계 유대인을 지칭하는 아슈케나지 유대인, 이베리아 반도와 라틴계에 해당하는 스파라드 유대인, 그리고 남유럽과 중동계인 미즈라흐 유대인이다. 유럽의 중부와 동부 쪽에 주로 거주하는 아슈케나지 유대인은 11세기에는 전 세계 유대인 인구의 3퍼센트밖에 안 됐지만, 20세기 들어서는 제2차 세계대전 직전까지 92퍼센트나 될 정도로 크게 번성했다. 그러나 우리가 잘 아는 대로 이들은 홀로코스트의 비극을 겪은 이후 인구가 급감했다. 아슈케나지 유대인은 특히 머리가 좋기로 유명하기도 하다. (대표적인 인물로 아인슈타인이나 프로이트를 들 수 있다.) 이들은 현재 전 세계 인구의 0.25퍼센트에 불과하지만 역대 노벨상 수상자 가운데 무려 25퍼센트를 차지한다. 지능에 관한 한 일당백이라 할 만하다.

그런데 놀랍게도 이들은 특정 질병에 대해서도 일당백이다. 종교적인 이유로 오랜 세월 족내혼endogamy에 집착해온 역사 때문에 테이-삭스병이나 니만-피크병Niemann-Pick disease 등 열성 유전자에 의한 유전성 지질대사 이상을 겪을 확률이 일반인보다 100배가량 더 높다. 글루코세레브로시데이스glucocerebrosidase 효소가 부족해서 앓게 되는 고셔병Gaucher disease도 특히 아슈케나지 유대인 가운데 거의 850명당 한 명 꼴로 발생할 만큼 매우 높은 빈도를 보인다.

유대인들은 이런 비극적인 유전병을 최대한 예방하기 위해 1983년 '도르 예쇼림Dor Yeshorim'(히브리어로 '반듯한 세대'라는 뜻)이라는 일종의 유전병 방지 위원회를 만들었다. 이 위원회에서는 전 세계 유대인 커뮤니티의 구성원들을 위해 유전자 검사를 시행했다. 즉 아직 결혼하지 않은 유대인 청년들의 열성 유전자를 검사해두었다가 결혼 상대자가 생기면 배우자로 적합한지 유전자를 대조해 그 결과를 알려주는 서비스를 제공했다. 자식을 낳았을 경우 유전질환의 가능성이 있는 보인자끼리 만나지 않도록 이른바 '유전자 궁합'을 봐주는 것이다.

이 제도는 효과가 매우 커서, 시행한 지 불과 20년 만에 테이-삭스병 발병률을 90퍼센트 가까이 떨어뜨리는 데 성공했다. 낭포성 섬유증은 거의 사라졌다. 도르 예쇼림을 만든 유대인은 요셉 엑스타인Yosef

Ekstein이라는 랍비였는데, 그는 10명의 자식 중 무려 4명을 테이-삭스병으로 잃고 나서 비극을 반복하지 않기 위해 이 위원회를 창설했다고 한다. 유대인들은 이런 끔찍한 유전병의 대물림을 겪으면서 근친혼을 멀리하게 되었을까? 그렇지 않다. 도르 예쇼림과 같은 성공적인 정책에 의존해 이제는 도리어 마음놓고(?) 근친혼을 할 수 있게 되었다.

DTC direct-to-consumer 유전자 검사 회사가 흔해진 요즘은 도르 예쇼림에 의존하지 않아도 누구나 부부 사이에 태어날 자식의 열성 유전질환 위험을 쉽게 예측할 수 있게 되었다. 자식에게 유전병을 물려줄 위험이 없다고 판단되면 사실상 근친혼을 금지할 명분이 부족해진다. 일찍이 우생학을 창시한 인류학자 프랜시스 골턴 Francis Galton(1822~1911)은 '자연선택'이라는 냉혹한 메커니즘에 따라 최적자만이 살아남게 되는 자연계와 달리, 인간 사회에서는 병약한 개체라도 서로 돕는 자비로운 행위, 즉 '역선택 negative selection'을 통해 얼마든지 살아남고 자식을 남길 수 있다는 점을 우려했다. 문명사회의 연민과 의료기술 때문에 인간이 심각한 퇴화의 위기에 놓여 있다는 것이다. 찰스 다윈도 『인간의 유래와 성선택』에서 다음과 같이 말한 바 있다.

> 의사는 모든 사람의 생명을 구하기 위해 마지막 순간까지 최선을 다한다. 원래 몸이 허약해 천연두에 걸릴 수도 있는 많은 사람들이 예방접종 덕분에 살아남을 수 있게 된 것은 확실하다. 그리하여 문명사회에서는 약한 구성원들도 자손을 남길 수 있게 되었다. 가축동물의 번식에 종사한 적이 있는 사람이라면 이것이 인류에게 매우 나쁜 영향을 가져다준다는 것을 잘 알 것이다. 충분히 보살피지 않거나 잘못된 방법으로 보

살피면 가축의 계통이 놀랄 만큼 빠르게 열등해진다. 그러나 인간 자신을 제외하면 가장 나쁜 상태의 동물에게도 번식을 허용하는 무지한 육종가는 없다.

다윈은 자신의 아내 엠마 웨지우드Emma Wedgwood와 사촌지간이었다. 두 사람은 다윈의 외조부이자 유명한 도자기 사업가였던 조사이어 웨지우드Josiah Wedgwood(1730~1795)의 후손으로, 다윈 자신이 근친과 결혼했던 것이다. 그는 진화론을 연구하면서 근친혼이 건강에 미치는 부정적인 영향에 대해 고민했다. 우선 본인부터 평생을 원인 모를 질병으로 고생했고, 다윈의 자녀 10명 중 3명은 열 살이 되기도 전에 사망했기 때문이다. 가장 사랑했던 딸 애니는 열병과 온몸의 통증으로 1851년에 사망했고, 생존한 나머지 아이들도 자랄 때 또래보다 매우 허약하고 모든 일에 뒤처지곤 했다. 생존한 6명은 장성해 결혼했으나 그중 3명만 자식이 있었다. 이 집안에 근친혼은 찰스만이 아니었다. 다윈가와 웨지우드가 사이에는 모두 합쳐 네 쌍이 사촌끼리 결혼했다. 찰스의 누나 캐럴라인은 엠마의 오빠 조사이어와 결혼해 첫 아이 소피를 낳았는데, 태어날 때부터 허약했던 아기는 생후 6주 만에 사망했다.

순혈주의를 추구하고자 하는 인간의 열망은 동물의 근친교배로도 이어졌다. 인간은 오랫동안 순종을 유지하거나 특정 형질을 강화할 목적으로 가축과 반려동물을 유전적으로 가까운 개체끼리 반복 교배해왔다. 불도그의 납작한 코, 닥스훈트의 짧은 다리는 물론이고, 골든 리트리버의 온순한 성격과 홀스타인 젖소의 높은 우유 생산량 등 특별한

(위) 찰스 다윈과 엠마 다윈의 신혼 무렵의 초상화(조지 리치먼드, 1840).
찰스 다윈과 엠마 다윈은 모두 부유한 도자기 사업가였던 조사이어 웨지우드의 손자와 손녀로, 두 사람은 사촌지간이었다.
(아래) 애니 다윈(1849).
애니는 찰스 다윈의 둘째 아이이자 장녀였다. 다윈이 가장 사랑했던 딸 애니는 열병과 온몸의 통증으로 고생하다 열 살의 어린 나이로 사망했다.

성질을 보존하고 더 향상시키기 위해 많은 품종들이 선택적으로 교배된다. 그 결과 열성 유전자의 발현 가능성이 증가해 특정 질환의 빈도가 높아지고 있다. 그것이 호흡기나 관절 이상, 면역력 저하와 두개골 기형 등 다양한 고통을 겪는 반려동물이 점점 많아지는 이유다.

홀스타인종은 현재 미국에서 키우는 젖소의 94퍼센트를 차지할 만큼 절대적인 품종으로 다른 어떤 품종보다 많은 우유를 생산한다. 그러나 이들은 철저한 선택적 교배로 인해 매년 근친도가 0.11퍼센트씩 증가해왔으며, 2019년에 들어서는 유전체 분석을 통한 조기 선발로 인해 근친도 증가율이 기존의 4배에 달한다는 연구 결과가 최근 발표되었다.* 지나친 근친교배를 피하고 혈통을 관리하지 않으면 머지않아 멸종위기에 처할 수도 있다.

실험동물을 제작할 때도 이와 유사한 상황이 벌어진다. 신약이나 백신을 개발하기 위해 사용하는 실험용 생쥐는 유전적 변수를 최소화해 연구 결과의 신뢰성을 높일 필요가 있다 보니 근친교배를 피할 수 없다. 실험동물을 20세대까지 근친교배를 시키면 일란성 쌍둥이처럼 유전자가 거의 같아져 신약 실험에서 일관된 반응을 보일 수 있게 된다. 이들에게는 개성이 없다. 개성이 있어서도 안 된다. 외모도 그렇고 성격이나 건강 상태도 기계처럼 모두 똑같아야 한다. 인간은 자신의 만족과 건강을 위해 다른 생명의 존엄을 눈 하나 깜짝하지 않고 말살한다.

---

* https://www.farminsight.net/news/articleView.html?idxno=7763 기사 참조.

얼마나 희귀해야 희귀병일까

—

'희귀병rare disease'이란 말 그대로 발생 자체가 매우 드문 병을 말한다. 유병有柄인구가 우리나라 기준으로 2만 명 이하거나, 진단 자체가 어려워 유병인구를 가늠하기 어려운 모든 질환을 일컫는다. 희귀병이냐 아니냐는 보건복지부에서 정한 절차와 희귀질환관리법의 기준을 따라 판단한다. 운동신경이 점점 퇴화해 근육이 마비되는 루게릭병amyotrophic lateral sclerosis(ALS), 파킨슨병Parkinson's disease, 헌팅턴 무도병Huntington's disease 등이 모두 여기 해당한다. 우리가 앞서 이야기한 혈우병도 물론 포함된다. 췌장에서 선천적으로 인슐린을 만들지 못하는 1형 당뇨병type 1 diabetes mellitus의 경우 보건복지부에서 집계한 바로는 국내 5만 명이 넘는 환자가 있기 때문에 법적으로는 희귀병이 인정되지 않지만, 실제 환자 수가 전체 인구의 0.1퍼센트밖에 되지 않으므로 사실상 희귀병이라 해도 전혀 이상하지 않다. 전 세계적으로 알려진 희귀병은 7,000여 종에 달하지만, 국내 등록된 희귀병은 1,000여 종을 조금 넘는 수준이다. 희귀병의 약 80퍼센트는 유전질환에 해당한다.

'유전질환genetic disorder'이란 유전자를 구성하는 DNA 염기서열에 비정상적인 변화, 즉 '돌연변이'가 발생하여 일어나는 질환을 통칭한다. 좁게는 '부모로부터 유전되는 병hereditary disease'으로 정의되곤 하지만, 최근에는 보통 당대에 일어난 유전자 이상으로 발병하는 경우도 모두 포함해 말한다. 그러니까 유전되는 질환은 아니지만 생식세포가 만들어지는 단계에서 염색체 분리chromosome segregation가 제대로 일어나지 못해 발생하는 다운 증후군Down syndrome이나 클라인펠터 증후군

Klinefelter syndrome도 유전질환에 해당하는 셈이다. 하지만 흔히 유전병이라 하면 특정 유전자에 발생한 변이로 인해 유전자 산물 고유의 기능을 잃음으로써 발병하는 경우를 지칭한다. 즉 '유전형genotype'의 변화는 많은 경우 '표현형phenotype'의 변화로 이어지게 마련인데, 이것이 질병의 형태로 표현되면 이른바 '유전병'이 발생하는 것이다.

그러나 우리가 흔히 추측하는 것과 달리, 지금까지 알려진 모든 유전질환 중 단 하나의 유전자가 잘못되어 일어나는 질환은 전체의 약 2퍼센트에 불과하다. 만약 당신이 50가지 유전질환의 이름을 댈 수 있다면 그중 단 하나만이 단일 유전자 돌연변이에 의해 발생한다는 말이다. 여기에는 앞서 언급했던 낭포성 섬유증, 겸상적혈구빈혈증, 헌팅턴 무도병 등 몇 가지 질환이 잘 알려져 있다. 그러나 이밖에 대다수의 유전질환은 관련된 유전자가 엄청나게 많다. 하나하나 열거하기가 불가능하다. 합스부르크가의 주걱턱을 만드는 유전자가 무엇이었는지 우리가 아직도 정확히 알아내지 못한 것을 보면 분명 그 형질에 관련된 유전자가 한두 가지가 아닐 거라 추측할 수 있다. 어쩌면 수십 가지, 또는 수백 가지에 달할 수도 있다.

오랫동안 유전과 관련해 사용했던 '멘델의 유전 법칙'은 단 하나의 유전자 변이로 인해 표현형이 바뀌는 경우를 설명하는 것으로, 유독 완두콩에서만 정확히 들어맞았다. (멘델은 완두콩 실험을 통해 얻어낸 자신의 법칙을 시험하기 위해 강낭콩과 분꽃, 조팝나물 등 다양한 식물을 대상으로 연구를 계속했지만 동일한 법칙을 얻어내지 못했다.) 멘델의 유전 법칙은 우리가 지금껏 '법칙'이라고 불러온 사실조차 민망할 정도로 예외적이다.

오늘날 많은 이가 특정 유전자가 인간의 외모와 건강 상태, 나아가 복잡한 인지작용과 행동방식까지 직접적으로 결정한다고 믿고 싶어하지만, 사실은 그게 그렇게 간단하게 결론지을 수 있는 문제가 아니다. 예를 들어 자폐증을 일으키는 하나 또는 몇 가지 유전자는 아직까지 알려진 바가 없다. 밝혀지지 않은 어떤 방식으로 상호작용하는 수십 수백 가지의 유전적 인자들이 모여 만드는 거대한 생화학적 네트워크가 여러 환경적 요인과 결합하여 자폐증을 유발할 것으로 추정될 뿐이다. 그런데도 우리는 왜 자폐증 유전자가 어딘가에 숨겨져 있으리라 끊임없이 의심할까? 그것은 모든 현상에는 틀림없이 어떤 물질적인 원인이 있다고 믿는 우리의 본질주의적인 편향 때문이다.

생명이란 유전자에 의해 선험적으로 주어져 있거나 본질주의적으로 미리 운명 지어져 있는 것이 아니다. 생명은 살아가는 과정 중에 있는 존재이며, 무엇을 어떻게 경험하느냐에 따라 꽤 많은 부분이 달라진다. 일란성 쌍둥이를 대상으로 연구해보면, 어느 한쪽이 자폐증 증상을 보일 때 나머지 한쪽도 자폐증이 나타날 확률이 70~90퍼센트로 알려져 있다. 이 수치가 꽤 높아 보이는 것은 사실이지만 100퍼센트가 아니라는 점에 의문을 가질 필요가 있다. 나머지 10~30퍼센트는 어째서 자폐 증상이 나타나지 않는 걸까? 두 사람에게 똑같이 자폐증이 발생하더라도 그 증상의 중증도severity는 크게 다르며, 그 차이에 기여하는 유전적 요인은 9퍼센트에 불과하다는 연구 결과가 나왔다.* 일란성 쌍둥이는 DNA만 동일할 뿐 아니라 환경적 조건도 사실상 거의 비슷하다는 것을 감안하면 이런 결과는 쉽게 이해되지 않는다.

---

* Castelbaum, L. et al. (2020) 논문 참조.

레오나르도 다빈치의 모나리자 원작(위, 1503~1506)과 제자가 그린 모작(아래, 1503~1516). 프라도의 모나리자는 흔한 복제품이 아니라 원작 모나리자와 같은 시기에 다빈치의 작업실에서 그려진 모작으로 밝혀졌다. 다빈치의 제자 중 살라이 또는 프란체스코 멜치가 그렸을 가능성이 높다고 전해진다. 일란성 쌍둥이는 이론적으로 DNA가 완전히 동일하다고 여겨지지만 실제로는 조금씩 다르며, 질병에 대한 감수성도 완전히 같지 않다. 각각 파리 루브르 박물관과 마드리드 프라도 미술관 소장.

돌연변이는 세상을 어떻게 바꿨나

—

'돌연변이mutation'라는 용어를 맨 처음 사용한 사람은 네덜란드의 식물학자 휘호 더 프리스Hugo de Vries(1848~1935)였다. 그는 1901년에 쓴 논문과 1903년의 저서 『돌연변이론Die Mutationstheorie』에서 이 개념을 체계적으로 정리했다. 이 용어는 '변화'를 의미하는 라틴어 'mutatio'에서 유래했는데, 이것은 또한 '변화하다'라는 뜻의 라틴어 동사 'mutare'에서 파생된 말이다. 더 프리스는 달맞이꽃을 연구하다가 정상보다 훨씬 큰 돌연변이 달맞이꽃을 여럿 찾아내 이를 '왕달맞이꽃'이라고 불렀는데, 돌연변이가 일어나 크기가 변한 개체는 정상 달맞이꽃과 더 이상 교배가 되지 않는다는 사실을 발견해 보고했다.

더 프리스의 발견에 깊이 감명받은 컬럼비아대 교수 토머스 모건Thomas Hunt Morgan(1866~1945)은 달맞이꽃 같은 식물뿐 아니라 동물에게서도 돌연변이를 발견할 수 있을지 궁금했다. 그래서 그는 번식이 빠르고 한 차례의 교배로 수백 개의 알을 낳는 초파리를 연구 대상으로 정했고, 마침내 초파리의 눈 색깔이 빨간색에서 흰색으로 바뀌는 돌연변이를 발견했다. 모건은 또한 이 돌연변이가 염색체상에서 일어나는 물리적인 현상임을 증명해 월터 서튼Walter Sutton(1876~1916)이 주장한 '염색체 유전설chromosome theory of inheritance'이 옳았음을 입증했다. 더 프리스가 썼던 돌연변이는 유전적 용어라기보다 진화적 용어에 가까워서 변이로 인해 교배가 불가능해질 정도로 '표현형'이 달라지는 현상을 말한 것이었다. 하지만 모건이 사용한 돌연변이는 '유전형'의 변화를 의미하는 보다 유전학적인 개념이었다는 점에서 현재 우리가 사

네덜란드의 식물학자 휘호 더 프리스와 그가 연구한 왕달맞이꽃.
더 프리스의 저서 『돌연변이론』 제1권에 실린 달맞이꽃의 변종 그림이다. 그는 '돌연변이'라는 용어를 맨 처음 사용했다. 캔자스시티 린다 홀 도서관 소장.

용하는 용어와 한층 더 가깝다고 볼 수 있다.

오늘날 유전학에서 말하는 돌연변이는 유전정보가 담긴 DNA의 염기서열이 기존 원본과 달라져 생기는 변이를 뜻한다. 아주 좁은 의미에서 돌연변이란 네 가지 염기인 아데닌adenine(A), 사이토신cytosine(C), 구아닌guanine(G), 타이민thymine(T) 중 하나가 오류를 일으켜 자신이 아닌 다른 세 종류 중 어느 하나의 염기로 '영구적으로' 바뀌는 것을 말한다. 영구적이라 함은 바뀐 채로 자손에게 줄줄이 전해지게 되었다는 의미다. 돌연변이는 치명적이어서 염기서열이 바뀐 개체를 병들게 하고 죽게 만들 수도 있지만, 별다른 문제를 일으키지 않은 채 숨어서 대대로 전달되는 것도 아주 많다. 그런 경우를 '침묵 돌연변이silent mutation'이라고 부른다. 진화 과정에서 이런 돌연변이가 쌓이면서 우리는 서로 조금씩 달라졌다.

현재 우리는 돌연변이라는 용어를 전체 인구 가운데 1퍼센트 미만의 아주 낮은 비율로 발견되는 희소한 오류를 칭할 때로 국한해서 쓴다. 전체 인구에서 1퍼센트 이상을 차지할 정도로 비교적 흔한 오류는 돌연변이라 부르지 않고, 대신 '다형성polymorphism'이라는 용어로 바꾸어 부른다. 우연히 발생한 돌연변이가 처음에는 희귀할지라도 차츰 전체 집단으로 퍼져나가기 시작해 꽤 많은 사람들이 가지게 되면 더 이상 돌연변이가 아니라 다형성으로 인정받게 되는 셈이다. 조금 어려운, 그러나 더 정확한 용어로 말하자면 '단일염기다형성single-nucleotide polymorphism(SNP)'이라 부른다.

당신과 나는 아무리 다르게 생겼어도 유전체 염기서열이 전체적으로 99.9퍼센트 동일한데, 이는 우리가 말 그대로 0.1퍼센트만이 다른 염기서열로 이루어져 있다는 뜻이다. 다시 말해 인간의 DNA를 구성하는 약 30억 쌍의 염기 중에서 0.1퍼센트가 다르다는 말은 약 300만 개나 되는 우리의 염기에서 '다형성'이 발견되고 있다는 말이다. 당신과 내가 서로 다르더라도 우리는 서로를 돌연변이라 부르지 않는다. 당신의 코는 꽤 잘 생겼지만 내 코는 그렇지 못하다 해도 나를 돌연변이라고 놀려서는 안 된다. 우리는 서로에게 돌연변이가 된 게 아니라, 약간씩 서로 다른 '다양한 형태'를 가지게 되었을 따름이다.

'침묵 돌연변이'를 포함해 대다수의 돌연변이와 다형성은 우리의 건강이나 번식에 그리 큰 영향을 미치지 않는다. 그러나 이것이 누적되면서 우리는 점점 더 예측하기 어려운 방향으로 변해가고 있다. 1946년 노벨생리의학상을 탄 미국의 유전학자 허먼 멀러Hermann Joseph Muller(1890~1967)는 인간에게 해로운 돌연변이가 위험한 수준으로 누적되고 있다며 우려한 바 있다. 당장은 그 해로움을 실감하지 못할지라도 나중에는 새로운 질환을 일으키거나 생식 능력의 저하를 유발하는 등 무시할 수 없는 수준으로 영향이 나타날 수 있다는 말이다. (최근 젊은 연령층의 불임률이 매년 급격히 증가하는 이유도 이와 무관하지 않을 것이다.) 골턴과 다윈이 일찍이 지적했듯이, 의학과 기술의 발전으로 인간에게는 자연선택의 영향이 차츰 약해져서 우리 유전자 속에 쌓여가는 많은 위험한 돌연변이가 제대로 제거되지 못하는 것이다.

우리는 살기 위해 비타민 C를 섭취해야 한다. 비타민은 생존에 필수적인 영양소니까 당연한 것 아니냐고? 이걸 당연하게 생각해서는 안 된다. 대부분의 동물과 식물은 세포 내부에서 포도당을 비타민 C로 바꾸는 L-굴로노락톤 산화효소L-gulonolactone oxidase를 만들 수 있다. 그러나 인간은 진화 과정에서 이 효소를 만드는 GULO 유전자에 돌연변이가 일어나는 바람에 비타민 C를 더 이상 만들지 못한다! 이렇게 중요한 유전자에 돌연변이가 일어났는데도 어째서 인간은 죽지 않고 살아남을 수 있었던 걸까? 그 이유는 간단하다. 인간은 너무 다양한 음식을 잘 먹고 다녀서 비타민 C를 충분히 섭취할 기회가 많았기 때문이다.

사실 대다수 동물은 평생 동안 한 종류의 먹이만 먹고도 심각한 탈 없이 잘 산다. 예를 들어 코알라는 거의 유칼립투스 잎만 먹고 살고, 판다는 대나무만 먹고도 잘 살 수 있다. 식물의 이파리나 대나무는 영양가가 낮기 때문에 하루의 대부분을 먹는 데 써야 한다는 단점이 있지만, 그래도 한 종류의 음식만 먹고도 문제없이 잘 살 수 있다. 생존에 필요한 미량의 필수 영양소들을 체내에서 스스로 합성해낼 수 있기 때문이다. 그러나 인간은 필요 이상으로 너무 잘 먹고 다닌다. (조금 찔리지 않는가?) 이것저것 못 먹는 것이 거의 없다. 그러다보니 몸속에서 영양소를 스스로 만들어낼 필요가 없어졌다. 이는 마치 스마트폰의 정보에 매 순간 의존하면서 가까운 친구의 전화번호 하나조차 기억하지 못하고, 또 내비게이션의 안내만 내내 믿고 의지하면서 스스로 길을 찾아가지 못하게 된 현상과 유사하다. 우리는 돌연변이로 인해 중요한 생화학적 능력을 수없이 잃어버리고 말았다.

유전질환은 피할 수 없는 운명일까

걸작 『대지 *The Good Earth*』를 집필해 훗날 노벨문학상을 수상한 펄 벅Pearl Sydenstricker Buck(1892~1973)에게는 발달장애를 앓는 어린 딸 캐럴이 있었다. 이유를 알 수 없는 심각한 정신지체로 인해 캐럴을 어린 나이에 특수 훈련학교로 떠나보내야 했던 펄 벅은 생활고를 타개하기 위해 계획에도 없던 소설을 쓰게 된다. 그 덕분에 결국 그녀는 유명해졌고, 캐럴의 이야기가 세상에 나올 수 있었다.

캐럴이 훈련학교에서 생활한 지 20년이 훌쩍 지나고 나서야 병의 원인이 밝혀졌다. 그것은 우려했던 바와 달리 지능의 문제가 아니었고, 그저 단순한 물질대사의 실패에서 일어난 불행한 사고였다. 캐럴은 '페닐케톤뇨증phenylketonuria(PKU)'이라는 상염색체 열성 유전병을 지니고 태어난 것이었다. 이 병은 페닐알라닌phenylalanine이라는 평범한 아미노산을 분해해 다른 아미노산으로 바꿔주는 효소 PAH가 돌연변이로 인해 제대로 만들어지지 않아 발생한다. 분해되지 못해 몸에 과량 축적된 페닐알라닌은 페닐케톤으로 바뀌고, 이것이 뇌로 이동하면 신경세포를 파괴해 지적 발달을 저해하게 된다. 그저 단백질이 풍부한 음식을 먹었을 뿐인데 뇌가 서서히 손상되는 비극적인 질환이다.

  이 유전질환은 PAH 유전자에 일어나는 단 하나의 돌연변이로 유발되기 때문에 전적으로 유전자의 문제라 할 수 있다. 하지만 어린 시절부터 페닐알라닌이 없는 식단을 유지한다면 증상을 피해갈 수도 있다. 지금은 어린 아기 환자들을 위해 페닐알라닌을 제외한 특수 분유를 제작해 판매하기도 한다. 캐럴의 경우 그 사실을 너무 늦게 알았기 때문에 안타깝게도 개선의 기회를 놓쳤지만, 어떤 환자든 어렸을 때 일찍 문제를 발견하고 저低페닐알라닌 식이요법을 엄격히 지킨다면 얼마든지 지적 장애를 피하고 정상적으로 성장할 수 있다. 이 질병은 유전자의 문제가 환경의 문제로 완벽하게 치환될 수 있음을 보여주는 하나의 좋은 예다. PKU는 전적으로 유전병인 동시에 환경의 조건에 완전히 좌우되는 질병이기도 하다!

  만약 도스토옙스키가 뇌전증에 시달리지 않았다면 우리는 『죄와 벌』을 읽을 수 없었을 것이다. 프루스트가 선천적으로 심한 천식 때문에 방에만 틀어박혀 지내지 않았다면 『잃어버린 시간을 찾아서』는 탄생하지 못했을 것이다. 마찬가지로 펄 벅에게 PKU를 앓는 딸이 없었

펄 벅과 그녀의 딸 캐럴.
펄 벅의 딸 캐럴은 선천적 유전병 페닐케톤뇨증(PKU)으로 인해 어릴 때부터 정신지체 장애를 앓았다.

다면 『대지』는 결코 세상에 존재하지 않았을 것이다. 유전자는 그 자체로 인생을 결정짓지 않는다. 인간은 유전자의 폭정에 대항하기 위해 얼마든지 주변 환경을 바꿀 수 있으며, 그로 인해 역사까지 바꾼다.

캐럴이 앓던 병 PKU의 원인을 정확히 진단했던 의사 라이오넬 펜로즈Lionel Sharples Penrose(1898~1972)는 우생학이 의학계나 일반 대중 사이에서 크게 지지를 받던 1930년대 초에 우생학을 오만하고 부조리한 학문이라고 강력히 비판했던 몇 안 되는 학자였다. 그는 지능이 높은 사람과 정신박약을 두 범주로만 구분해 차별하던 우생학의 문제점을 지적했다. 펜로즈는 또한 유전병을 다룰 때 마치 해로운 벌레 다루듯 그저 유전자를 제거해버리면 되는 것으로 생각해서는 안 된다고 주장했다. 심지어 그는 아리아 인종이 유대인이나 흑인보다 우월하다는 당시 나치의 믿음을 철저히 무너뜨렸다. 유대인이나 흑인에게는 PKU 환자가 거의 발견되지 않는 데 비해, 독일은 이 유전병이 가장 많이 나타나는 나라 중 하나라는 사실이 드러났기 때문이다.

철학자 신승환 교수는 『생명철학』에서 유전자 치료의 명분을 앞세우는 현대의 생명공학은 무엇보다 먼저 유전병이 발생하는 '원인cause'과 '작인agency'을 구별해야 한다고 지적한다. 특정 유전병이 여전히 '유전' 병이라 불리기는 해도 그것이 단순히 그 원인으로 지목된 유전적 소질에 의해서만 발병하는 게 아니기 때문이다. 유전질환은 유전자뿐 아니라 그것이 발현되는 환경 조건에 따라 증상이 크게 달라진다. 그런 의미에서 오늘날 화두가 되는 유전자 치료란 유전병이 생기는 수많은 요인을 유전자라는 단 하나의 개념으로만 환원시키는 극단적인 행위라 할 수 있다. 거기에 잘못된 결과들의 모든 책임을 유전자 탓으로만 돌리려는 의도가 숨어 있는 것은 아닌지 살펴볼 필요가 있다.

유전자는 일찍이 세계의 역사를 수없이 바꿔왔다. 그러나 유전자는 우리에게 더 이상 피할 수 없는 운명이 아니다. 생명은 자신이 지닌 유전자로만 살아가고 결정되는 존재가 아니므로. 생명은 역사 속에서 형성되고 세계와 관계를 맺으며, 미래를 계획하고 하나하나 바꿔나가는 역동적인 존재이므로.

3

사나운 유전자

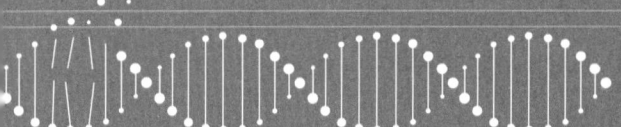

우리는 어떻게
인간이 되었을까

여우는 입을 다물고 오랫동안 어린 왕자를 바라보았다.

"제발… 나를 길들여 줘!" 여우가 말했다.

"그러고는 싶은데," 어린 왕자가 대답했다, "시간이 없어. 나는 친구들을 찾아야 하고 알아야 할 것도 많고."

"자기가 길들인 것밖에는 알 수 없는 거야." 여우가 말했다. "사람들은 이제 어느 것도 알 시간이 없어. 그들은 미리 만들어진 것을 모두 상점에서 사지. 그러나 친구를 파는 상인은 없어. 그래서 사람들은 친구가 없지. 네가 친구를 갖고 싶다면, 나를 길들여 줘!"

"어떻게 해야 하는데?" 어린 왕자가 말했다.

"아주 참을성이 있어야 해" 여우가 대답했다.

앙투안 드 생텍쥐페리Antoine de Saint-Exupéry, 『어린 왕자Le Petit Prince』
황현산 옮김, 열린책들, 2015, 86쪽.

소련의 초대 지도자였던 레닌이 사망하자 곧이어 스탈린Joseph Stalin(1878~1953)의 시대가 시작되었다. '강철남man of steel'이라는 뜻의 이름에 걸맞게 스탈린은 피비린내 나는 5년간의 권력 투쟁에서 마침내 승리했고, 공산당의 절대 권력을 거머쥐었다.

　당시 소련은 건국 이래 지속되는 사회 불안과 식량 문제로 위기에서 좀처럼 벗어나지 못하고 있었다. 1928년 곡물 공급량이 최저점을 찍으며 모스크바와 레닌그라드가 식량난에 처하자 스탈린은 문제를 해결하기 위해 시베리아의 농민들에게 총부리를 겨누며 폭력을 행사했고, 강제로 식량을 탈취했다. 사유재산을 허용하지 않는 집단농장 제도를 강행하며 이에 저항하는 이들에게는 '쿨라크Kulak'*라는 딱지를 붙였고, 이들을 '계급의 적'으로 규정해 잔인하게 처형했다.

---

* 쿨라크는 본래 볼셰비키들이 '부유한 농민'을 경멸조로 일컫는 말이었으나, 후에는 스탈린의 강제 농업 집단화에 반대하는 모든 사람을 의미하는 말이 되었다.

그즈음 작물육종학자 트로핌 리센코Trofim Lysenko(1898~1976)가 선배 학자들의 연구를 이어받아 '춘화처리春化處理'에 관한 연구로 명성을 얻고 있었다. 춘화처리란 식물을 저온에 장기간 노출시켜 개화를 유도하는 것을 말한다. 보리나 밀처럼 겨울철에 휴면 기간을 반드시 거쳐야 하는 종자들을 인위적으로 저온 처리해 휴면기 없이도 정상적으로 발아할 수 있도록 하는 기술이다. 리센코는 과거에 이미 오류로 판명난 라마르크의 '용불용설theory of use and disuse'과 '획득형질의 유전'을 지지했으며, 이를 바탕으로 한번 춘화처리를 해놓으면 다음 세대의 작물에는 더 이상 할 필요가 없다는 새 학설을 내놓았다. 1933년 악명 높은 우크라이나 대기근Holodomor까지 겹치면서 절체절명의 위기에 빠진 소련의 농업부는 단기간에 농업 생산량을 극대화할 방법을 애타게 찾았고, 마침 리센코의 이론은 유일한 해결책처럼 보였다.

가난한 소작농의 아들로 태어난 리센코는 말 그대로 '흙수저' 출신의 과학자였다. 대학에 다닌 적 없었지만, 그가 원예 학교에서 익힌 육종 지식만으로 작물 수확을 크게 늘릴 수 있는 기술을 발견했다는 소문이 돌았다. 그는 엉터리 이론으로 우크라이나 과학아카데미 회원으로 추천되었고, 곧 스탈린의 관심을 끌기에 이르렀다. 리센코는 프롤레타리아 계급에서 과학계의 권위 있는 자리까지 단숨에 뛰어오르면서 공산당 지도부가 찾던 '인간 개조'의 취지에 가장 부합하는 인물이 되었다. 리센코는 스탈린의 비호를 등에 업고 차츰 영향력을 키워나갔다. 그가 스탈린의 총애를 받았던 이유 중 하나는 서방과 소련의 앞선 유전학자들을 정치적 불순분자라며 맹비난하고 기존의 과학을 전복하는 이른바 '리센코주의lysenkoism'를 주창했기 때문이다.

소련의 생물학자 트로핌 리센코.
리센코는 한 세대의 종자에 춘화처리를 해놓으면 그다음 세대부터는 처리를 하지 않아도 작물이 정상적으로 자란다는 '용불용설'을 주장했다. 그의 이론이 스탈린의 관심을 받았다고 해도 그는 소련의 유전학과 농업을 수십 년간 후퇴시킨 유사과학자였다.

1937년에서 1938년 사이에 스탈린 정권은 주로 본국의 시민을 직접 겨냥한 대규모 숙청을 자행했다. 이 짧은 시기에만 무려 150만 명이 체포되고 70만 명이 총살형을 당했다. 극단적 잔혹함이 온 나라를 두려움에 떨게 했다. 그는 가는 곳마다 내부의 적과 배신자들을 찾아내 무자비하게 제거했다. 스탈린은 광적인 편집증에 사로잡혀 어느 분야의 누구든지 의심했는데 유독 유전학자들을 증오했다. 서방 세계에서 유행하는 멘델의 유전학이 소련 공산당의 정치 노선을 거스른다고 보았기 때문이다. 멘델의 유전법칙은 유전적 특성이 세대를 거쳐 고정된 방식으로 후손에게 전달된다는 이론인데, 이는 인간이 환경과 교육을 통해 얼마든지 당의 필요에 맞게 개조될 수 있다는 사회주의 이념과 배치된다고 간주했던 것이다.

스탈린은 소련 생물학의 모든 권한을 리센코에게 맡겼다. 그는 유전학을 중고등학교 교과서는 물론 대학의 교과과정에서도 모조리 삭제했다. 많은 유전학자가 강제수용소로 보내지거나 실종되었다. 우즈베키스탄의 타슈켄트에 있는 중앙아시아 누에 연구소에서 일하던 전도유망한 유전학자 니콜라이 벨랴예프Nikolai Belyaev가 비밀경찰에 체포되어 재판 없이 처형당한 것은 바로 그 무렵이었다.

'개와 늑대의 시간'은 언제였을까

니콜라이에게는 열여덟 살 터울의 어린 동생 드미트리 벨랴예프 Dmitry Belyaev(1917~1985)가 있었다. 드미트리는 농업 전문대학에 들어가 생물학을 공부했고, 우상처럼 여긴 형의 뒤를 따라 유전학자가 되었다. 형 니콜라이가 납치돼 살해되었다는 비보를 듣고 수없이 흔들렸지만, 사기꾼 리센코가 언젠가는 몰락하리라 굳게 믿으며 유전학에 대한 의지를 불태웠다.

드미트리는 모스크바에 있는 모피 동물 품종개량 중앙연구소의 선임연구원으로 임명되었다. 그곳은 해외 수출용 은여우의 품종개량을 연구하는 기관이었다. 모피 수출은 소련의 주요 외화벌이였기 때문에 그의 품종개량 연구는 큰 관심을 받았다. 가장 인기 있던 모피는 역시 검은색 바탕에 은빛 윤기가 흐르는 은여우의 것이었는데, 이를 얻기 위해 점점 더 많은 여우 농장이 생겨나며 이른바 '실버 러시silver rush'가 이루어졌다.

그는 품종개량을 구실로 관심사였던 유전학 연구를 몰래 할 수 있었다. 사람들은 개가 늑대에서 진화했다고 믿고 있다. 그러나 극도로 사나운 데다가 인간과의 접촉을 끔찍이도 싫어하는 늑대가 어떻게 인간의 충성스러운 동반자가 될 수 있었을까? '개와 늑대의 시간l'heure entre chien et loup'이라는 프랑스어 표현에 숨어있는 뉘앙스처럼, 늑대가 개로 변모했을 시점과 그 과정에 대해서는 불분명한 점이 많았다. 벨랴예프는 여우의 품종개량을 연구하다가 중요한 단서를 찾아냈다. 동물의 진화 과정에서 '가축화'가 어떻게 시작되었는지 그 비밀을 이내 알아낼 수 있을 것 같았다. 사나운 여우를 차례로 교배하는 중에 침착하고 차분한 성질의 변종을 찾아낼 수만 있다면 말이다.

그러나 교배를 통해 여우의 가축화를 유도하려는 벨랴예프의 야심찬 실험계획은 사실상 실현되기 어려워 보였다. 빠르게 번식하는 초

은여우와 함께 놀고 있는 드미트리 벨랴예프(1960년대).
벨랴예프는 유전학 연구를 하기 어려운 정치적 상황에서 품종개량을 구실로 은여우를 길들이는 유전학 연구를 수행했다.

파리나 쥐를 대상으로 한 실험은 과거에 많았지만, 여우를 대상으로 유전 현상을 연구한 경우는 단 한 번도 없었다. 여우는 일 년에 겨우 한 번 짝짓기를 하기 때문에 세대마다 원하는 형질의 새끼를 선별해 키우고 다시 교배시키려 한다면 어마어마한 시간과 돈, 그리고 대규모의 농장이 필요할 터였다. 원하는 실험결과를 얻을 때까지 몇십 년, 또는 그 이상 얼마나 걸릴지도 알 수 없었다. 더구나 서슬 퍼런 리센코 일당의 감시를 피할 수 있을지도 모를 일이었다.

1948년 레닌 농업과학아카데미 연합학회에서 리센코는 다시 한 번 서방의 모든 유전학자들을 맹비난하며 반동분자로 몰아세우는 무시무시한 연설을 했다. 여기에 전심으로 동조하지 않은 과학자들은 공산당에서 축출되고 직장에서도 쫓겨났는데, 이때 벨랴예프도 리센코의 사상에 찬동하지 않았다는 이유로 연구소 동료에게 고발당했고 좌천과 감봉의 징계를 받았다. 모피 산업에 기여한 것이 참작되지 않았다면 그의 연구 인생은 거기서 끝났을지도 모른다. 그는 분을 삭이며 다시 침착하게 유전학 연구에 매진했다. 초기 짝짓기 실험에서 부모 세대보다 약간 더 유순해 보이는 여우들을 얻을 수 있었다.

1953년에 드디어 스탈린이 사망하면서 리센코의 유사과학은 힘을 잃기 시작했다. 공교롭게도 같은 해 영국 케임브리지대의 캐번디시연구소에서 왓슨과 크릭이 DNA가 이중나선 구조로 되어 있음을 밝혀냈다. 곧 유전자는 암호로 이루어져 있으며, 복제와 돌연변이를 통해 멘델의 유전과 다윈의 진화가 일어난다는 서방의 유전학 지식이 결국 옳았다는 사실이 알려지게 되었다. 스탈린의 후계자인 니키타 흐루쇼프 Nikita Khrushchev(1894~1971)는 리센코 때문에 명예를 잃은 몇몇 유전학자들을 복권시켰다. 리센코주의자들의 폭정을 견뎌오던 소련의 유전학계는 서서히 회생의 기지개를 켰다.

서방의 유전학보다 수십 년 뒤처졌음을 인식한 소련의 새 정부는 시베리아의 경제·문화 중심 도시인 노보시비르스크의 외곽에 말 그대로 '학술 도시'라는 뜻의 '아카뎀고로도크Akademgorodok'를 조성하고, 20여 개의 독립연구소를 갖춘 대규모 과학연구센터를 설립했다. 벨랴예프는 모스크바를 떠나 이곳 세포유전학 연구소의 진화유전학 분과 책임자로 정식 발령을 받았다. 그는 이제 마음놓고 본격적으로 여우

러시아 노보시비르스크 세포학 및 유전학 연구소 앞뜰에 세워진 실험용 쥐 기념비(2013).
실험동물의 희생을 기리기 위해 만든 것으로, 할머니 쥐가 돋보기안경을 코에 걸친 채 DNA 이중나선을 실타래 삼아 뜨개질을 하는 모습이다. 안드레이 카르케비치의 청동 작품.

교배 실험에 집중할 수 있게 되었다.

사나운 여우가 길들여질 수 있다면

은여우는 붉은 여우 *Vulpes vulpes*에게 검은 색소가 과다하게 나타나는 흑색증melanism이 일어나 털의 색깔이 바뀐 변종이다. 그러니까 붉은 여우와 은여우는 색깔만 다를 뿐 같은 종인 셈이다. 붉은 여우로부터 다양한 색조와 감촉의 털을 가진 여러 변종이 만들어졌지만 가장 인기 있었던 것은 역시 은회색 모피를 얻을 수 있는 은여우였다. 이것이 바로 벨랴예프가 처음에 가축화를 연구하기 위해 은여우를 선택하게 된 표면적인 이유였다.

고생물학자와 진화생물학자들은 인간이 제일 처음 가축화에 성공한 동물은 개였다고 확신한다. 개가 늑대에서 서서히 진화해왔다는 것이다. 그러나 애초에 야생 상태에 있었던 사나운 늑대가 어떻게 인간과 접촉하며 유순하게 길들여지기 시작했는지는 수수께끼였다. 벨랴예프는 늑대와 여우가 비교적 멀지 않은 과거에 하나의 공통 조상을 가졌던 가까운 두 후손인 만큼, 만약 늑대의 가축화와 관련된 유전자가 있다면 여우도 마찬가지로 그것을 가지고 있으리라 짐작했다.

사실 모든 사나운 야생 동물이 다 유순하게 길들여질 수 있는 것은 아니다. 말은 인간이 오래전부터 길들여서 전쟁이나 운송에 긴요하게 활용해왔는데도 말과 굉장히 가까운 친척인 얼룩말은 아직까지도 가축화에 성공하지 못했다. 현존하는 얼룩말, 말, 당나귀는 모두 같은 '말과Equidae'와 '말속Equus'에 속할 정도로 유전적으로 가깝다. 그래서 그들 사이에서 노새와 버새(말과 당나귀 사이의 이종교배종), 조스zorse와 헤브라hebra(얼룩말과 말 사이의 이종교배종), 그리고 제동크zedonk(얼룩말과 당나귀 사이의 이종교배종)가 간혹 태어나기도 한다. 그러나 말과 당나귀가 유순하게 인간을 잘 따르게 된 반면 얼룩말을 길들이려는 노력은 이상하게도 번번이 실패해왔다. 얼룩말은 상상 이상으로 난폭하다.

얼룩말은 풀을 뜯어먹고 사는 초식동물이지만 생태계 최상위 포식자인 사자, 치타, 하이에나 같은 천적이 우글거리는 아프리카 사바나의 광활한 초원에서 성공적으로 서식해왔다. 험난한 환경 속에서 살아남기 위해 강하고 거칠면서도 예민한 성질을 지닌 쪽으로 진화해온

얼룩말 마차를 몰고 있는 로스차일드.
월터 로스차일드는 자신이 길들이던 얼룩말을 묶어 강제로 마차를 끌게 했다. 그는 로스차일드 은행 가문의 일원으로 개인 동물원을 소유하고 있었다.

것이다. 따라서 포획되거나 사육되는 것을 극히 싫어하며, 조금이라도 위험한 낌새를 채면 즉시 달아난다.

영국의 로스차일드Rothschild 가문을 세운 마이어 암셸 로스차일드의 고손자 월터 로스차일드Walter Rothschild(1868~1937)는 얼룩말로 유명세를 탄 적이 있다. 얼룩말 네 마리를 강제로 묶어 마차를 끌게 해서 많은 이들이 보는 가운데 런던의 버킹엄 궁전 앞까지 당도했던 것이다. 그러나 그가 얼룩말을 길들여 사육하는 데는 끝내 실패했다고 전해진다. 힘들여 훈련시킨 얼룩말에게서 태어난 새끼들이 결코 유순한 성질을 지닌 성체로 자라나지 못한 것이다. 어느 정도 훈련을 통해 후천적으로 인간을 따르게 만들 수는 있지만, 선천적으로 유순해지도록 유전자가 바뀌지 않는 한 가축화가 쉽지 않음을 알 수 있다.

사슴도 마찬가지다. 사슴은 덩치가 클 뿐 아니라 고기가 연하고 담백하며 역한 냄새도 나지 않아 오랫동안 식용되었다. 사슴의 뿔에서 얻는 녹용은 한방에서 귀한 약재로도 쓰인다. 그래서 인류는 식용 사슴을 얻기 위해 역사적으로 수차 가축화를 시도했지만 현존하는 약 150종의 사슴 중 지금껏 성공한 것은 단 하나, 순록뿐이다. 사슴이 인간에게 특별히 난폭하게 굴거나 공격적이지 않은데도 좀처럼 가축화되지 않는 사실이 놀랍다.

더 유순해질수록 외모도 더 귀여워지는 수수께끼

새로운 시대를 맞이한 벨랴예프는 여우 가축화 프로젝트를 본격적으로 가동하기 위해 류드밀라 트루트 Lyudmila Trut(1933~2024)를 연구원으로 영입했다. 류드밀라는 모스크바 주립대에서 동물행동학을 전공하던 스물다섯 살의 젊은 대학원생이었다. 전공지식을 갖췄을 뿐만 아니라 동물을 유달리 사랑하는 특별한 마음도 어머니에게 물려받은 그녀는 누구보다 이 프로젝트에 헌신할 적임자였다. 류드밀라는 언제 연구가 끝나게 될지, 어떤 결과를 얻게 될지 아무것도 확신할 수 없는데도 오래 정들었던 모스크바를 미련 없이 떠났다. 시베리아 한가운데 위치한 춥고 보잘것없는 도시로 가서 벨랴예프가 진행하는 연구에 합류했다. 그녀는 자신의 선택이 위대한 도전이 되리라 직감했다.

벨랴예프와 류드밀라는 세대마다 가장 순한 여우들을 선택해 그들끼리 교배시키는 일을 반복했다. 그들은 집중적인 선택 육종을 반복

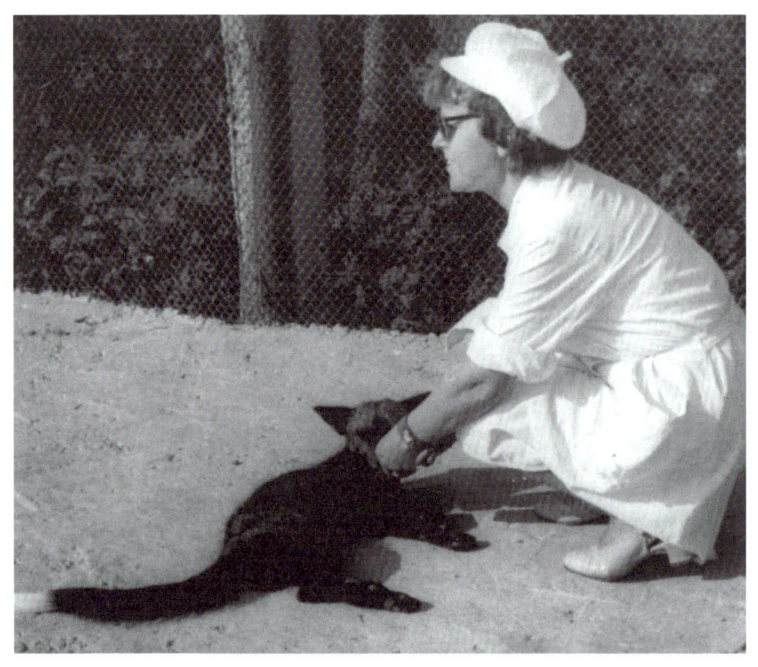

자신이 길들인 은여우와 시간을 보내는 류드밀라 트루트.
동물행동학자 류드밀라는 거의 70년 가까운 세월 동안 사나운 은여우를 순하게 길들이는 연구에 헌신했다.

한 지 6년 만에 극소수이긴 하지만 개처럼 순해 보이는 개체를 얻을 수 있었다. 여우는 일 년에 겨우 한 번 짝짓기를 하므로 6년이면 여섯 세대 만이었다. 겨우 여섯 세대 만에 전체 개체군의 2퍼센트가 순한 개체로 변화된 것이었다. 열 세대가 지나자 순한 개체들은 전체의 18퍼센트를 차지했고, 서른 세대가 지나자 이들은 전체의 절반에 이르렀다. 이 실험은 세기말을 지나 2000년대로 접어들어서도 계속되었고, 실험을 시작한 지 50년이 지난 후에는 거의 모든 여우가 개처럼 순해졌다.

이들은 야생에서는 찾아볼 수 없는 완전히 새로운 다양한 부류로 발전했는데, 그들 중 일부는 현재 '조지 화이트Georgian White'라고 불리는 흰 몸통에 검은 귀와 반점을 지닌 독특한 품종이 되었다.

류드밀라는 세대를 거듭해 교배시킨 여우가 개에게서만 발견되는 특징을 차례로 나타내고 있음을 관찰했다. 교배를 시작한 지 네 세대가 지나자 앙증맞은 꼬리를 개처럼 열심히 흔드는 수컷 새끼 여우가 나타났으며, (그녀는 너무 기쁜 나머지 '엠버Ember'라는 애칭을 붙여주었다!) 여섯 세대가 지난 후에는 사육사의 손을 핥고 낑낑거리며 바닥에 등을 대고 구르는 등 단지 사람의 관심을 끌기 위해 애교를 부리는 개체도 발견할 수 있었다. 열 세대가 지나자 순한 여우들 중 꼬리가 동그랗게 말려 올라가고 귀가 처져서 펄럭거리는 개체도 발견되었다. 반점과 얼룩무늬도 몸의 곳곳에서 생겨나기 시작했다.

지금까지 가축화된 포유동물은 수십 종에 불과한데, 놀랍게도 이들에게 일어난 변화는 거의 다 비슷하다. 커다란 눈, 축 늘어진 귀, 동그랗게 말린 꼬리, 몸집에 비해 큰 머리, 짧아진 주둥이와 다리, 귀여운 반점 등등. (어린아이나 광대가 귀엽게 보이려고 땡땡이 무늬 옷을 입듯 가축도 순해지면 땡땡이 점이 생기나 보다!) 이런 특징들은 신기하게도 동물을 무척 귀엽고 사랑스럽게 보이게끔 만드는데, 이를 '유형성숙적 특징neotonic feature'이라고 부른다. 류드밀라에 의해 선택된 온순한 여우들도 예외가 아니었다. 새끼 때나 관찰되는 어리광 섞인 행동과 귀여운 외모가 성체가 되어서까지 오래 유지되는 현상을 볼 수 있는데, 이는 가축화의 수수께끼 중 하나다.

가축화된 동물은 난폭한 야생동물보다 짝짓기도 더 자주 하게 된다. 순해진 암여우는 성적으로 더 빨리 성숙하여 1년에 두 번 발정기가 찾아온다. (얌전해진 여우가 부뚜막에 먼저 올라가는 것일까?) 정상적인 짝짓기 시기 외에도 추가 번식이 가능해지는 것이다. (『다정한 것이 살아남는다 Survival of the Friendliest』라는 책의 제목에서 유추할 수 있듯이, 유순하고 다정해진 동물은 자손을 더 자주 더 많이 남기는 방식으로 생존율을 상대적으로 높이는 건지도 모른다!)

이런 현상은 가축화된 동물들의 호르몬 변화와 관련이 깊다. 가축화된 여우는 혈중 코르티솔 cortisol 농도가 매우 낮고, 뇌의 세로토닌 serotonin 수치는 매우 높은 것으로 드러났다. 스트레스는 크게 줄어들고, 침착성과 온순성은 증가한다. 세로토닌은 수면-각성 주기 sleep-wake cycle를 조절하는 멜라토닌 melatonin의 전구체 역할을 한다. 멜라토닌의 생성은 노출된 빛의 양에 따라 달라지기 때문에 매일 아침저녁으로, 그리고 계절이 바뀔 때마다 오르내린다. 멜라토닌 농도가 높아질수록 번식률도 증가한다. 따라서 멜라토닌 수치는 동물의 짝짓기 시기를 결정하는 데도 크게 영향을 미친다.

『정상과 비정상의 과학 The Other Side of Normal』을 쓴 조던 스몰러 Jordan Smoller(1961~)는 난폭함과 분노를 다스리고 스트레스를 줄이는 방향으로 호르몬 분비가 변화하는 과정의 부작용으로 동물에게 사회적 지능이 생겨났으리라고 추측한다. 길들이는 행위로 인해 사나운 공격성이나 두려워하는 행동이 감소했고, 이는 의도치 않은 자연선택을 통해 차분한 기질과 마음을 형성하게 되었다는 것이다. 이는 동물의 가축화 과정뿐 아니라 사나웠던 우리 선조 인류들이 어떻게 사회적 인간으로 변화하게 되었는지를 암시해주기도 한다.

대체 누가 누구를 길들였을까

—

그간의 전통적인 해석에 따르면 개의 가축화는 약 1만 5,000년 전에 여러 곳에서 동시다발적으로 시작되었다는 설이 유력했다. 농경사회의 흔적으로 보이는 인간의 무덤에 개를 함께 매장한 유적들이 발견된 것이다. 그러나 지난 2005년 가축 개의 유전체 염기서열 분석 결과가 처음 발표되고 개의 두개골 화석의 연대가 새롭게 알려지면서, 가축화된 개의 최초 기원은 최근 약 4만 년 전까지 거슬러 올라갔다. 이러한 분석이 맞다면 개를 키운 최초의 인간은 신석기시대의 농부가 아니라 마지막 빙하기가 정점에 이르기 전 구석기시대의 수렵채집인일 가능성이 높다. 개의 가축화는 농경의 시작과 무관하다는 말이 된다.

현재 생존하는 모든 개는 유럽의 회색늑대*Canis lupus* 야생종의 후손이다. 개는 회색늑대와 유전자 염기서열의 99.5퍼센트를 공유한다. 현재의 분류학 기준으로 봤을 때 개와 회색늑대는 같은 종에 속하는 아종 관계다. 개와 늑대는 서로 교배를 통해 '늑대 개'를 낳을 수 있으며, 이렇게 만들어진 늑대 개는 생식능력도 있다. 그러니까 개는 그저 '야생성이 거세된' 늑대에 해당한다. 개가 가축화되어 늑대 무리에서 떨어져 나와 인간과 함께 살게 된 시기는 늑대의 계통 전체의 긴 역사에 비하면 매우 짧기 때문에 별개의 종으로 분화하지 못했다고 본다.

늑대의 가축화는 아주 천천히 점진적으로 이루어졌다. 하지만 가축화를 위해 처음부터 인간 쪽에서 먼저 접촉을 시도한 것은 아니었을 것이다. 아마도 당시 인간의 사냥 활동에서 나오는 음식물 찌꺼기 등을 얻기 위해 늑대가 먼저 인간 무리 근처로 모였을 가능성이 크다. 조

유라시아 회색늑대.
현존하는 모든 개는 회색늑대 야생종의 후손이다. 회색늑대와 개는 유전자 염기서열이 99.5퍼센트 동일하며 같은 종에 속한다.

금 덜 공격적이고, 인간 가까이 와서도 겁을 먹지 않던 일부 늑대들이 인간과 공존하며 생존을 이어갔을 것이다. 당시는 마지막 빙하기인 플라이스토세Pleistocene였기 때문에 사냥이 쉽지만은 않았을 것이다. 인간도 조심스럽게 다가오는 늑대들을 적대적으로 대할 이유가 없었다. 늑대들이 주변에 있음으로써 경계 역할을 하고, 때로는 사냥을 도울 수도 있었기 때문이다. 시간이 지나면서 인간의 환경에 더 잘 적응한 온순한 늑대들이 자연스럽게 선택되어 인간과 점점 더 긴밀한 공생 관계를 형성하게 되었을 가능성이 높다.

그러나 우리가 아직 알지 못하는 것은 바로 '누가 누구를 길들였는가'다. 일방적인 관계는 오래가지 못하는 법이다. 긴밀한 상호작용이 서로에게 유리하다는 것이 밝혀지면 관계는 급속도로 발전하게 된다. 소의 가축화 과정이 한 가지 좋은 예를 보여준다.

 소를 가축으로 길들인 사건은 우리의 역사와 식문화뿐 아니라 우리의 신체에도 큰 영향을 미쳤다. 우유는 건강을 유지하는 데 필요한 각종 영양소와 비타민, 미네랄 등을 다양하게 포함하고 있어 전통적으로 '완전식품'이라고 여겨져왔다. 그런 인식에도 불구하고 사실 인간을 포함한 대부분의 포유류는 젖먹이 때를 제외하면 우유를 거의 소화하지 못한다. 우유 속에 함유된 젖당을 소화할 수 있는 능력은 성체가 되면 거의 사라지기 때문이다. 젖당을 분해하려면 락테이스$_{lactase}$라는 효소가 필요한데, 이를 만드는 유전자가 어렸을 때는 활발히 발현되다가 성인이 되면 대개 멈춘다. 그래서 젖당을 소화하지 못했던 인류의 조상은 오랜 역사를 통해 우유를 먹으면 설사와 복통에 시달리곤 했다. 이것이 바로 '젖당불내증$_{lactose\ intolerance}$'이다.

 하지만 우리 조상 중 일부는 젖당에 내성을 가지기 시작했다. 성인이 되어서도 락테이스를 생산할 수 있는 유전자 변이가 우연히 생긴 것이다. 지금으로부터 약 9,000년 전 유럽인들에게 처음 나타났으리라 여겨지는 이 변종 유전자는 낙농업이 시작되던 초기에는 극소수만이 지니고 있었지만, 오늘날에는 서유럽과 북유럽 인구의 98퍼센트에서 발견될 정도로 엄청나게 흔해졌다. 이토록 짧은 기간 상전벽해의 변화를 보였다는 것은 과거 어느 시기에 조상들이 우유를 소화할 수 있는 능력이 있느냐 없느냐에 따라 생사가 갈리는 아주 위태로운 집단적 사건을 겪었으며, 이 특성이 '유전자 부동$_{genetic\ drift}$'*을 통해 우연히

「우유 따르는 여인」(요하네스 페르메이르, 1660).
인류의 조상은 본래 우유 속에 들어있는 젖당을 소화할 효소를 갖고 있지 않았다. 하지만 오랜 세월 이 흐르는 동안 락테이스 효소를 생산할 수 있는 유전자 변이를 획득해 오늘날 많은 사람들이 문제 없이 우유를 즐길 수 있게 되었다. 암스테르담 국립미술관 소장.

선택되었음을 의미한다.

반면에 우리나라를 포함해 전통적으로 낙농업이 발달하지 못한 동아시아 사람들은 대부분 젖당을 제대로 소화하지 못한다. 한국인의 경우 전체 인구의 75퍼센트가량이 젖당불내증을 겪는다. 우유를 문제없이 소화하는 사람이 흔치 않다는 말이다. 이는 낙농업이라는 문화적 요인이 인간의 유전체에 적응을 유도하고 진화를 일으킬 수 있음을 보여주는 하나의 분명한 예시가 된다. 우리만이 그들을 길들인 것이 아니다. 그들도 우리를 길들였다! 길들임은 쌍방의 과정이며, 따라서 일종의 '공진화 coevolution'나 마찬가지다.

사나운 유전자는 다 어디로 갔을까

그래서였을까? 인간은 역사를 통해 동물만 길들인 게 아니라 자기 자신도 스스로 길들여 온 것으로 보인다. 인간이 가축화시킨 동물에게서 나타나는 여러 형질의 변화가 우리 자신에서도 발견되는 것이다. 류드밀라는 얼룩무늬가 있거나 꼬리를 흔들 줄 아는 여우를 얻으려 의도하지 않았다. 단지 유순한 여우를 얻고자 했을 뿐인데 귀여운 얼룩무늬와 살랑거리는 꼬리가 덤으로 따라왔다. 우리는 오래전 선조들보다 뼈가 더 가늘어지고 치아와 턱이 작아졌다. 과거에 투박하고

---

* 진화 과정에서 우연에 의해 특정 집단의 유전자 빈도가 변하는 현상을 의미한다. 자연재해나 질병 등으로 특정 유전자를 가진 개체가 사라지면 집단의 유전자 구성이 크게 바뀌게 된다.

각진 두개골과 얼굴이 지금은 비교적 둥글고 매끄러워졌다. 이 모든 형태적 변화 역시 필요에 의한 것이라기보다는 인간의 공격성이 줄어들면서 따라온 부수적 변화라 여겨진다. 이러한 변화를 '가축화 증후군domestication syndrome'이라 부른다. 이 개념은 다윈이 1868년에 쓴 『사육에 의한 동식물의 변이 The Variation of Animals and Plants Under Domestication』에서 최초로 제시되었다. 책에서 그는 가축화된 동물들이 야생 동물과 비교했을 때 신체적으로나 행동적으로나 일관된 차이점을 보인다고 기술했다. 그러나 유전학적 지식이 거의 없던 그 시절, 다윈은 길들여진 동물이 어째서 귀가 처지고 꼬리가 말려 올라가게 되었는지 전혀 알 수 없었다.

류드밀라가 '은여우 길들이기 프로젝트'에 합류한 지 59년이 흐른 지난 2018년, 드디어 길들여진 은여우와 사나운 붉은 여우 사이에 유전체 염기서열을 비교 분석한 결과가 처음으로 공개되었다.* 이들은 총 103개의 유전체 영역에서 뚜렷한 차이를 보였는데, 그중에는 공격적인 성향이나 아니면 반대로 온순한 성향을 만드는 것과 관련 있어 보이는 몇 가지 유전자 변이도 포함되었다.

예를 들어 SorCS1 유전자가 있다. SorCS1은 신경세포 사이의 시냅스synapse를 형성하고 유연한 기능을 가지도록 하는 데 중요한 역할을 한다. 길들여진 여우에게서 발견되는 이 유전자 변이가 공격적인 여우에게서는 전혀 발견되지 않는 것으로 보아 사회적인 행동을 하는 데 필요한 변이일 것으로 여겨진다. 또한 예상대로, 세로토닌과 도파

---

* Kukekova A.V. et al. (2018) 논문 참조.

민 생성에 중요한 HTR2C 유전자는 공격적인 여우보다 길들여진 여우에서 훨씬 더 많이 발현되는 것을 확인했다.

같은 해 다른 연구팀은 개와 야생 늑대 사이에서 발견되는 유전적 차이를 분석했다.** 길들여진 개는 늑대와 달리 총 246개의 유전체 영역에서 변이가 나타났다. 연구진은 사나운 늑대가 유순한 개로 변하는데 중요한 요인으로 RAI1 유전자 변이를 꼽았다. RAI1에 변이가 일어나면 세로토닌과 멜라토닌의 분비가 바뀌므로 24시간 생체주기circadian rhythm에 큰 변화가 일어난다. RAI1 유전자의 변이가 인간에게 발생한다면 이는 감정과 행동, 그리고 언어 학습에 문제를 일으키는 희귀 발달장애인 스미스-마제니스 증후군Smith-Magenis syndrome의 원인이 될 수도 있다.

또 다른 연구팀에서는 개의 6번 염색체에서 GTF2I와 GTF2IRD1 유전자의 변이를 발견했는데, 이들 변이는 사람에게서 윌리엄스-보이렌 증후군Williams-Beuren syndrome이라는 유전질환을 일으키는 것으로 알려져 있다.*** 윌리엄스-보이렌 증후군이 있는 사람은 넓은 이마, 짧은 코와 작은 턱, 그리고 호기심 가득한 밝은 표정에 통통한 뺨과 같은 외형적 특징을 보인다. 더불어 약간의 지적장애가 관찰된다. 하지만 다른 사람들과 거리낌 없이 교류하는 사교성, 개방성, 그리고 더없이 행복한 기질을 타고난다. 이들은 언제나 웃고 다닌다! 어쩌면 이것이야말로 길들여진 개가 인간에게 보여주는 친밀함과 충성심을 직접적으로 보여주는 대표적인 예인지도 모른다. 우리는 드디어 '사나운 유

** Pendleton, A.L. et al. (2018) 논문 참조.
*** vonHoldt, B.M. et al. (2017) 논문 참조.

전자'를 발견한 것일까? 이 유전자에 변이가 일어나 본래의 기능을 잃게 되면 비로소 유순한 성격을 얻게 되는 것일까? 사회성을 좋게 만드는 메커니즘은 종을 초월해 모두 비슷한 방식으로 존재하는 것일까? 이 유전자 변이는 길들여진 여우의 유전체에서도 똑같이 발견되었다.

하지만 단지 몇 가지 유전자 변이의 조합으로 이 모든 가축화된 동물의 커다란 변화를 충분히 설명할 수는 없을 것이다. GTF2I와 GTF2IRD1은 각각 하나의 기능을 담당하는 단순한 단백질이 아니라 400가지 이상의 다양한 유전자들의 발현을 돕는 수많은 일반 전사인자general transcription factor 중 하나인 것으로 드러났다. 이 전사인자가 또 어떤 다른 유전자들의 기능을 조절하고 있는지는 자세히 알려지지 않았다. 아직도 분석해야 할 유전적 차이가 수백 가지나 남아 있다.

보통 전장유전체연관분석genome-wide association study(GWAS) 연구 결과는 어떤 행동이나 성질에 영향을 미치는 유전자의 수가 엄청나게 많다는 것을 보여준다. 그리고 각각의 유전자는 그 행동이나 성질을 만드는 데 있어 극히 작은 역할만을 맡는다는 해석이 나온다. 이 유전자들을 낱낱이 다 연구한 결과를 합치고 나면 우리는 유순함이 결국 어디서 온 것인지 이해하게 될까?

다정한 것이 살아남는다는 섣부른 믿음

19세기 후반 다윈이 제시했던 '가축화 증후군'은 백년이 넘는 세월을 건너 하버드대의 진화인류학자 리처드 랭엄Richard Wrangham(1948~)

의 '자기가축화self-domestication' 가설로 이어졌다. 자기가축화란 호모 사피엔스가 어떻게 성공적으로 진화할 수 있었는지를 설명하기 위해 고안된 가설이다. 우리 종이 지구 생태계에서 최고 지배종이 되기까지 성공한 비결은 우리가 동물을 유순하게 길들였듯이 우리 자신을 스스로 길들여 야만성과 공격성을 효과적으로 억제했기 때문이라는 것이다.

이어 랭엄의 제자이자 영장류 학자인 브라이언 헤어Brian Hare(1976~)는 자신의 책 『다정한 것이 살아남는다』에서 여러 대에 걸친 자기가축화를 통해 인간에게 협력적 의사소통 능력의 바탕이 되는 '친화력prosociality'이 진화했다고 주장한다. 가축화된 동물이 높은 지능과 공감 능력을 가지게 되었다는 증거로부터 인간이 뛰어난 인지능력과 친화력을 가진 이유는 특별해서가 아니라 스스로를 다정해지도록 길들였기 때문이라고 해석한다.

이 책의 우리말 번역본 추천사에서 최재천 교수는 손잡지 않고 살아남은 생명은 없다면서 "진화의 역사에서 살아남은 종들 중에서 가장 다정하고 협력적인 종이 바로 우리 인간이다"라고 단언한다. 또한 야생의 늑대는 세계 곳곳에서 멸종 위기에 놓여 있지만 개는 그 개체 수가 수억 마리에 달할 정도로 생존에 성공했다고 평가하기도 한다. 개는 사람이 길들인 것이 아니다. 친화력 높은 늑대들이 인간처럼 자기가축화 과정을 거쳤기에 오늘날과 같이 번성할 수 있었다는 말이다.

그러나 스스로 길들이는 과정을 통해 인간의 친화력이 성공적으로 진화했다는 가설에 대해 반대하는 의견도 적지 않다. 자기가축화 가설은 인간의 폭력성이 줄어들었다고 주장하지만, 인간은 여전히 폭력적이고 경쟁적인 성향을 보인다. 인간은 갈등, 폭력, 그리고 전쟁을

진화인류학자 리처드 랭엄.
랭엄은 침팬지와 영장류의 행동을 연구한 결과를 바탕으로 인간이 어떻게 성공적으로 진화할 수 있었는지를 설명하는 자기가축화 가설을 주장했다.

일으키는 데 있어서 여전히 가공할 능력을 갖추고 있다. 역사학자 유발 하라리 Yuval Noah Harari(1976~)는 『사피엔스 Sapiens』에서 사피엔스가 여러 고인류 종 중 가장 포악하고 잔인했기 때문에 최종적으로 살아남은 유일한 사람 종이 되었다고 분석했다. 탁월한 협력과 의사소통 능력을 친화하는 데 사용한 게 아니라, 적을 잔인하게 전멸시키는 데 사용한 것이다. 그뿐 아니라 사피엔스는 모든 생물을 통틀어 가장 많은 동물과 식물을 멸종으로 몰아넣은 존재이기도 하다. 다정했기에 살아남아 수십억 개체의 증식을 이룬 종들은 개체 수만 많을 뿐 대부분 인간의 필요에 의해 사육되거나 잡아먹힐 불쌍한 운명에 처해 있을 뿐이다.

닭은 다른 가축들에 비해 비교적 늦은 청동기시대에 가축화되었다고 알려져 있다. 그러나 이후 금세 인간 문명에서 가장 중요한 가축이 되었다. 오늘날 전 세계에 무려 250억 마리 이상인 닭은 개체 수로 보면 모든 동물 중 가장 번성한 종이다. 그러나 이것을 친화력 높은 닭이 진화를 통해 인간과의 협력관계를 구축한 결과로 보기는 어렵다. 사육되는 양이나 소, 돼지 역시 마찬가지다. 그 많은 포유류 중 인간이 가축화에 성공한 동물은 10여 종에 지나지 않는다.

게다가 가축화가 되었다고 해서 늘 인간과 친밀한 관계를 맺는 것도 아니다. 인간에 대한 강한 애착과 충성심을 가지게 된 가축은 개가 거의 유일하다. 개에게는 다른 동물에 없는 특별한 무언가가 있는 걸까? 그러나 만약 자기가축화에 성공해 유순해진 늑대가 있다면 이들은 삭막한 자연 환경에서 생존하는 데 훨씬 불리해졌을 것이다. 이들을 거두어 기르기로 한 인간의 도움이 없었다면 개들은 아마도 야생에서 스스로 살아남지 못했을지도 모른다. 개가 획득한 강한 친화력은 자신을 길러준 사람과의 친화력이지 개들끼리의 친화력이 아니다.

앙투안 드 생텍쥐페리Antoine de Saint-Exupéry(1900~1944)는 『어린 왕자*Le Petit Prince*』에서 여우의 입을 빌려 이렇게 말했다. "넌 그것을 잊어선 안 돼. 너는 네가 길들인 것을 영원히 책임져야 해." 가축화된 동물을 책임지고 키우려는 인간의 노력이 없다면 이들의 운명이 어찌될지 예측하기 어렵다.

「개」(프란시스코 고야, 1819~1823).
70대 중반의 고령에 이른 고야가 극심한 정신적·육체적 고통을 겪던 시절 집 벽면에 그린 어두운 분위기의 작품이다. 가축화된 동물을 책임지고 키우려는 인간의 노력이 없다면 이들의 운명이 어찌 될지 예측하기 어렵다. 인간에 대한 강한 애착과 충성심을 가지게 된 가축은 개가 거의 유일하다. 마드리드 프라도 미술관 소장.

다정도 병인 양: 다정함은 만능이 아니다

다윈의 진화론을 바르게 이해하고자 할 때 '강한 것이 살아남는다' 또는 '똑똑한 것이 살아남는다'라는 식의 판단이 옳지 못한 것처럼, 누군가 '다정한 것이 살아남는다'라는 결론을 내린다면 이 역시 적절치 못하다. 다윈이 말한 '적자생존survival of the fittest'은 어떻게 해석하더라도 다 틀린 것으로 드러날 가능성이 높다. 어쩌면 구체적으로 해석하지 않는 편이 더 낫다. 어떤 특별한 형질을 가졌다고 해서 어떤 환경에서든 보편적으로 생존할 가능성이 높아질 리는 없기 때문이다.

'적자생존'이라는 용어는 본래 다윈이 고안한 것이 아니다. 당시 영국의 사회학과 정치철학 분야에서 널리 인정받던 사상가 허버트 스펜서가 1864년에 쓴 『생물학 원리』에서 처음 사용했던 용어다. 스펜서는 날로 발전하는 사회가 어떤 진보의 원리를 가지는 것인지 그 법칙을 찾아내고 싶어했다. 적자생존이란 처음부터 인간들의 사회적 생존경쟁의 원리를 내포한 용어로 만들어졌으며, 형이상학적일 뿐 아니라 다소 정치적인 의미까지 담겨 있어 훗날 사회진화론Social Darwinism의 토대가 되는 개념으로 발전한다.

다윈은 '적자생존'을 자신의 핵심적 진화 메커니즘인 '자연선택'을 대체할 용어로 받아들이고 『종의 기원』 제5판부터 이를 적용하기 시작했다. 다윈은 처음에 인간의 필요에 따라 이루어지는 '인위선택artificial selection'과 대조되는 의미로서 '자연선택'이라는 단어를 사용했다. 그러나 자연선택은 많은 사람들에게 오해를 불러일으켰다. 다윈은 이를 환경에 적합한 특성을 가진 생명체가 다른 생명체보다 더 잘 살아남는다는 의미로 사용했지만, 사람들은 자연이 마치 의식적인 존재인 것처럼 특정 생명체를 능동적으로 선택하는 것으로 오해했다. 사람들은 심지어 어떤 초자연적인 존재의 '보이지 않는 손' 따위를 상상하기도 했다. 다윈은 자연선택보다 차라리 적자생존이 더 낫겠다고 판단했다. 아이러니하게도 자연선택은 '선택'받지 못했고, 적자생존이야말로 '적자'임이 드러난 셈이랄까.

그러나 적자생존이라는 용어는 진화론을 설명하기 위해 차용된 이후로 예기치 않게 많은 조롱을 받았다. '적자適者'라는 말이 어떻게 정의되어야 할지 불분명했기 때문이다. '적자', 즉 '적합한 존재'라는 것은 무엇을 의미하는가? 그것은 변화하는 환경 속에서 자연선택이 일어날 때, 그 변화에 맞추어 생존하기에 가장 적합한 존재라는 뜻이다. 그러니까 다시 말하면 '잘 적응한 것이 적응에 성공한다'라거나, '살아남는 데 성공한 것이 살아남는다'라는 식의 동어반복에 불과하다. 어떤 성질이 살아남기에 적합한지 그렇지 않은지는 그것이 결국 살아남고 나서야 알 수 있게 되기 때문이다. 우리는 어떤 성질이 살아남기에 적합한지 미리 알 수 없다. 모든 사건이 끝난 다음에야 미루어 짐작할 수 있는 것이다. 살아남은 걸 보니 결국 그 성질이 살아남기에 적합했던 거라고.

다정하다고 해서 반드시 생존에 유리한 것은 아니다. 당연하다. 다정함을 생태계 최고의 생존전략으로 꼽는다면 바보 같은 판단이다. 다정해졌기 때문에 인간처럼 성공한 예는 아마도 인간이 유일할 것이다. (아니면 인간의 다정함에 동조할 수 있는 능력을 갖춘 개 정도를 추가할 수 있겠다.) 더구나 인간이 정말로 다정한지 깊이 따져보기 시작하면 할 말은 더 많아진다. 어째서 '다정함'이라는 개념이 최근 들어 사회의 주요 화두로 떠올랐을까? 무엇이 사람들로 하여금 다정함을 추구하게 만들었을까? 다정함을 최고의 미덕으로 추켜세우게 된 것은 어쩌면 우리 사회가 다정함과는 영 거리가 멀어졌다고 생각하기 때문은 아닐까.

자기가축화 가설은 스트레스에 잘 적응하여 스스로 차분하고 침착해질 줄 아는 사람들이 선택적 이익을 얻게 되었다는 분석에서 나왔다. 그러나 가축화한 동물이 더 많이 생존하게 되었다는 관찰로부터 인간의 성공적 진화 비결을 추론하는 것은 다소 위험한 발상이다. 인간의 친화력과 사회성은 여러 진화적 요인의 산물일 수 있는데, 자기가축화 가설은 그 원인을 다소 단편적으로 해석하는 경향이 있다. 인간의 협력과 사회적 행동은 언어 능력, 복잡한 사회적 규범, 도덕적 판단, 공감 등의 복합적 요인이 작용하여 나타난 결과일 수 있으며, 단순히 공격성 억제와 친화력 증가만으로 설명하기에는 한계가 있다. 인간과 동물의 진화 메커니즘은 우리가 기대했던 것과 전혀 다를지도 모른다. 특정한 유전자 변이나 호르몬 변화가 인간의 사회성에 미친 영향이 단순히 다른 종의 가축화 과정과 유사하게 설명될 수 없을 수도 있다. 실제로 인간의 폭력성과 친화성은 환경적 요인이나 문화적 발달, 교육 방식에 따라 크게 좌우될 수 있지 않은가.

홉스 vs. 루소, 인간은 원래부터 폭력적이었나

1970년대 이후 약 20년간 생물학계에서는 인간의 도덕성에 대해 비관적인 입장이 지배적이었다. 인간의 도덕이란 폭력적이고 이기적인 인간의 본성을 감추는 얄팍한 껍데기에 불과하다는 주장이다. 이른바 '껍데기 이론veneer theory'이다. 이는 개인을 중요시하고 '자기중심적인 시대Me decade'라 불렸던 1970년대의 사회·문화적 풍조와도 맞아떨어지지만, 더 이르게는 인간이 원래 본성적으로 잔인하고 공격적이라는 토머스 홉스Thomas Hobbes(1588~1679)의 이론과 연결된다.

홉스는 저서『리바이어던Leviathan』에서 인간의 본성을 '만인의 만인에 대한 투쟁Bellum omnium contra omnes'이라고 정의했다. 원시 인간은 사회적 통제를 받지 않은 자연 상태에서 늑대나 다름없이 서로에게 난폭하고 공격적이어서 무한 생존경쟁을 벌이는 정글의 생태계를 만들었을 뿐이라는 것이다. 이후 '국가'로 대표되는 사회계약과 문명의 발달이 인간 본성을 억제하면서 질서를 만들어냈다는 주장이다. 반대로 장–자크 루소Jean-Jacques Rousseau(1712~1778)는『인간 불평등 기원론』에서 문명화된 인간을 도리어 퇴행한 상태로 간주한다. 루소는 인간이 자연적으로는 선하게 태어나는 '고상한 야만인noble savage'이지만 문명에 의해 타락하게 되었다고 주장했다.

홉스와 루소, 과연 누구의 주장이 옳을까? 서구 열강이 세계를 제패하던 19세기에는 전반적으로 홉스식의 투쟁적이고 야만적인 인간상이 지배적이었지만, 20세기 들어 진보와 문명에 대한 환멸이 커지고 유럽의 패권이 기울기 시작하면서 루소식의 인간상이 인류학의 분위기를 이끌어왔다.

1960년대 들어 공개된 동물행동학자 콘라트 로렌츠Konrad Zacharias Lorenz(1903~1989)와 제인 구달Dame Jane Morris Goodall(1934~)의 연구는 유인원 중 인간과 가장 가까운 종에 해당하는 침팬지Pan troglodytes가 인간

인간의 본성에 대해 상반된 주장을 펼친 토머스 홉스(왼쪽)와 장-자크 루소(오른쪽). 홉스는 인간의 본성을 본래 이기적이고 폭력적이라고 보았으며 사회 질서의 유지를 위해 강력한 권력이 필요하다고 주장했다. 반면 루소는 인간이 본래 선한 존재로 태어나지만 사유재산과 사회 제도가 타락을 가져왔다고 보았다.

과 더불어 가장 폭력적이어서 살인 같은 치명적인 공격을 매우 주도적으로 빈번하게 감행한다는 것을 보여주었다. 침팬지와 인간은 서식지 환경이나 문화 수준이 매우 다른데도 유전체 유사성이 98.4퍼센트나 된다는 연구 결과가 나왔고, 이에 따라 폭력성에는 매우 큰 유전적 요인이 있으며 이는 오랜 기간 진화를 통해 획득해온 생물학적인 본성이라는 주장이 힘을 얻고 있다. 인간은 선천적으로 폭력적이라는 것이다. 이는 인간의 '자기가축화 가설'을 제시한 리처드 랭엄의 주장과 일맥상통한다. 인간의 성공적 진화는 폭력성을 억제하고 유순해진 개체들이 친화력을 획득하면서 선택적 이익을 얻게 되었기 때문이라는 바로 그 주장이다.

그러나 이 주장을 그대로 받아들이기 어려운 이유가 있다. 그토록 닮았다는 침팬지와 인간은 약 700만 년 전 공통의 조상으로부터 분리된 것에 비해, 침팬지와 보노보 *Pan paniscus*는 그보다 훨씬 가까운 약 200만 년 전 공통의 조상으로부터 분리되었다는 사실이 분자유전학적 연구를 통해 알려졌다. 이 둘은 현존하는 영장류 중 인간과 유전적으로 가장 가깝다고 여겨진다. (인간을 '제3의 침팬지'라고 부르는 이유가 그것이다.) 그럼에도 불구하고 그토록 난폭한 침팬지 무리에 비해 보노보의 사회는 너무나도 다정하고 평화롭다. 수컷이 암컷을 지배하는 침팬지 집단과 달리 보노보는 암컷이 우위를 점한다. 침팬지는 새끼를 가지고자 할 때만 교미를 하지만 보노보는 시도 때도 없이 그저 즐기려는 목적으로 성행위를 한다. 이들이 삼삼오오 모여 늘 평화롭고 웃음 가득 여유가 넘치는 일상을 보내는 이유다.

랭엄의 주장에 따르면 보노보는 가축화된 침팬지라고 볼 수 있을 것이다. 실제로 보노보는 뇌 크기가 침팬지보다 20퍼센트가량 작고 이빨도 매우 작다. 보노보에게는 가축화되어 유순해진 동물에서 나타나는 '유형성숙적 특징'이 많이 발견된다. 그러나 보노보가 스스로 가축화된 것이 유전적인 이유 때문이라고만 보기는 어렵다.

공교롭게도 이들이 공통의 조상으로부터 갈라진 때는 그들의 서식지인 아프리카 중서부에 콩고강이 생기기 시작한 때와 겹친다. 지질학적 변화로 인해 대륙 한가운데가 갈라져 지각이 침강하고 물이 고이기 시작하면서 콩고강은 공통의 조상으로 이루어진 두 개체를 두 집단으로 갈라놓았다. 침팬지가 된 개체들은 우연히 강의 북쪽 척박한 땅에서 서식하며 식량을 얻는 데 고군분투했고 고릴라와도 경쟁해야 했다. 반면 보노보가 된 개체들이 정착한 강의 남쪽 지역은 프랑스 면적의 3배가 될 정도로 매우 넓고 식량자원도 풍부했다. 운 좋게도 사나운 고릴라마저 전혀 없었다. 보노보는 자기가축화를 잘해서 다정해진 게 아니라 스트레스를 안 받고 경쟁 없이 풍족하게 살 수 있어서 다정해지고 친화력이 높아진 것은 아니었을까? 생존을 위한 자기가축화가 아니라 넉넉한 환경이 다정함을 만드는 것인지도 모른다.

랭엄은 지능이란 말린 꼬리나 늘어진 귀처럼 자기가축화의 우연한 부산물로 '저절로' 생겨날 수 있다고 주장했다. 보노보는 자기가축화에 그 누구보다 최적의 조건으로 (심지어 인간보다 더 다정하게끔) 성공했지만 인간과 같은 지능을 획득하지는 못했다. 보통은 동물이 가축화가 되면 지능이 떨어지는 경우가 많다. 실제로 사육하는 가축들은 야생동물보다 뇌가 15퍼센트 이상 작아진다. 재레드 다이아몬드도 가축은 두뇌를 쓸 필요가 없어지기 때문에 지능이 점점 떨어진다고 주장한 바 있다. 그러나 인간은 지난 200만 년 동안 뇌가 거의 두 배 이상 커졌다는 여러 증거가 있다. 브라이언 헤어는 인간의 뇌가 커진 것이 자제력을 키울 수 있는 근거가 된다고 보았다. 앞뒤가 잘 맞지 않는 논리가 인간의 진화적 성공을 설명하기 위한 상황에만 적용되고 있다.

게다가 누가 봐도 친화력이 최고인 보노보는 현재 심각한 멸종위기종이다. 야생에 남은 개체는 최대 2만 마리 정도로 추정된다. 물론 인간 때문이긴 하다. 콩고 내전과 벌목으로 숲이 사라지면서 이들은 멸종의 문턱에 섰다. 그런데도 우리는 다정한 것이 살아남는다고 결론 내려도 좋은 걸까?

다정함이 지닌 두 얼굴

다윈은 자연에서 협력할 줄 아는 동물들을 끊임없이 관찰하면서 이런 결론에 도달한 바 있다. "자상한 구성원들이 가장 많은 공동체가 가장 번성하여 가장 많은 수의 후손을 남겼다." 경쟁하지 않고 협력을 통해 번성하는 이런 동물들 때문에 자신의 '적자생존' 이론이 무너질지도 모르겠다며 우려를 표하기도 했다. 다윈이 '자상한 구성원'이라고 지칭한 이들은 개미와 꿀벌처럼 집단 사회를 이루며 사는 동물을 의미한 것인데, 이타적으로 서로 협동할 줄 안다는 의미에서 이들을 '진사회성eusociality' 동물이라 부르기도 한다.

그러나 이들이 정말로 다윈이 표현한 대로 '자상해서', 또는 '친밀해서' 서로 돕는 것인지는 의문이다. 그저 집단생활을 하는 가운데 자기에게 맡겨진 지위와 역할을 본능적으로 깨닫고 복종하는 것이지, 이런 사회를 이타적이라고 말할 수는 없을 것 같다. 오히려 카스트 제도처럼 태어날 때부터 거부할 수 없는 계급을 부여받았지만 거기에 큰 불평 없이 순응하며 사는 사회처럼 보이지 않는가?

이처럼 개미와 꿀벌의 사회에서는 외부에서 봤을 때 질서정연하게 보이는 멋진 협력이 나타나지만 이것을 단순히 자기가축화에 따른 친화력 때문이라고 보기는 어렵다. 우리는 이를 보고 '다정한' 것이 살아남는다고 말하기보다는 차라리 '협력하는' 것들이 살아남는다고 보는 것이 더 적절하지 않을까? 다윈이 이들을 보고 찬사를 보냈다면 그것은 개인보다는 집단 전체의 성공이 자연선택에서 중요하다는 사실을 강조한 것이다.

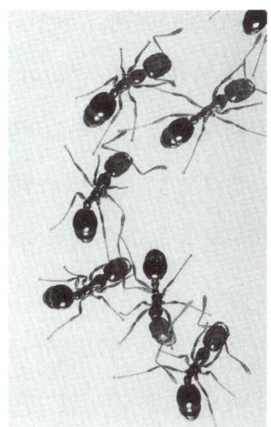

진사회성 동물인 꿀벌과 개미.
다윈은 집단 사회를 구성해 살아가는 개미와 꿀벌을 관찰하면서 자상한 구성원들이 가장 많은 공동체가 가장 번성하여 가장 많은 수의 후손을 남겼다고 기록했다.

아이러니하게도 자기가축화 가설에서 말하는 '다정함'에는 이중성이 발견된다. 이 가설에서 주장하는 것은 인간이 다정함을 키운 이면에 타인이나 적에 대한 배타성과 잔혹성도 강하게 키워졌다는 점이다. 자기가축화를 통해 친화력이 강화된 동물들에게서는 옥시토신oxytocin 호르몬이 증가하는데, 그것은 특정 대상에게는 친밀감과 애정을 키우지만 동시에 다른 대상에게는 적대감과 공격성을 키운다는 사실이 알려지고 있다. 브라이언 헤어는 『다정한 것이 살아남는다』에서 이를 자기가축화의 부산물이라고 설명한다. 이는 어찌 보면 이해하기 어려운 인간의 이타성을 진화적으로 설명하기 위해 일찍이 '이기적 유전자'라는 개념을 도입한 리처드 도킨스의 선택과 비슷해 보인다. 다정함을 지키기 위해서라면 잔인함은 피할 수 없다는 뜻일까?

탄자니아에서 제인 구달과 함께 침팬지의 행동을 연구했던 랭엄은 자신이 쓴 책『한없이 사악하고 더없이 관대한 The goodness paradox』에서 침팬지와 인간의 공격성이 그들의 가까운 진화적 거리로 보았을 때 유사하다고 할 만하며, 그렇기 때문에 침팬지의 사회가 그렇듯 인간 사회에서도 폭력을 피할 수 없다고 단정 짓는다. 보노보를 자기가축화에 성공한 침팬지로 보듯 인간을 단순히 자기가축화에 성공한 유인원으로 보는 데는 무리가 따른다. 가축화되어 유순해진 모든 동물이 뇌가 작아진 것에 비해 인간은 점점 뇌가 커지도록 진화했다는 점도 하나의 중요한 반증이다. 어쩌면 인간은 뇌가 커지면서 분별력이 생기고 언어력이 발달했기 때문에 자기 통제력을 갖게 되었는지도 모른다. 다정해졌기 때문이 아니라 특유의 자제력이 생겼기 때문에 지금의 인간이 만들어졌을 수도 있다.

진화의 법칙이 우리에게 알려주는 교훈이 있다면 그것은 틀림없이 진화가 다정함도 잔인함도 아닌 '다양함'을 만들어내는 원리라는 사실이다. 실제로 유전적 다양성을 확보하는 것이 자연과 생태계를, 그리고 심지어 사회까지 건강하게 만드는 원동력이 된다. 자기가축화만으로는 인간의 친화력 이면에 숨겨진 폭력성과 잔인성을 설명하기 어렵다. 물론 나나 우리가 아닌 타인에 대한 극도의 경계가 생존에 필요했기 때문이라고 설명하지만 그리 만족스러운 설명은 못 된다.

어린 왕자의 말처럼 누군가를 길들인다는 것은 그 존재를 책임져야 할 상태로 만든다는 말이다. 길들여져 유순해진 존재는 거친 야생의 환경에서 홀로 살아남을 수 없다. 타인을 가축화했든 자신을 스스로 가축화했든, 일단 길들여놓음으로써 얻어지는 다정함은 그 자체로

'살아남을 것을 보장해주는' 보증수표일 수 없다. 따라서 '다정한 것이 살아남는다'는 말은 틀렸다. 다정함이란 오히려 늘 연약하고 깨지기 쉬워서, 전심을 다해 보살피고 책임져야만 겨우 지킬 수 있는 소중한 가치다. 우리 인간이 자기가축화를 통해 얻은 친화력으로 서로에게 한없이 다정해지게 됨으로써 길고 긴 진화의 여정에서 마침내 생존에 성공하게 된 것이 사실이라면, 지금 우리의 모습을 만든 그 소중한 가치를 잃지 않도록 영원히 최선을 다해 다정한 이들을 책임져야 한다.

4

열등한 유전자

**우월함 숭배하는 사회와
당신이 열등하다는 착각**

모자람 있는 인간이 그와 똑같은 모자람 있는 자손을 생식하는 것을 불가능하게 하자는 요구는 가장 명석한 이성의 요구이며, 그 요구가 계획적으로 수행된다면 그것이야말로 인류의 가장 인간적인 행위를 뜻한다. 그 요구는 몇백만의 불행한 사람들에게 부당한 고뇌를 모면하게 할 수 있을 것이며, 그럼으로써 일반적인 건강 증진을 가져올 것이다. 이 방향으로 엄격히 전진하려고 결심하는 것은 성병의 확대에 대해서도 제방을 쌓는 일이 될 것이다. 왜냐하면 이 방면에서는 필요하다면 불치의 병자를 무자비하게 격리해야만 될 것이기 때문이다. 불행하게도 그 병에 걸린 자에 대한 야만적인 조치도 같은 시대와 후세 사람들에게는 축복이다. 100년의 일시적인 고통은 몇천 년을 고통에서 건질 수 있고 또 건질 것이다.

아돌프 히틀러Adolf Hitler, 『나의 투쟁Mein Kampf』
황성모 옮김, 동서문화사, 2014, 385쪽.

불과 3년 전 히틀러Adolf Hitler(1889~1945)가 뮌헨의 한 허름한 맥주홀의 단상에 올라 자신의 첫 연설을 했을 때만 하더라도 그가 총통이 되리라고 생각한 이는 아무도 없었다. 젊은 히틀러는 애초부터 낙오자였다. 18세부터 25세까지 빈Wien에서 변변한 직업도 없이 부모가 남겨준 유산으로 그럭저럭 연명하고 있었다. 화가가 되고 싶었던 그는 빈대학교의 조형예술아카데미에 지원했으나 보기 좋게 낙방하고 말았다. 이따금 노동을 하거나 그림을 팔아 푼돈을 벌곤 했던 그의 인생을 바꾼 것은 1914년에 일어난 제1차 세계대전이었다.

조국 오스트리아에서도 병역을 기피하며 숨어 다녔던 그는 전쟁이 터지자 즉시 독일의 바이에른군에 자원입대했다. 전쟁이 벌어지던 4년 동안 두 차례나 철십자훈장을 받을 정도로 열심히 싸웠다. 하지만 전쟁 말미에 가스탄에 맞아 눈에 큰 부상을 입었고, 후방의 야전병원에 입원한 상태에서 종전을 맞이했다. 전쟁은 히틀러에게 처음으로 살아있다는 느낌을 주었지만, 전쟁이 끝나자 다시금 아무도 찾지 않는 무직자로 돌아갔다. 그는 자신이 벌써 서른 살이 되었음을 깨달았다.

1919년 가을, 히틀러는 작은 극우정당이었던 독일노동자당 집회에 참석했다가 덜컥 당원이 되기로 마음먹었다. 바로 전해에 독일 11월 혁명이 일어나 제정시대가 종말을 고했고, 불과 일 년 사이에 새로운 정당이 우후죽순 생겨나던 차였다. 무엇이 그를 정치의 길로 이끌었는지는 몰라도 그는 입당하자마자 곧 자신이 연설에 발군의 소질이 있음을 발견했다.

그의 연설은 단순했지만 메시지가 힘차고 명쾌해서 언제나 청중을 사로잡았다. 그러나 사실 내용을 자세히 들어보면 선동적인 애국적 언사나 무책임한 허위 공약으로 가득 차 있을 뿐이었다. 무엇보다도 그는 자신의 연설에 환호하는 청중을 향해 격렬하게 유대인을 헐뜯고 그들에게 저주를 퍼부었다. 열등한 유대민족은 반드시 제거되어야 마땅하다고 선동했다. 그러면 대중은 마치 집단 최면에라도 걸린 듯 다 같이 유대인에 대한 살의를 불태우는 것이었다. 히틀러는 앞으로 자신의 남은 생애가 어떻게 펼쳐질지 알아채고는 한 번도 그려본 적 없는 거대한 그림을 그리기 시작했다. 그가 젊은 시절 그렸던 그림은 인정받지 못했지만, 이제부터 그릴 그림은 살아 움직이는 현실로 바뀌고 있었다.

1923년 뮌헨에서 독일 11월 혁명 5주년 기념집회가 열리던 날 폭동이 일어났다. 나치 돌격대의 무장병력들이 쿠데타를 일으키려 했던 이 시도는 미수에 그쳤고, 주동자였던 히틀러는 체포되어 유죄 판결을 받고 교도소에 수감되었다. 그러나 이 실패는 역설적으로 히틀러를 전

『나의 투쟁』(아돌프 히틀러, 1925) 표지.
히틀러는 란츠베르크 감옥에서 9개월 복역하는 동안 자신의 이념과 정치적 야망을 담은 『나의 투쟁』을 썼다. 유죄 판결을 받았지만 그가 감옥에서 보낸 시간은 나치 운동을 재조직하는 데 도움이 되었고, 그 덕분에 10년도 채 되지 않아 독일에서 권력을 잡을 수 있었다.

국적인 스타로 만들었다. 그는 금고 5년형을 선고받았지만 사면을 받아 13개월 만에 가석방되었다. 히틀러는 짧은 교도소 독방 생활 동안 이 세상에 종말을 고하려는 듯 구술을 통해 그의 긴 연설을 기록했고, 이후 『나의 투쟁Mein Kampf』이라는 제목의 자서전을 출간한다. 이 책은 1933년 히틀러가 권력을 거머쥐었을 때까지 이미 10만 부가 팔릴 정도로 인기가 많았고, 제3제국 시절에는 무려 1,500만 부 이상이 팔려나가며 독일 나치정권의 상징이 되었다.

그는 왜 유대인을 그토록 혐오했을까? 어째서 그들을 열등한 민족이라 매도했을까? 그 이유는 『나의 투쟁』을 읽어보면 곧바로 발견할 수 있다. 그는 이 책에서 신탁을 전하듯 자신이 앞으로 실행할 모든 범죄를 낱낱이 소개했다. 아무것도 감추려 하지 않았다. 유대인 말살과 공포정치, 전체주의의 시행과 위대한 독일을 위한 세계 정복의 야망까지, 이 책을 읽고도 히틀러가 얼마나 위험한 인물인지 알아보지 못했다고 말하는 것은 자기기만이나 다름없다.

바보는 삼대면 충분하다

나치는 1933년 집권하자마자 반유대주의를 법제화하기 위한 노력으로 차별법을 제정했다. 일명 '뉘른베르크법 Nürnberger Gesetze'이다. 이 법을 통해 독일인과 유대인 사이의 결혼과 성관계를 불법으로 규정했고, 유대인의 시민권을 박탈했다. 표면적으로는 우수한 독일 혈통을 보호하기 위한 것이라고 포장했지만 결국 유럽에서 유대인을 자격미달의 인종으로 규정해 멸절시키려는 것이 그 목적이었다. 그러나 엄밀히 말해 히틀러의 유대인 말살 정책은 이미 약 20년 전부터 미국에서 시행되고 있던 '단종법 sterilization law'을 그대로 베낀 것에 불과하다. 나치 독일은 특히 캘리포니아주의 단종 프로그램을 적극 벤치마킹했다고 알려져 있다.

미국에서는 19세기 말부터 일찌감치 우생학이 진행되고 있었다. 하버드대의 생물통계학자였던 찰스 대븐포트 Charles Davenport(1866~1944)는 1898년 뉴욕 롱아일랜드 콜드스프링하버연구소 Cold Spring Harbor Laboratory(CSHL)의 책임자로 부임한다. 그는 여기에 우생학기록사무국 Eugenics Record Office(ERO)을 설립하고 골턴과 피어슨 Karl Pearson(1857~1936)에게 전수받은 우생학 사상을 적극 소개하기 시작했

미국의 우생학자 찰스 대븐포트.
미국 카네기 연구소의 소장이었던 대븐포트는 1910년 우생학기록사무국을 설립하고 이를 성공적으로 운영해 우생학의 대중화를 이끌었다. 그의 우생학 연구는 훗날 나치 독일의 홀로코스트 정책에 큰 영향을 미쳤다.

다. ERO는 미국 우생학 운동의 산실이 되어, 이후 약 30년 동안이나 미국 우생학의 대중화를 주도했다. 대븐포트는 여러 질병의 유전과 열등한 형질에 대한 연구를 수행해 우생학을 첨단과학으로 유행시켰다.

대븐포트가 시작한 미국의 우생학 연구와 각종 장려사업은 '철도왕' 해리먼Edward Henry Harriman(1848~1909), '철강왕' 카네기Andrew Carnegie(1835~1919), '석유왕' 록펠러John Davison Rockefeller(1839~1937), 그리고 '씨리얼의 왕' 켈로그John Harvey Kellogg(1852~1943)의 재정적인 후원을 받는 등 대자본가들이 지지하면서 대중에게 큰 영향력을 발휘했다. 스탠퍼드대 총장인 조던David Starr Jordan(1851~1931)과 하버드대 총장인 로웰Abbott Lawrence Lowell(1856~1943) 등 유명 대학의 총장들도 우생학의 핵심 지지자였다. 1914년에 미국의 44개 대학이 우생학 강좌를 개설했고, 그 숫자는 1928년까지 376개로 늘어났다.

당시 미국의 우생학 운동은 다른 정치적 사안과 달리 좌파와 우파 정치인의 지지를 골고루 받았던 보기 드문 사회현상이었다. 대통령 프랭클린 루스벨트Franklin Delano Roosevelt(1882~1945)와 진보적 여성운동가 마거릿 생어Margaret Sanger(1879~1966)가 동시에 지지했을 뿐 아니라, 듀보이스William Edward Burghardt Du Bois(1868~1963) 같은 흑인 인권운동가들도 우생학을 반겼다. 특히 듀보이스는 흑인들의 이미지를 개선하기 위해 오직 건강한 흑인만이 아기를 낳아야 한다고 주장했다.*

미국의 강제 단종법 실시에 관한 유명한 사례가 하나 있다. 1927년 미국연방대법원이 강제 불임수술을 합법이라고 판결한 '벅 대 벨Buck v. Bell' 사건으로, 피해자인 캐리 벅Carrie Buck(1906~1983)과 수용소장이었던 존 벨John Hendren Bell(1883~1934)의 이름을 따 불리게 된 소송이다. 버지니아주의 집단수용소에 거주하던 18세 소녀 벅은 정신연령이 9세 정도라는 판정을 받고 최고법원에 의해 정신장애자로 분류되었는데, 사회적 부적응자에게 실시하는 불임수술이 합헌이라는 결정이 내려지면서 희생자가 되고 말았다. "바보는 삼대면 충분하다Three generations of imbeciles are enough"라는 이 사건의 판결문은 저능아 출산이 3세대에 걸쳐 지속되었다면 불임시술의 사유로 충분하다는 뜻을 담고 있었다. 벅은 정신박약 어머니를 두었을 뿐 아니라 그녀가 강간을 당해 낳은 사생아조차 정신박약아로 판정을 받게 된 것이다.** 당시 사생아 비비안은 태어난 지 불과 7개월밖에 되지 않은 어린 아기였는데도 생김새가

---

*   Singleton, M.M. (2014) 논문 참조.
** U.S. Supreme Court (1927) 보고서 참조.

'벅 대 벨' 사건(1927)의 희생자 캐리 벅과 어머니 엠마 벅.
어머니가 정신박약자였던 캐리 벅은 입양된 가정에서 강간을 당하고 어머니와 함께 지적장애인 수용소로 보내졌다. 사생아로 태어난 비비안을 포함해 삼대가 불합리한 백치 판정을 받으면서 강제 불임수술의 희생자가 되었다.

'그리 정상적이지 않다'는 이유로 백치 판정을 받았다.

이 사건은 우생학이 국가의 공공 정책으로 기능할 수 있음을 보여주었으며, 강제 불임시술이 공공연히 시행되는 전환점이 되었다. 이제 대중적 지지뿐 아니라 법적 정당성과 강제성까지 갖추게 된 미국의 불임법은 1935년까지 28개 주에서 채택되어 강제 불임시술을 받은 사람의 수는 공식 통계만 약 1만 6,000명에 달했다. 이 법은 1974년 폐지될 때까지 이어지며 수십만 명의 희생자를 낳았다. (말년에 이르러 이 시술의 대상자는 주로 젊은 흑인 여성으로 국한되었다.) 즉 불과 50년 전만 해도 자식을 낳을지 말지는 부모가 결정할 수 있는 것이 아니었다.

칼리카크 가문의 유전 이야기

20세기 초반 미국에서 우생학이 호의적인 여론을 형성할 수 있었던 이유는 물론 대븐포트의 정치적 역량이 있었기 때문이다. 하지만 심리학자이자 우생학자였던 헨리 고더드Henry Herbert Goddard(1866~1957)가 1912년에 써서 베스트셀러가 된 『칼리카크가The Kallikak Family』의 큰 인기에 힘입은 바 크다. 이 책의 부제는 '정신지체의 유전성에 관한 연구A Study in the Heredity of Feeble-Mindedness'였다. 그는 당시 '저능아moron'라는 학술용어를 창안한 바 있으며, 이 단어는 지금도 (그러나 더는 학술적이지만은 않은 용도로) 널리 애용되고 있다.

이 책은 우생학의 중요성을 강조하고 있다. 칼리카크 집안의 한 남성 마틴 칼리카크Martin Kallikak가 어떤 여성을 만나느냐에 따라 우월한 유전자를 가진 천재를 낳기도 하고, 또는 열등한 유전자를 가진 '저능아'를 낳기도 한다는 것을 보여준다. 그가 정숙하고 교양 있는 퀘이커교도 여성을 만나 결혼하여 낳은 자식들은 이후 우수한 계보를 만들지만, 미국 독립전쟁 당시 난리속에 술집에서 만난 정신지체 여성과 실수로 하룻밤을 보내고 낳은 사생아는 대대로 열성 유전자의 계보를 만들었다는 두 가지 상반된 이야기를 담고 있다. 좋은 결혼을 한 가계는 모두 사회의 주도적인 인물이 되었고, 나쁜 결혼을 한 가계는 한 사람도 예외 없이 정신박약자가 되거나 범죄자로 전락했다.

칼리카크라는 가문 이름은 '좋은 것'을 의미하는 그리스어 '칼로스καλός'와 '나쁜 것'을 의미하는 '카코스κακός' 두 단어를 합쳐 만든 가명이다. 대부분 상상으로 지어낸 이야기였지만, 고더드는 정신박약이 돌이킬 수 없는 유전의 결과로 빚어지는 비극임을 대중에게 각인시키는 데 성공했다. 무명의 심리학자였던 고더드는 이 한 권의 책으로 미국에서 가장 유명한 과학자의 반열에 오르게 된다.

고더드는 1905년 프랑스에서 개발된 비네-시몬 지능검사Binet-Simon intelligence test를 접한 뒤 이를 영어로 번역하고 자신만의 방식으로 수정해 독자적인 미국형 지능검사 시스템을 개발했다. 그는 1910년 미국 정신지체 연구협회의 연례회의에서 이 시스템에 기초해 지적장애가 있는 개인을 분류하는 방식을 제안했는데, 지능지수가 51~70 사이인 사람을 '저능아moron', 26~50 사이인 사람을 '바보imbecile', 0~25에 불과한 사람을 '백치idiot'라고 부르자고 했다. 이 명명법은 곧 받아들여져 이후 수십 년 동안 표준 용어로 사용되었다. 고더드는 낮은 지능은 유전의 결과이기 때문에 결코 치료될 수 없다고 결론 내렸다. 그에 따르면 저능아 이하의 사람은 사회에 부적합한 자로, 불임수술을 통해 제거할 대상이었다.

『칼리카크가』는 1914년 독일에서도 출간되어 호평을 받았다. 이 책은 1924년 감옥에 있던 히틀러의 손에도 들어갔다. 그는 칼리카크 가문의 이야기를 읽고 유전적으로 결함이 있는 사람은 반드시 제거해야 한다는 생각을 굳혔다. 1933년 새로 출간된 이 책의 독일어판 서문은 고더드의 연구가 나치의 인종정책에 얼마나 큰 기여를 했는지 분명히 밝히고 있다.

그러나 1930년대 이후 10년이 넘도록 독일에서 유독 인종위생racial hygiene에 관한 법률이 위력을 떨치며 수십만 명이 강제 불임수술의 희생자가 되었다. 그러는 동안 미국에서는 우생학이 극적으로 쇠

FIGURE 28 *The influence of heredity is demonstrated by the "good" and the "bad" Kallikaks.*

두 갈래로 나뉜 칼리카크 집안의 가계도(1912).
우생학자 헨리 고더드는 정신지체의 유전성에 관한 자신의 이론을 뒷받침하기 위해 칼리카크 집안의 가계도를 만들었다. 최초의 조상 마틴 칼리카크가 어떤 여성과 만나느냐에 따라 우월한 자손을 낳기도 하고 열등한 자손을 낳기도 한다는 것을 가계도 연구를 통해 증명하려 했다. 그러나 이 가계도는 후에 많은 부분 허구로 작성된 사실이 드러났다.

퇴하기 시작했다. 1929년 발생한 대공황은 우생학의 몰락을 예고하는 중요한 사건이었다. 이 시기에 아이러니하게도 유전학이 급속히 발전함에 따라 초기 우생학자들의 주장이 틀린 것으로 밝혀졌던 것이다.

당시 컬럼비아대의 초파리 유전학자 토머스 모건은 고더드가 쓴 칼리카크 가족의 이야기가 얼마나 허무맹랑한 거짓 선동인지를 간파하고 과학적으로 반박했던 대표적인 학자였다. 그로부터 약 20여 년 전 멘델의 유전법칙이 널리 알려지기 시작했을 때 유전학자들은 하나의 유전자(유전형)가 하나의 형질(표현형)을 만든다고 믿었다. 멘델이 완두콩을 관찰하며 밝혀냈듯이, 키가 크게끔 하는 유전자를 가지고 있으면 키가 커지고, 콩 모양을 주름지게 만드는 유전자가 있으면 모양이 주름진 콩이 나온다는 말이다. 그러나 모건이 새롭게 발견한 사실은 그런 단순한 법칙과는 완전히 달랐다. 하나의 형질을 만들기 위해 수많은 유전자가 함께 연관되어 영향을 미칠 수 있다는 사실이었다. 예를 들면 모건은 초파리의 눈 색깔에 변화를 일으키는 유전자를 25개나 찾아냈다.

초파리의 유전자가 그처럼 복잡한 방식으로 작동한다면, 사람의 경우는 아마도 훨씬 더 복잡할 것이다. 사람의 키는 대부분 유전자에 의해 결정된다고 알려져 있다. 실제로 키의 유전율^{heritability}은 약 80퍼센트라는 높은 수치를 보인다.* 그러나 지금까지 알려진 어떤 연구도 우리의 키를 결정하는 유전자가 무엇인지 콕 집어 알려주지는 못했다.

---

* 키의 유전율이 80퍼센트라는 말은 같은 모집단에 속한 사람들 사이에 키 차이가 있다면 그 차이의 80퍼센트는 유전자 때문이고, 나머지 20퍼센트는 환경적 요인 때문이라는 뜻이다.

21세기 초반 수행된 유전학 연구는 사람의 키를 결정짓는 유전자가 HMGA2를 포함해 수백 가지도 넘을 것이라고 예측한 바 있었고,* 최근인 2022년 『네이처』에 실린 대규모 전장유전체연관분석GWAS 연구 결과는 사람의 키 차이를 결정하는 유전적 변이가 무려 1만 2,000여 개나 존재한다고 보고했다.** 각각의 유전자가 키에 미치는 영향은 극히 미미할 수밖에 없다. 컬럼비아대의 유전학자 데이비드 골드스타인David B. Goldstein은 이를 두고 "우리가 가진 거의 모든 유전자는 키 유전자"라는 의미심장한 표현을 남겼다.

키는 어쩌면 1차원적인 길이에 불과한 매우 단순한 형질이다. 그런데도 키를 결정하는 유전자가 이렇게나 많다면, 사람의 복잡한 지능을 결정하는 유전자는 이보다 적을 리 없다. (지적 재능이란 매우 다양해서, 획일적인 수단으로 수치화하기란 거의 불가능할 것이다.) 그리고 그렇게나 많은 유전자들이 결혼을 통해 자손에게 일정한 표현형으로 반복되어 나타날 수는 없는 법이다. 키나 지능을 유전으로 모두 설명할 수 없는 이유는 이것들이 모두 살아가면서 '발달하는' 형질이기 때문이다. (태어나자마자 키가 180센티미터에 달하거나 IQ가 140으로 완성될 수는 없지 않은가!)

모건은 형질을 결정하는 유전자의 역할뿐 아니라 유전과 환경 사이의 상호작용 또한 매우 복잡하기 때문에 칼리카크 가문의 유전이 예외 없이 모든 후손에게 똑같은 정신박약을 낳을 수는 없다고 비판했다. 어쩌면 그들의 비참한 생활환경이 벗어날 수 없는 악순환을 만들고 있는지도 모르는 일이었다. 모건은 이렇게 덧붙였다. "인간의 유전

---

*   Weedon, M.N. et al. (2007) 논문 참조.
** Yengo, L. et al. (2022) 논문 참조.

미국의 유전학자 토머스 헌트 모건.
모건은 국제유전학회 회장으로 활동했으며, 초파리에서의 유전적 전달 메커니즘을 발견한 공로로 1933년 노벨생리의학상을 수상했다. 그는 유전자 전달체계가 우생학자들의 주장처럼 간단하게 이루어지지 않음을 간파하고 우생학 운동에 비판적인 입장을 견지했다.

을 공부하는 학생들에게는 먼저 결함을 야기한 사회적 원인을 찾아보라고 권하는 것이 마땅하다."

이제 '나쁜 유전자'가 모든 열등한 형질의 원인이라는 우생학적 관념은 점점 설자리를 잃었다. 물론 헌팅턴 무도병처럼 불운한 돌연변이 하나에 의해 병이 유발되는 경우도 없지 않지만, 이는 극히 예외적인 현상에 불과했다. 우생학자들의 주장은 유전을 올바르게 이해하고 있는 유전학자들의 맹공을 견디지 못했다. 모건은 유전학을 발전시킨 공로로 1933년에 노벨생리의학상을 받았고, 미국 우생학 운동의 중심이었던 ERO는 1939년 공식적으로 문을 닫았다. 고더드의 『칼리카크가』 역시 1939년을 마지막으로 절판되어 역사 속으로 사라졌다.

우생학의 악몽을 용케 피해간 영국

—

미국과 독일에서는 '부정적 우생학negative eugenics'을 시행한 반면, 영국에서는 골턴의 주도로 '긍정적 우생학positive eugenics'을 시행했다. 철학자 버트런드 러셀Bertrand Arthur William Russell(1872~1970)은 이 두 가지를 열등한 혈통을 억제하는 '소극적 우생학'과 우수한 혈통을 만드는 '적극적 우생학'으로 구분해 부르기도 했다. 그는 미국의 사례에서 보았듯이 소극적 우생학이 실행에 옮기기 더 쉽다고 여겼다. 그리고 실제로 백치와 바보, 정신박약자의 수를 크게 줄일 수 있는 방법이라는 점에서 사회적 불편이나 부작용을 감수하고도 시행할 만한 가치가 충분하다고 평가했다.

영국에서도 실제 과학자들뿐 아니라 사회주의자들에 의해 우생학이 큰 지지를 받았다. '집단 유전학population genetics' 발전에 크게 공헌한 통계학자 로널드 피셔Ronald Aylmer Fisher(1890~1962)는 유니버시티 칼리지 런던의 우생학 교수를 지냈고, 우생학회의 부회장으로도 활동했다. 또 다른 통계학자 칼 피어슨은 미국의 대븐포트에게 자신의 생물통계학적 우생학 이론을 전수하기도 했다. 이들은 통계학이 유전학만큼이나 위험한 학문이 될 수 있음을 증명한다. 웰스나 케인스John Maynard Keynes(1883~1946), 조지 버나드 쇼George Bernard Shaw(1856~1950)와 같이 영국의 사회주의 단체인 페이비언 협회Fabian Society에 소속된 저명한 지식인들도 우생학을 적극 옹호하며 정신박약자나 장애인들의 출산을 억제해야 한다고 목소리를 냈다.

그러나 영국은 우생학의 본산임에도 불구하고 후세 사람들이 우생학의 비극을 거론할 때 (다행히도!) 거의 언급되지 않는 나라로 남았다. 그 이유는 간단하다. 영국에서는 우생학 정책을 법제화하는 데 실패했기 때문이다. 영국처럼 청교도 산업 국가들은 대부분 우생학 법률을 통과시켰고, 스페인·포르투갈·이탈리아처럼 로마 가톨릭교회의 영향력이 강한 나라는 대부분 우생법이 통과되지 못했다. 하지만 영국은 청교도 국가인데 통과되지 못한 특이한 경우라고 볼 수 있다.

1930년대 영국 우생협회를 중심으로 단종법을 제정하려고 시도했던 것은 사실이다. 당시 『모닝 포스트Morning Post』지의 조사에 따르면 영국 국민의 78.6퍼센트가 정신박약자를 단종하는 데 찬성한다는 설문 결과도 있었다. 그러나 투표 결과 노동당 의원들의 반대에 부딪혀 부결되는 바람에 끝내 법제화에 이르지는 못했다. 노동당은 하층 노동

우생학 선전 포스터(1935).
포스터 아래쪽에 있는 '유전병과 부적격성이 전파되지 않도록 억제하라'는 문구는 '부정적 우생학'의 메시지를 담고 있다. 런던 웰컴 트러스트 생어 연구소 도서관 소장.

자들 일부를 사회의 문제 집단과 동일시하는 우생학에 찬성할 수 없었다. 러셀도 소극적 우생학에 관련된 법률을 제정하는 것은 사실상 대단히 위험한 일이라고 지적한 바 있다. 대체로 찬성은 하지만 선을 어디에 그어야 할지 결정하기란 쉬운 일이 아니었기 때문이다.

그러나 일찍이 우생학을 창시한 골턴은 사실 적극적 우생학을 더 중요시했다. 인종의 질적 향상을 위해서는 건전한 자녀의 출산과 양육이 무엇보다 우선되어야 하기 때문이다. 하지만 민주주의 국가에서는 우수한 계층에게 자식을 많이 낳도록 유도하는 정책이 사실상 채택되기 어렵다. 왜냐하면 우생학 사상은 인간이 동등하지 않다는 가정을 토대로 하지만, 민주주의는 인간이 동등하다는 가정을 토대로 성립하기 때문이다. 또한 이른바 '열등한 인간'은 소수일 테고 그들을 제거하자는 의견에 나머지 다수가 찬성하기는 쉽지만, '우수한 인간' 역시 소수에 불과하더라도 그들에게만 자식을 많이 낳게 혜택을 주자는 의견에 나머지 다수가 동의하기는 어렵기 때문이다.

러셀은 당시로서는 어떤 인간이 가장 좋은 혈통인지 판가름하기 어렵지만 언젠가 과학이 더 발전할 미래에는 인간 사이에 존재하는 차이를 명확히 구분하고 입증할 수 있으리라 믿었다. 매우 신중한 자세를 취하긴 했어도 그 역시 우생학의 지지자였다고 볼 수 있다. 그는 『결혼과 도덕 Marriage and Morals』에서 이렇게 썼다.

> 소에게 과학, 예술, 전쟁 따위는 아무런 의미가 없다. 암컷만이 중요한 의미를 가지게 되고, 수컷은 기껏해야 암컷의 우수한 특질을 전달하는 전달자에 지나지 않는다. 모든 가축은 과학적 품종 개량에 의해 크게 개

선됐다. 인간도 비슷한 방법을 이용하여 바람직한 방향으로 변화할 수 있다. 물론 인간의 경우에는 어떤 것이 바람직한 방향인지 결정하기가 훨씬 더 어렵다. 신체의 강건함을 목적으로 인간을 개량한다면 인간의 두뇌는 쇠퇴할 것이고, 정신적인 능력을 목적으로 개량한다면 인간은 갖은 질병에 감염될 위험성이 높아질 것이며, 균형 잡힌 감정을 목적으로 한다면 예술을 파괴하는 결과를 낳을 것이다. 이러한 모든 문제를 해결하는 필수적인 지식이란 없다. 따라서 현재로서는 적극적인 우생학을 현실에 적극적으로 적용하는 것은 바람직하지 못하다. 그러나 백 년 후에는 유전학과 생화학이 크게 발전해서, 지금의 인간보다 낫다고 누구나 인정할 만큼 우수한 인간이 탄생할지도 모를 일이다.

영국 우생학 운동의 특징 중 하나는 산아 제한을 원하는 여성단체들이 우생학에 크게 관심을 보이면서 단종법을 지지했다는 점이다. 이는 단종을 가장 확실하고도 영구적인 피임 방법이라고 설득한 우생협회의 선전 전략 때문이었다. 당시 우생협회 회원의 약 40퍼센트는 여성이었기 때문에 선전 효과가 컸다. 산아 제한은 여성의 사회적 위상을 높이는 효과를 가져올 터였다. 그러나 나중에는 단종법의 법제화가 이루어지지 않은 것을 오히려 다행으로 여겼을지도 모른다. 여성의 권익 향상과 성적 자율권 문제를 우생학적 법 결정에 의존하게 되었다면 스스로 딜레마에 빠지고 말았을 것이다.

우생학은 결국 다윈의 유산: 진화가 진보가 된 이유

독일에서 다윈의 진화론은 헤켈Ernst Haeckel(1834~1919)에 의해 빠르게 사회로 퍼져나갔다. 헤켈은 의학과 진화생물학 분야에서 큰 업적을 남겼다. 그는 1,000종이 넘는 새로운 생물을 발견하여 학명을 붙였고, '생태학ecology'이라는 단어를 처음 사용한 인물로도 잘 알려져 있다. 저서 『자연의 예술적인 형태Kunstformen der Natur』에서는 100여 종의 해양생물 일러스트를 직접 그려 화가로서의 재능을 보여주기도 했다.

1866년 헤켈은 다윈이 5년 전 출판했던 '생명의 나무tree of life' 그림을 확장해 자신이 새로 발견한 생물들을 대량으로 집어넣었고, 여기서 인간을 포함한 모든 생물이 발생 초기 단계에서 아가미나 꼬리의 흔적 같은 공통된 특징을 가진다는 '발생반복설recapitulation theory'을 주장했다. 발생반복설은 어떤 하나의 개체가 배아로부터 성장하는 동안 생물이 역사를 통해 진화해온 모든 단계를 반복한다는 가설로, 인간의 태아가 어류, 파충류 등의 단계와 유사한 모습을 순서대로 거쳐 발생한다는 주장이다. '개체발생은 계통발생을 되풀이 한다'는 유명한 명제로 요약되는 이 법칙은 오랫동안 다윈의 진화론을 뒷받침하는 실질적인 증거로 높이 평가됐다. 그러나 헤켈의 발생반복설은 오늘날 더 이상 과학적 지식으로 통하지 않는다.

문제는 헤켈이 자신의 법칙을 증명해 보이기 위해 조작과 위조를 서슴지 않았다는 점이다. 화가로서의 남다른 재능이 그의 발목을 잡은 것일까? 그는 인간 배아의 초기단계 모습이 올챙이처럼 보이도록 꼬리뼈를 줄이거나 늘리는 방식으로 논문에서 여러 장의 사진을 조작했

독일의 생물학자 에른스트 헤켈. 헤켈은 진화론을 유럽 대륙에 전파하는 데 큰 역할을 했다. 진화론을 인간 사회에 적용하는 데서도 주저함이 없었던 그는 '독일의 다윈'이라 불렸다.

다. 심지어 개의 배아 사진을 인간의 것으로 둔갑시키기도 했다. 그러나 헤켈의 법칙은 당시의 논란에도 불구하고 학계에서 받아들여졌다가 130년이나 지난 1997년이 되어서야 『사이언스』 저널 기사를 통해 '생물학에서 가장 위대한 위조 중 하나'로 최종 판명됐다.*

헤켈은 당시 '독일의 다윈'이라 불릴 정도로 다윈 이론의 신봉자였으며, 섬나라에서 시작된 진화론을 대륙에 전파하는 데 일등 공신이었다고 할 수 있다. 헤켈은 다윈과 달리 단 한 번의 주저함도 없이 진화론을 인간 사회에 적용했다. 독일은 본래 종교적으로 매우 보수적이어서 다윈의 진화론이 수용되기 어려운 환경이었지만, 헤켈의 명성에

---

* Pennisi, E. (1997) 리서치 뉴스 참조.

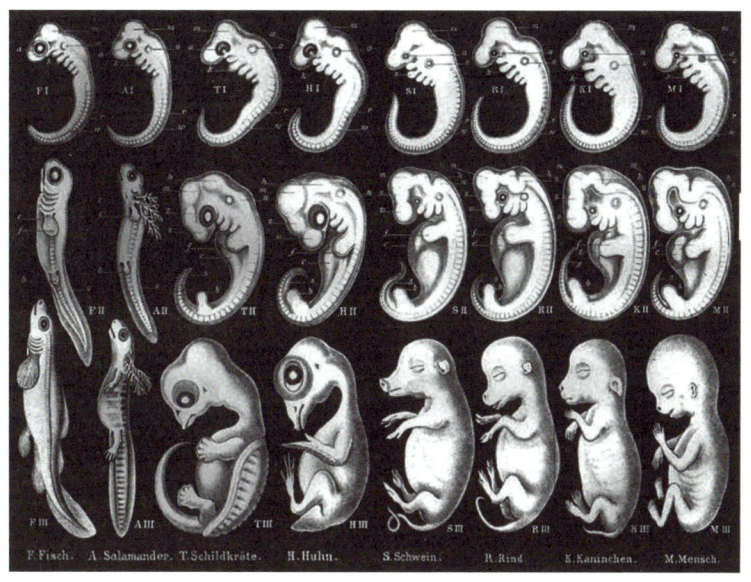

헤켈의 「생물체의 일반 형태론 Generelle Morphologie der Organismen**」(1866)에 실린 그림.**
헤켈은 초기 인간 배아의 형태가 올챙이처럼 보이도록 여러 장의 사진 자료를 조작했다. 당시에는 그의 이론이 학계에서 받아들여졌으나, 「사이언스」는 1997년 9월 헤켈의 사진들이 조작되었음을 인정하는 논문을 게재했다.

힘입어 학문적 관점에서뿐 아니라 사회적 문제를 해결하기 위한 차원에서도 진화론을 받아들이기 시작했다. 특히 다윈주의는 독일의 역사적 상황에 접목되어 군국주의를 강화하고 전쟁을 정당화하는 이론으로 활용되었다.

잘 알려졌다시피 다윈은 자연선택을 인간에게 적용하는 데 크게 주저했다. 『종의 기원』에서 인간에 대한 설명을 끝내 회피한 것을 보면 알 수 있다. 그러나 결과적으로 그는 자연에서 인간의 위치 문제와 진화론을 사회에 적용하는 문제와 관련해 끊임없이 갑론을박하게 만든

장본인이 되었다. 다윈의 진화론은 19세기 말 스펜서 등에 의해 고조된 다양한 사회적 진보 이론의 근거로 활용되었다. 다윈은 헤켈을 여러 차례 만나 진화론 활용에 대한 그의 의견을 들었지만 한 번도 직접적으로 비판하거나 반박하지 않았다.

어떻게 보면 다윈의 자연선택 이론은 자연에서 출발한 것이 아니라, 이미 사회와 인간의 문제에서 출발한 것이다. 그는 농부와 육종가들이 동식물에 일어난 변이를 조작해 새 품종을 만들어내는 '인위선택'을 보면서 자연도 비슷한 일을 할 수 있을 거라고 추론했다. 또한 다윈은 맬서스Thomas Robert Malthus(1766~1834)의 『인구론*An Essay on the Principle of Population*』을 읽고 거기서 깨달은 인간 세계의 '생존경쟁' 원리를 모든 동식물에 적용한 것이 자신의 이론이라고 털어놓았다. 따라서 자연계에서 일어나는 현상을 다룬 그의 이론이 다시 누군가에 의해 인간과 사회에 적용되는 것은 단지 시간문제일 뿐이었다.

게다가 다윈이 자연선택을 부연하기 위해 스펜서의 '적자생존'이라는 용어를 가져다 쓰는 순간 스스로 생물학적 '진화'와 사회적 '진보'의 개념을 동등한 위치에 놓는 결과를 초래한 것이나 다름없다. 사회가 진보하는 원리를 궁구했던 스펜서의 '경쟁'과 '도태'라는 용어가 다윈의 이론과 나란히 놓이면서 '사회다윈주의social Darwinism'는 이미 싹 튼 것이었다. 자연과 사회는 하나의 보편적인 과학법칙에 따라 움직이며, 따라서 사회의 계급구조나 불평등의 문제는 감히 거스를 수 없는 자연의 원리라는 도식이 만들어진다. 그래서 과학사학자 로버트 영Robert M. Young(1935~2019)은 한 에세이에서 "다윈주의는 사회적이다Darwinism is social"라고 쓴 바 있다. 다윈주의는 단순한 자연과학 이론이 아니라, 자유방임적 자본주의와 밀접하게 연결된 사회적 개념임을 강조한 표현이다. 우생학은 결국 다윈의 유산이 아닐 수 없다.

살 가치가 없는 생명

헤켈은 다윈주의를 바탕으로 세계가 필연적으로 하나의 통일성을 지니게 된다는 '일원론monism' 철학을 주창했다. 그 결과 독일 사회에서는 일원론으로 대표되는 헤켈의 생물학적 운명론과 당대 유행하던 니체Friedrich Wilhelm Nietzsche(1844~1900)의 초인Übermensch 사상이 결합되어 권위주의적이고 국가주의적인 인간 진보의 철학이 생겨났다. 헤켈은 독일을 강력하게 만들기 위해서는 일원화된 중앙집권적 조직이 필요하며 군사력을 증대해야 한다고 주장했다. 국가적 차원의 생존경쟁이야말로 역사를 이끌어가는 동력이 된다는 믿음에서 말이다.

히틀러와 나치는 이러한 헤켈의 군국주의적 논리에 경도되어 인종위생운동을 시행한다. 뉘른베르크법을 통해 약 40만 명의 부적자가 강제 불임수술을 당했다. 나치는 혼혈아·장애인·동성애자·정신질환자 등을 '일탈자deviant'로 규정했고, 사회주의자·아나키스트·유대인·집시 등을 '사회 혼란의 주범source of social turmoil'으로 분류해 이들을 모두 '살 가치가 없는 생명Lebensunwertes Leben'이라 불렀다. 살 권리가 없는 존재들을 제거하는 것은 나치의 중요한 이념이었다.

독일이 폴란드를 침공해 제2차 세계대전을 일으켰던 1939년 9월 1일, 나치는 장애인 안락사 프로그램인 'T4 작전Aktion T4'을 또한 나란히 시행했다. 'T4'는 작전 본부의 소재지였던 베를린의 티어가르텐 4번지Tiergartenstraße 4에서 따온 명칭이었다. 이 프로그램은 특히 신체 기형이 있거나 백치 판정을 받은 어린이를 안락사시키는 정책이었고, 1941년까지 총 20만 명의 어린이를 희생시킨 뒤에야 공식적으로 중지되었다. T4 작전을 전쟁이 시작되는 날짜에 맞춰 동시에 시행한 것은 경제적인 이유 때문이었다. 전쟁 물자와 자원을 아끼기 위해 식량을 축내는 불필요한 입을 사전에 제거한다는 목적이었다.

안락사 대상이 천문학적인 숫자로 늘어나자 나치는 대량학살을 위한 신기술을 개발했다. 이때 고안된 것이 바로 가스실과 독가스 치클론 BZyklon B다. 이때 얻은 살상 노하우는 이후 대규모 홀로코스트를 가능케 했다. 홀로코스트는 전후 비교적 빠르게 보상 규정을 마련했지만, 단종법은 1980년대가 되어서야 보상 논의를 시작할 정도로 역사 속에 철저히 가려져 있었다.

아리아 인종을 최상의 혈통으로 상정하며 보존해야 한다는 나치의 '우월한 유전자' 추구는 인간에만 국한되지 않았다. 히틀러의 오른 팔이었던 헤르만 괴링Hermann Wilhelm Göring(1893~1946)은 멸종한 야생소 오록스aurochs를 복원하는 프로젝트를 맡아 지휘했다. 오록스는 가축화된 현대 소의 조상으로 검은 털에 몸집이 크고 힘이 세서 마치 코뿔소처럼 보이는 동물이었다. 오록스는 과거 유럽 전역에 널리 퍼져 살았으나 인간의 무분별한 사냥과 숲의 파괴로 인해 17세기경 멸종하고 말았다. 괴링은 동물학자를 시켜 오록스의 흔적이 남아 있다고 보이는 젖소를 모아 인위적인 교배를 시도했다. 오록스를 선택한 이유는 과거 강인한 아리안족이 사냥하던 야성적인 소일 것이라고 추정했기

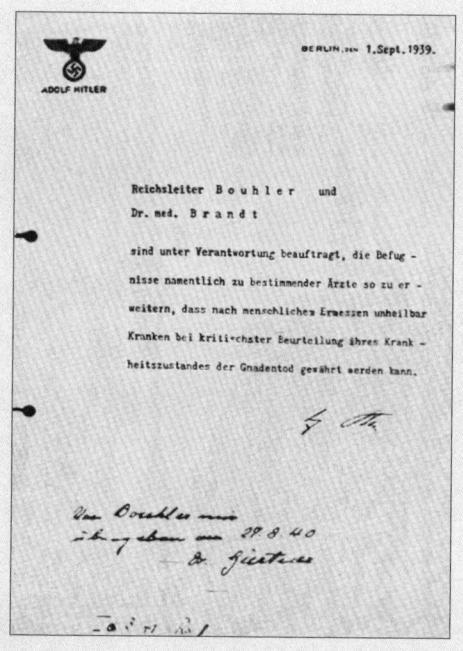

T4 작전의 희생자들과 히틀러의 안락사 허가 문서.
1934년 2월 16일 다하우 강제수용소 근처의 쇤브룬 요양소에서 촬영된 사진. 다운증후군을 가진 이 소년들은 얼마 후 T4 안락사 프로그램의 희생자가 되었다. 히틀러가 제국지도자 보울러와 의사 브란트에게 보낸 문서에는 장애인들의 치료가 불가능하다고 판단될 경우 특별히 지명한 의사를 통해 자비로운 죽음을 맞게 허가하는 내용이 적혀 있다.

때문이었다. 나치가 꿈꾸는 이상적인 세계에서 유대인은 오록스만도 못한 열등한 존재였다.

우생학의 망령은 아직도 사라지지 않았다
―

우생학은 20세기의 전반기 동안 많은 선진국의 지식인과 유전학자들 사이에서 널리 인정받은 이론이었다. 그러나 우생학을 창시한 골턴의 주장은 사실 그리 새로운 것은 아니었다. 이것은 이미 2,000년도 더 전에 플라톤이 『국가*Politeia*』에서 상상한 유토피아의 추악한 핵심 전략이었다. 플라톤은 우수한 사람은 우수한 사람끼리, 열등한 사람은 열등한 사람끼리 짝을 짓도록 한다면 과연 최상의 사회가 만들어질 수 있을지 진지하게 고민했다. 그러나 소크라테스가 글라우콘에게 했던 다음의 말에서 보듯 그것의 실현 가능성까지는 장담하지 못했다.

> 우수한 자는 우수한 자끼리 관계 맺게 하고 열등한 자는 열등한 자끼리 관계 맺게 하자는 것이 우리의 전략이었네. 국민들의 질적 수준을 향상시키자면 말일세. 그런데 이러한 전략은 통치자만의 기밀이어야 하네. 그렇지 않으면 상당한 반감을 불러올 걸세.

골턴이 그의 책 『유전적 천재*Hereditary Genius*』에서 소개한 인종개량의 꿈은 플라톤의 아이디어에 유전학과 통계학이라는 옷을 새로 입힌 것에 불과하다. 중요한 것은 우생학이라는 꿈이 우리가 생각했던 것보다 훨씬 더 오랜 전통을 가졌다는 사실이다. 그만큼 우생학은 가까운 미래에 금세 사라질 수 있는 사상이 아니라는 뜻이기도 하다. 게다가 과학자들은 대부분 새로운 테크노크라시technocracy의 전문가로 대접받기를 좋아하는 부류의 사람들이다. 노화를 막을 수 있거나, 지능을 획기적으로 높이거나 아니면 외모를 더 쉽게 개선할 수 있는 새로운 기술이 등장한다면 싫어할 사람이 많지 않으리란 것도 과학자들은 잘 알고 있다.

제2차 세계대전 이후 우생학은 사라진 것이 아니라 더 기술적이고 더 진보된 형태로 바뀌었다. 초파리 연구실에서 일했던 허먼 멀러는 1927년 초파리에게 방사선을 쐬면 돌연변이 발생률을 약 150배나 증가시킬 수 있다는 사실을 밝혀낸 공로로 종전 직후인 1946년 노벨생리의학상을 수상했다. (바로 전해 히로시마와 나가사키에 원자폭탄이 투하되었고 엄청난 방사능 피해가 일어나 국제적으로 큰 충격을 주었는데, 아마도 이 사건이 그의 노벨상 수상에 영향을 미쳤을 것이다.) 이제 과학자들은 원하면 언제든 돌연변이를 일으킬 수 있게 되었으므로 돌연변이가 저절로 발생할 때까지 하염없이 기다릴 필요가 없었다. 이 말은 거꾸로 하면 돌연변이가 생기지 않도록 막을 방법도 찾을 수 있다는 뜻이다. 이후 멀러는 '개혁 우생학reform eugenics'이라고 불리는 새로운 우생학 운동을 이끈 주인공이 되었다.

그는 원래 스승이었던 모건과 더불어 우생학을 비판하던 과학자였다. 그러나 그가 비판한 것은 우생학 자체가 아니라 초기 우생학이 보여준 '강제성'이었다. 멀러는 돌연변이를 줄일 수 있다는 아이디어를 활용함으로써, 사회적·윤리적 비판을 반영한 새로운 개혁 우생학이

인디애나대 교수 시절 초파리 실험 수업을 진행하고 있는 허먼 멀러.
토머스 모건의 제자였던 멀러는 1946년 노벨상을 받은 후 개혁 우생학 운동을 이끌었다. 그는 우생학의 목표를 유전적 결함을 제거하는 데만 두지 않고, 사회적 필요에 따라 우수한 형질을 만들어낼 수 있는 새로운 가족 설계를 꿈꾸었다.

가능하다고 생각했다. 그는 새로운 가족 설계를 꿈꾸었는데, 돌연변이를 최소화한 우수한 정자와 난자를 보관했다가 전문가의 상담과 개인의 자율적인 선택에 따라 그 둘을 결합하는 것이다. 바로 '생식세포 선택germinal choice' 계획이었다. 이는 유네스코 초대 사무총장이었던 줄리언 헉슬리Julian Sorell Huxley(1887~1975)의 지지를 받았다. 그는 1946년 유네스코 정책의 초안을 마련하면서 다음과 같이 발표한 바 있다.

> 인간이 우주적 질서 속에서 자신의 위치를 평가하고 미래의 운명을 고민하는 데 있어 특별히 중요한 사실은, 그가 지금까지 이루어진 모든 진화적 발전의 상속자이며, 더욱이 유일한 상속자라는 점이다. 자신이 가장 고등한 유형의 생명체라고 주장하는 것은 인간중심적 허영심의 발로

가 아니라, 생물학적 사실의 진술이다. 나아가 그는 과거의 진화적 발전을 상속받은 유일한 존재일 뿐만 아니라, 미래에 이루어질 수 있는 어떤 발전에 대해서도 유일한 수탁자다. 진화론적 관점에서 볼 때, 인간의 운명은 매우 간단히 요약될 수 있다. 즉, '최소한의 시간 안에 최대한의 발전the maximum progress in the minimum time'을 실현하는 것이다. 이것이 바로 유네스코의 철학이 반드시 진화론적 배경을 가져야 하는 이유이며, 또한 '진보'라는 개념이 그 철학에서 중심적인 위치를 차지할 수밖에 없는 이유다.*

헉슬리는 이러한 기조 아래 인류의 진보를 꿈꾸었고, 1957년 인간 스스로를 초월하는 존재의 가능성을 뜻하는 '트랜스휴머니즘transhumanism'이라는 용어를 만들기도 했다. 그리고 2년 뒤 그는 영국 우생협회의 회장으로 취임한다. 일곱 살 터울의 친동생은 『멋진 신세계Brave New World』를 쓴 올더스 헉슬리Aldous Leonard Huxley(1894~1963)였다. 이 책은 모든 사람이 유전자 조작을 통해 계급에 따라 차별적으로 생산되는 암울한 미래를 그리고 있다. 동생은 우생학을 비판하는 소설가였지만 형은 우생학을 이끌어가는 국제적인 인사였다. 한 배에서 태어난 두 형제가 동전의 양면처럼 정반대의 길을 갔으니, 이런 아이러니가 또 있을까.

멀러를 중심으로 한 개혁 우생학 운동은 인공수정 기술과 유전자 조작 기술의 발전으로 동력을 얻었다. 의사들은 기증받은 정자로

---

* https://unesco.org.uk/site/assets/files/15161/068197engo.pdf 문서 참조.

올더스 헉슬리(왼쪽)와 그의 형 줄리언 헉슬리(오른쪽).
올더스 헉슬리는 디스토피아 소설 『멋진 신세계』를 쓴 유명한 작가였고, 친형 줄리언 헉슬리는 유네스코 초대 사무총장과 영국우생협회의 회장을 지낸 유명 인사였다. 동생은 우생학을 비판했지만 형은 우생학을 통한 인류의 진보를 믿었다.

남편이 불임인 부부의 임신을 도왔다. 1978년에는 최초의 시험관 아기 루이스 브라운Louise Joy Brown이 태어났다. '체외수정in vitro fertilization (IVF)'이라는 기술로 건강한 정자와 난자를 택해 수정시킬 수 있게 되었다. 2000년대 초에 정자은행으로 태어난 아기가 이미 100만 명을 넘어섰다.

최근에는 건강해 보이는 정자와 난자를 선택하는 정도가 아니라, 유전자 조작을 통해 원하는 유전자를 집어넣거나 교정하는 식으로 '맞춤 아기designer baby'를 만들기 시작했다. 지난 2018년에는 중국 남방과학기술대 허젠쿠이賀建奎(1984~) 교수가 에이즈AIDS에 걸리지 않도록 유전자를 교정한 쌍둥이 루루와 나나를 탄생시켰다. 같은 해 인도에서는 오빠의 만성적 빈혈 치료에 필요한 골수를 공여하기 위해 배아 단계에서 빈혈을 일으키는 유전자를 제거한 이른바 '구세주 동생savior sibling'이 태어났다. 둘 다 크리스퍼CRISPR 유전자 가위 기술을 활용한 것이며, 국제사회에서는 유전자 편집 아기를 탄생시키지 않기로 한 암묵적인 약속을 깬 사례라고 비난하며 크게 우려했다.

19세기와 20세기 초반 우생학의 주요 목적 중 하나는 유럽의 식민 권력을 정당화하는 것이었다. 서구 사회는 열등한 자들을 악으로 규정해 억압하거나 심지어 제거했다. 21세기 초반 새로운 우생학적 목표는 특권층의 혜택을 더 강화하는 것이다. 첨단 기술을 돈으로 살 수 있는 부유한 자들은 최대한 건강을 유지하고 수명을 연장하는 데 유전자 치료gene therapy를 가장 먼저 이용하고 있다. 개혁된 형태라 하더라도 이 새로운 우생학은 여전히 사회적 차별을 조장할 위험성이 농후하기 때문에 논란의 여지가 있다.

스탠퍼드대 교수이며 철학자인 프랜시스 후쿠야마Francis Yoshihiro Fukuyama(1952~)는 『부자의 유전자 가난한 자의 유전자Our Posthuman Future』에서 좋은 의도로 유전자 교정기술을 이용해 질병을 치료하고 예방하는 일조차 우리가 평등하게 창조되었다는 자유민주주의 사회의 기본 이념을 훼손할 수 있다고 말한다. 유전자 조작이 다른 동물과 구별해주는 인간의 존엄성을 유린할 위험이 있다는 것이다.

철학자 신승환 교수는 『생명철학』에서 존재론적으로 해명되지 않은 과학주의와 윤리학적으로 성찰되지 않은 자본주의가 결합함으로써 문제가 악화한다고 짚었다. 현대의 생명공학은 그 본질상 자본과의 결합이 필연적이다. 따라서 자본의 논리에 종속될 수밖에 없다는 위험성을 늘 안고 있다. 우생학은 더 이상 옳고 그름의 문제가 아니라 능력이 있느냐 없느냐의 문제로 변질되고 말았다.

그들의 유전자는 과연 우월했을까

2004년에 개봉한 영화 「다운폴Downfall」은 제목이 말해주듯 히틀러와 나치 독일의 몰락 과정을 적나라하게 보여주는 작품이다. 이 영화에서는 히틀러가 파킨슨병으로 인해 왼손을 떠는 모습을 잘 포착해 묘사하고 있다. 그의 병력에 대해서는 내과나 정신과적 기록이 더 많고, 파킨슨병의 경우는 거의 알려져 있지 않다. 그러나 역사적인 기록과 영상들을 살펴보면 히틀러는 1933년 44세라는 비교적 이른 나이부터 왼쪽 팔에 운동 저하hypokinesia와 안정 시 떨림resting tremor이 나타났고, 몸이 앞으로 굽어지는 자세, 무표정과 느린 걸음걸이bradykinesia 등 파킨슨병 특유의 증상이 자주 나타났음을 발견할 수 있다.* 히틀러는 그런 증상을 감추기 위해 오른손으로 왼손을 붙잡아 가리거나, 두 손을 다소곳이 모으고 서 있는 경우가 많았다.

각종 정신질환, 유전병, 신체장애 등을 혐오하며 제거해야 할 열등한 유전형질로 치부했던 그가 정작 걷잡을 수 없이 떨리는 자신의 손을 내려다보며 무슨 생각이 들었을까? 부끄러웠을 것이다. 사람들

---

* Lieberman, A.(1997)과 Gerstenbrand, F. & Karamat, E.(1999) 논문 참조.

파킨슨병을 감추려 손을 모은 히틀러.
히틀러는 초기 파킨슨병 환자에게 나타나는 손 떨림을 감추기 위해 공공장소에서 오른손으로 왼손을 붙잡거나 허리띠를 잡는 모습을 자주 보였다.

이 알아차릴까 봐 두려웠을 것이다. 권력을 잡기 전 열정적으로 양팔을 휘두르며 군중을 선동하던 그는 말년에 전쟁을 시작한 이후 사망할 때까지 대중 앞에 거의 모습조차 드러내지 않는다.

히틀러가 살아있던 시대에는 파킨슨병의 치료법이 없었다. 파킨슨병은 1817년 영국의 의사 제임스 파킨슨James Parkinson(1755~1824)에 의해 처음 보고되었으며, 1960년 들어서 뇌의 흑질substantia nigra에서 도파민이 만들어지지 못해 발병한다는 사실이 밝혀졌다. 뇌에 도파민이 부족하다면 외부에서 넣어주면 해결되지 않을까? 그러나 도파민은 '혈-뇌 장벽blood-brain barrier(BBB)'을 통과해 뇌로 들어가지 못하기 때문에 투여해도 전혀 효과가 없다. 뇌로 들어가서 도파민으로 바뀔 수 있는 L-도파dopa라는 물질을 투여해 치료하는 방법이 개발된 것은 훨씬 더 나중이었다.

당시 마땅한 방법이 없다보니 히틀러의 주치의였던 테오도어 모렐Theodor Gilbert Morell(1886~1948)은 그의 파킨슨병을 치료하기 위해 수십 가지 약을 처방했다. 그중에는 메스암페타민methamphetamine도 있었다. '필로폰Philopon'이라고도 불리는 향정신성의약품, 즉 각성제 마약의 일종이다. 메스암페타민은 1893년 일본 도쿄대 교수인 나가이 나가요시長井長義(1845~1929)가 합성한 물질로 처음에는 피로회복제로 판매되었다. 피로를 사라지게 할 정도로 각성효과가 대단했기 때문이다. 필로폰이라는 상품명도 그리스어로 '노동을 사랑한다'라는 의미의 '필로포누스Φιλόπονος'에서 유래했다. (일본어 발음으로는 '히로뽕'이 되었다.)

독일에서는 메스암페타민이 '페르비틴Pervitin'이라는 상품명으로 불티나게 팔려나갔다. 메스암페타민을 투약하면 뇌에서 도파민 분비를 폭발적으로 증가시킨다. 집중력과 지구력을 높여주고 활력과 각성효과까지 강력했기 때문에 전장의 군인들에게 대량으로 공급되었다. 일본의 '가미카제神風 특공대'도 자살 비행을 하기 전 제의를 치르듯 마지막으로 필로폰 차를 들이마셨다. 제2차 세계대전 당시 추축국axis powers을 이루었던 독일과 일본은 메스암페타민에 의존해 군인들의 전투력을 최대치로 끌어내 전쟁을 치렀지만 역설적으로 두 나라 모두 결국 패전하고 말았다. (사실은 연합국 측에서도 '벤제드린Benzedrine'이라는 이름으로 역시 군인들에게 공급되었다. 알고 보면 제2차 세계대전은 마약사범들 간의 전쟁이었다.)

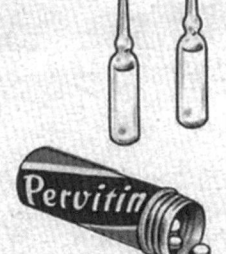

1940년대 독일의 페르비틴 광고.
1937년 독일의 제약회사 템러에서 합성된 메스암페타민은 1938년부터 페르비틴이라는 상품명으로 시판되었다. 페르비틴은 다양한 질병에 효과적인 가정용 치료제로 쓰였고, 육체적 능력과 자신감까지 키워주었기 때문에 전시 군인들에게도 다량 지급되었다. 독일 정부가 페르비틴의 중독성과 심각한 후유증을 인정하고 이를 금지 약물로 지정한 것은 1970년대 들어서였다.

도파민이 부족해 파킨슨병에 시달린 히틀러가 도파민 분비를 크게 증가시키는 메스암페타민을 복용했으니 치료에 도움이 되지 않았을까? 결과는 정반대였다. 메스암페타민은 도파민 농도를 높게 유지하는 효과를 가져오긴 하지만 그 효과는 일시적일 뿐이고, 장기적으로는 도파민을 생성하는 뉴런을 완전히 손상시킨다. 그리고 메스암페타민 사용자는 오히려 파킨슨병의 발병 위험이 높아진다는 연구 결과가 많다. 메스암페타민은 신경독성이 매우 강하기 때문에 치료제로 써서는 안 되었다. 히틀러는 결국 마약 중독으로 인해 전쟁 막바지에 정신병 증세에 시달렸다. 변덕스럽고 병적인 망상에 빠져 자신의 군대를 완전히 궤멸시키고 스스로도 결국 자살에 이르고 만다.

일란성 쌍둥이의 한 명이 파킨슨병에 걸렸을 때, 나머지 한 명이 발병할 확률은 10퍼센트 정도라는 연구 결과가 있다. SNCA, LRRK2, PARK2 등의 유전자 변이가 위험을 높일 수 있기 때문에 유전적 요인을 가지고 있다고 볼 수도 있지만, 파킨슨병을 전적으로 유전병이라 보기는 어렵다. 그러나 히틀러처럼 50세 이전에 나타나는 '조기 발병 early-onset'인 경우 일란성 쌍둥이의 일치율이 조금 더 높게 나타난다. 즉 그것은 보통의 파킨슨병보다 유전적인 이유로 인해 발생했을 가능성이 꽤 높다는 의미다. 그렇다면 히틀러의 유전자는 그 자신의 기대와 달리 우수한 편이었다고 보기 어렵다.

영국 우생협회 회장이었던 줄리언 헉슬리는 그의 에세이와 아내가 쓴 회고록을 보면 알 수 있듯이 젊었을 때 조울증과 같은 양극성 장애와 신경쇠약을 심하게 겪었다. 우생학을 창시한 골턴도 말년에 심각한 정신적 쇠락을 겪었다. 골턴 스스로가 자신이 말한 이상적인 인간이었는지는 판단하기가 애매하다.

골턴은 말년에 유토피아 소설 『어디에도 없는 곳*Kantsaywhere*』을 썼다. 그러나 아이러니하게도 우생학적 결혼을 한 부부에게 기형아가 태어나면서 벌어지는 일을 다룬 내용이었다. 골턴은 이 소설을 완성하지 못하고 죽었는데, 이후 유족들은 골턴의 명성이 실추될까 두려워 출판하지 않았다. 어째서 이런 소설을 썼는지 이해할 수 없었기 때문이다. 게다가 골턴 자신도 신중을 기해 결혼했지만 그에게는 자식이 없었다. 그는 우수한 유전자를 가진 사람들이 더 많은 자녀를 낳아야 한다며 우생학의 중요성을 늘 소리 높여 주장했지만, 정작 자신은 후손을 한 명도 남기지 못했다.

열등한 유전자라는 오해

금수저, 은수저, 그리고 흙수저라는 자조 섞인 유행어가 퍼지며 급기야 '수저계급론'이라는 개념이 진지하게 논의되는 것을 보면, 사람들은 인간의 운명이 태어날 때부터 결정된다는 생각에 대체로 동의하는 듯하다. 노력으로 자신의 처지를 바꾸기는 어렵다는 부정적인 인식이 사회 저변에 깊이 깔려 있다. 이번 생은 틀렸지만 다음 생이나 내 자식 세대에서는 이를 극복하고 싶다는 열망이 우생학적 사고에 끌리게 만드는 이유가 된다.

앤드루 니콜Andrew Niccol(1964~) 감독의 1997년작 영화 「가타카*Gattaca*」는 열등한 유전자를 타고났다고 해서 열등한 존재가 되는 게 아니라는 점을 지적한다. 자연 임신으로 태어난 주인공 빈센트는 이른바 열등한 유전자의 소유자다. 심장이 약할 뿐 아니라 시력도 별로 좋지 않다. 예상 수명은 서른 살밖에 안 된다. 반면에 인공수정으로 디자인되어 태어난 동생 안톤은 우월한 유전자로만 엄선해 만들어졌다. 안톤은 부모님의 사랑까지 독차지한다.

   빈센트와 안톤이 어렸을 때부터 서로 경쟁하던 시합이 있었다. 바다 수영을 해서 더 멀리 가는 사람이 이기는 것이다. 당연히 신체 능력이 뛰어난 안톤이 매번 이겼지만, 어느 날 빈센트가 초인적인 힘을 발휘해 처음으로 동생을 이긴다. 더구나 힘이 빠져 바닷속으로 가라앉을 뻔한 안톤을 구하기까지 한다. 열등한 유전자를 가지고 있는데 어떻게 이길 수 있었느냐는 동생의 질문에 형은 "다시 돌아갈 힘을 남겨놓지 않았기 때문"이라고 응수한다. 이 명대사에서 우리는 새삼 피나는 노력을 통한 극복의 중요성을 깨닫는다. 그러나 또 다른 대사에서 더 중요한 사실을 발견할 수 있다. "운명을 결정하는 유전자라는 건 없어, There's no gene for fate." 어떤 일이 가능한지 불가능한지 운명을 결정하는 건 유전자가 아니라 자기 자신이라는 통찰이다.

   그러나 열등한 존재가 아님에도 가치를 제대로 부여받지 못하는 생명도 있다. 봉준호 감독의 최근작 「미키 17」은 아무리 중요한 역할을 하는 인간이라도 그가 '클론'(영화에서는 '멀티플')으로서 여러 명 존재할 수 있고 또 언제든 복제하여 대체할 수 있다면, 한두 명쯤 제거하더라도 전혀 문제가 되지 않는다는 디스토피아적 설정을 보여준다. '미키 17'과 '미키 18'은 똑같은 유전체를 바탕으로 복제되었지만 그들의 성격과 정체성은 완전히 달랐다. 영화는 그 둘이 서로 대체할 수 없는

봉준호 감독의 영화 「미키 17」(2025)의 스틸 컷.
똑같은 유전체 정보를 가지고 프린트된 미키 17과 미키 18의 영화 속 정체성과 성격은 완전히 다르다. 인간을 똑같은 DNA로 복제한다 해도 뇌까지 똑같이 만들어지지는 않는다.

독립적인 존재임을 보여준다. 인간을 똑같은 DNA 정보로 복제한다고 해도 뇌까지 똑같이 만들어지지는 않는다.

열등한 유전자를 가진 사람은 틀림없이 불행한 삶을 살 거라고 미리 단정 짓는 것은 무지의 소산일 뿐 아니라 타인의 인생을 함부로 속단하는 죄악이 될 수도 있다. 프랑스의 군인이자 대통령이었던 샤를 드골Charles de Gaulle(1890~1970)에게는 다운증후군을 앓던 둘째 딸 안느Anne가 있었다. 감정을 잘 드러내지 않는 강직한 군인이자 레지스탕스 지도자였던 드골은 딸을 더없이 아끼고 사랑하여 언제나 "나의 기쁨My joy"이라고 불렀고, 안느가 20세의 나이에 죽었을 때는 견딜 수 없이 슬퍼하며 울었다. 연약한 존재를 위해 아프고도 속 깊은 사랑을 나눌 줄 아는 삶은 부족한 것 없이 으스대는 삶보다 훨씬 더 값지고 훌류하다. 우생학적 사고가 배척되어야 하는 가장 큰 이유는 우생학의 논리가 소중하고도 평등한 생명의 가치를 부정하기 때문이다.

무엇이 정상이고 무엇이 비정상인가? 무엇이 우월하고 무엇이 열등한가? 그것은 누가 결정하는가? 우리의 조상들이 지니고 있던 유전자에 계속해서 돌연변이가 발생해 조금씩 변화되어 만들어진 것이 바로 지금의 우리다. 돌연변이는 완전한 것을 불완전하게 만드는 악당이 아니다. 거꾸로 진화란 불완전한 것을 완전하게끔 바꾸어가는 과정을 의미하지 않는다. 오늘 우리가 보기에 어떤 유전자는 우월해 보이고 또 어떤 유전자는 열등해 보인다 해도 내일 자연이 어느 것을 선택할지는 알 수 없다.

인간은 몇 가지 결함만 제거하면 완벽해질 수 있는 존재가 아니다. 우리는 어딘가 모두 비정상이다. 만약 누군가가 우리 인간의 유전자에서 발견되는 어떤 불완전하고 비정상인 것을 뿌리째 없애고자 한다면 인류를 통째로 제거하는 방법밖에 없다. 열등한 유전자는 없다. 만약 유전자가 열등해지는 순간이 있다면 그것은 기능을 제대로 수행하지 못할 때가 아니라, 그 유전자를 언제든 더 나은 것으로 대체할 수 있다고 믿을 때일 것이다.

열성 유전자는 열등하지 않다

과거에는 쌍꺼풀이 우성이고 외꺼풀이 열성이라는 매우 단순한 설명이 대중적으로 널리 알려졌다. 심지어 어떤 교과서는 아직까지도 그렇게 소개하고 있다. 그러나 이는 과학적으로 근거가 부족한 잘못된 설명이다. 그게 맞다면 외꺼풀 부모에게서는 쌍꺼풀을 가진 자식이 나올 수 없어야 한다. 그러나 실제로는 그렇지 않다. 문제는 눈꺼풀 모양이 '단일유전자 유전monogenic inheritance'이 아니라 '다多유전자 유전polygenic inheritance'을 통해 복잡하게 형성되는 것으로 보인다는 사실이다. 게다가 그 유전자들의 우열 관계가 다 뚜렷한 것도 아니다. 이것은 사실 단순화된 멘델 유전학이 초래한 수많은 오해 중 하나의 예일 뿐이다. 멘델의 법칙은 유전자 하나가 형질 하나를 결정한다는 편견을 낳기 쉽다. 그러나 그런 단순한 설명은 모든 것에 적용되는 규칙이 아니라 어쩌면 예외적인 규칙에 가깝다.

환경적 요인으로 인해 나이가 들면서 나중에 쌍꺼풀이 생기는 경우도 있다. (방학 내내 안 보이다가 개학 후 나타난 친구에게 갑자기 생긴 쌍꺼풀은 제외하자.) 물론 쌍꺼풀 유전자는 상대적으로 우성일 가능성이 있지만, 단순한 멘델식 유전법칙으로는 설명하기 어렵다. 눈꺼풀의 모양을 단순히 쌍꺼풀이냐 외꺼풀이냐로 이분법적으로 나누는 것도 옳지 않다. 다양한 중간 단계의 형태가 연속된 스펙트럼으로 존재하기 때문이다. 눈꺼풀만 그런 게 아니다. 비슷한 오해를 받고 있는 귓볼, 보조개, 혀 말기의 형질들도 마찬가지다.*

멘델의 유전법칙이 낳은 또 하나의 문제는 '우성', '열성'이라는 용어가 불필요한 오해와 편견을 조장했다는 점이다. 유전학에서 말하는 '우성'은 영어로 'dominant'이고, '열성'은 'recessive'이다. 우월함을 의미

---

* Wiedemann, H. R. (1990) 논문과 Matlock, P. (1952) 논문 참조.

「가시 목걸이와 벌새가 있는 자화상」(프리다 칼로, 1940).
멕시코 화가 칼로는 자화상에 짙고 굵은 일자 눈썹을 자신만의 특징적인 정체성으로 자주 표현했다. 눈썹의 모양과 두께, 위치 등을 결정하는 유전자는 PAX3, EDAR, FOXL2를 포함해 여러 개가 더 있을 것으로 추정된다. 이는 눈썹의 형태가 단일유전자에 의해 결정되는 것이 아니라 다유전자 유전을 통해 복잡하게 형성된다는 것을 말해준다. 따라서 특정 눈썹의 형태가 우성인지 열성인지는 이분법적으로 말하기 어렵다. 미국 텍사스 오스틴 해리 랜섬 센터 소장.

하는 'superior'나 열등함을 의미하는 'inferior'와는 전혀 관계가 없다. 'dominant'와 'recessive'는 유전형질의 발현 빈도가 높은지 낮은지를 설명하는 용어일 뿐 'superior'나 'inferior'와 같이 우열 관계나 가치 판단의 표현과 관련이 없다는 뜻이다. 다시 말해 열성으로 오해되었던 외꺼풀은 쌍꺼풀에 비해 전혀 '열등한' 형질이 아니라는 사실이다. 눈매를 작고 날카롭게 만드는 외꺼풀보다 크고 부드럽게 만드는 쌍꺼풀이 더 매력적이고 아름다워 보인다는 사실 때문에 쌍꺼풀이 마치 '우월한' 형질인 것처럼 착각해서는 안 된다!

이런 오해를 불식하기 위해 일본의 유전학회는 지난 2017년 우성과 열성이라는 유전학 용어를 '현성顯性(드러나는 성질)'과 '잠성潛性(감춰진 성질)'으로 바꾸기로 결정했다. 영어로는 각각 'expressed'와 'latent' 정도로 번역할 수 있겠다. 또한 'variation'의 번역어로 사용해왔던 '변이'는 '다양성'으로 수정하기로 했다. 우리나라에서도 과거에 '색맹'이라고 부르던 용어를 편견을 깨기 위해 '색각이상'으로 바꿔 부르기로 했었는데, 최근 일본에서는 이마저 '색각다양성'으로 바꿨다고 한다.

그러니까 '열성'은 결코 '열등함'과 같지 않다. '우성'이면서도 심각한 문제를 일으키는 경우도 있다. 헌팅턴 무도병이 그런 예다. 주로 성인기에 증상이 나타나기 시작해서 점차 인지능력이 저하되는 퇴행성 질병이다. 이 병은 예외 없이 치명적인 결과를 불러오며, 현재로서는 치료법도 없다. 이것은 우성 돌연변이로 인한 질병이므로 부모 중 어느 한 사람에게서 발병한 경우 50퍼센트라는 높은 확률로 병을 물려받는다. 이 경우 '보인자'라는 개념은 존재하지 않는다. 상동염색체 두 개 중 하나만 돌연변이를 갖고 있어도 예외 없이 발병한다. 이것이 바로

'우성'이라는 용어가 가진 뜻이다.

다윈은 『인간의 유래와 성선택』에서 이렇게 말한 바 있다. "우리 빈곤의 비참함이 자연법칙이 아니라 인간이 만든 사회제도에 의해 비롯되었다면 우리의 죄는 중대하다. If the misery of our poor be caused not by the laws of nature, but by our institutions, great is our sin." 우리는 다윈의 말을 이렇게 바꿀 수도 있을 것이다. "열등한 유전자로 인해 우리가 느끼는 비참함이 자연법칙이 아니라 인간이 만든 오해에서 비롯되었다면 우리의 죄는 참으로 중대하다."

우리는 우월하거나 열등한 존재가 아니라 '다양한' 존재다. 우리의 유전자는 우월함이나 열등함의 원인이 아니라 다양함의 원천이다. 움베르토 에코Umberto Eco(1932~2016)의 『장미의 이름Il nome della rosa』에서 윌리엄 수도사는 주인공 아드소에게 말한다. "우주라고 하는 것이 아름다운 까닭은 다양한 가운데서도 통일된 하나의 법칙이 있기 때문이기도 하겠지만, 통일된 가운데서도 다양하기 때문일 수도 있다."

통일된 하나의 법칙, 단 하나의 기준만이 세상을 아름답게 만들리라는 법은 없다. 강하거나 연약한, 젊거나 늙은, 부유하거나 가난한, 또는 건강하거나 병든 수많은 다양한 존재들이 함께 어우러져 살아가는 모습이 생명을 생명답게 만들며, 세상을 충만하게 채울 수 있다.

5

범죄 유전자

당신은 오해받기 위해
태어난 사람

그들은 아래로 향하는 승강기에 도착했다. 거기 올라타 빠른 속도로 내려가면서 앤더튼이 말했다. "자네도 아마 프리크라임pre-crime 방식에 존재하는 기본적인 법적 문제는 인지했을 걸세. 우리는 법을 어긴 적이 없는 개인을 잡아들이는 셈이니 말이야."

"하지만 어기게 될 게 분명하지 않습니까." 위트워는 확신을 담아 대답했다.

"다행스럽게도 실제로 어기게 되지는 않지. 폭력 행위를 저지르기 전에 우리가 그들을 먼저 잡아들이니까. 따라서 범죄 그 자체는 완벽하게 형이상학적 개념이 되는 걸세. 우리는 그들에게 혐의가 있다고 주장하지. 반면 그들은 영원히 무죄를 주장할 걸세. 그리고 어떤 면에서 보면 그들은 실제로 무고한 셈이지."

필립 K. 딕Philip K. Dick, 『마이너리티 리포트Minority Report』
조호근 옮김, 폴라북스, 2015, 721쪽.

만약에 당신이 이 유전자를 가지고 있다면 가지지 않은 사람에 비해 살인이나 폭행 범죄를 저지를 확률이 10배가량 더 높아진다. 성폭행을 저지를 가능성은 더 심각해서 무려 40배나 증가한다! 도대체 이 무시무시한 유전자의 정체는 무엇일까? 바로 SRY$^{\text{sex-determining region Y protein}}$ 유전자다. SRY는 Y 염색체상에 놓여 있는 자그마한 성 결정 영역으로, 포유류의 남성성을 결정하는 유전자에 해당한다. 즉 이 유전자를 갖고 있는 개체는 배아 때 남성으로 (동물의 경우는 수컷으로) 발달하게 되는 것이다. 이 유전자가 있어야만 남성의 생식기관인 고환^{testis}과 세정관$^{\text{seminiferous tubule}}$이 형성되며, 테스토스테론^{testosterone}이 적절히 분비되어 남성성 발현에 필요한 모든 명령체계가 작동하게 된다. 이 정도로 확실한 통계값이면 SRY 유전자와 Y 염색체를 가진 모든 남성은 잠재적 범죄자로 취급받을 만하다. 그렇지 않을까?

실제로 SRY만큼 사람의 건강에 큰 피해를 주는 유전자도 없다. 거의 모든 문화권에서 남성은 여성보다 더 일찍 사망하는데, 바로 SRY 유전자가 만드는 남성 호르몬이 중요한 원인이라고 보고 있다. 높은 혈중 테스토스테론 농도는 남성으로 하여금 생존을 위협하는 위험한 행동에 뛰어들게 만드는 경향이 있다. 반대로 에스트로겐estrogen 같은 여성 호르몬은 남녀 모두에서 가장 큰 사망 원인인 심혈관 질환을 예방해주기도 한다.

더 수상한 사실은 Y 염색체가 없더라도 생명체가 살아가는 데 아무런 문제가 없다는 것이다. 다시 말해 X 염색체는 생존을 위해 반드시 필요하지만 Y 염색체는 그렇지 않게끔 진화해왔다. X 염색체는 중량으로 봤을 때 세포 내 전체 DNA의 5퍼센트를 차지할 정도로 비중이 꽤 높다. 하지만 얼핏 보아도 짤따란 Y 염색체는 약 2퍼센트만 차지할 뿐이다. X 염색체에는 대략 1,000개가 넘는 유전자가 담겨 있는데 비해 Y 염색체에는 유전자가 많아야 100개도 채 들어있지 않다. 그렇기 때문에 X 염색체 연관 유전질환 X-linked genetic disorder은 많이 알려져 있어도 Y 염색체와 연관된 주요 질환은 흔치 않다. 정말이지 Y 염색체는 별로 중요해 보이지 않는다. (심지어 크기가 더 작은 21번, 22번 염색체가 Y 염색체보다 더 많은 수의 유전자를 보유하고 있다.)

게다가 Y 염색체가 현재 점점 퇴화하는 중이라는 연구 결과가 있다. 남성들에게는 자못 아찔한 소식이다. 원래 Y 염색체가 먼 과거에는 X 염색체와 쌍을 이루던 정상적인 상염색체였지만 성을 결정하는 독자적인 기능을 담당하게 되면서 돌연변이 발생과 유전자 손실이 가속화되었고, 결국 지금처럼 아주 작은 부분만 남게 되었다는 것이다. 이제 Y 염색체는 짝꿍이었던 X 염색체와 완전히 달라졌다. 그러다보

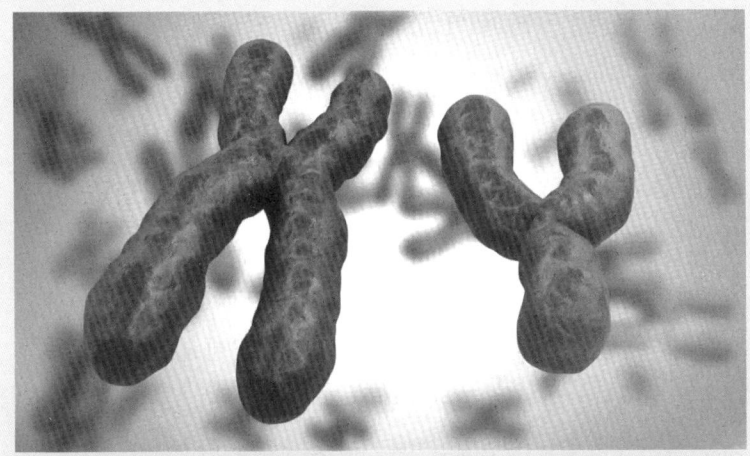

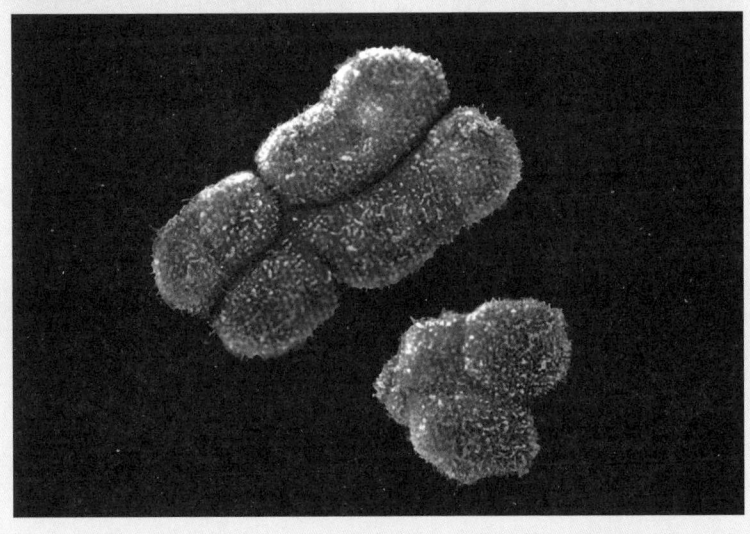

X 염색체와 Y 염색체의 잘못된 상상도(위)와 주사전자현미경(SEM)으로 찍은 실제 사진(아래). X 염색체는 알파벳 'X'를 닮았고 Y 염색체는 알파벳 'Y'를 닮았기 때문에 각각 그렇게 이름 붙여졌다는 항간의 믿음은 사실이 아니다. X 염색체는 1891년 독일의 세포학자 헤르만 헨킹Hermann Henking이 발견했는데 이 염색체가 다른 염색체와 달리 쌍을 이루지 않고 단독으로 존재하며 감수분열 시 특이하게 행동하는 것을 보고 '미지의 요소unknown element'라는 의미로 'X'를 붙인 것이고, Y 염색체는 X 다음으로 발견한 작은 염색체라는 의미에서 단순히 그다음 알파벳인 'Y'를 붙인 것이다.

니 Y 염색체상에 돌연변이가 생겼을 때 이를 원상 복구할 '상동염색체 간 재조합homologous recombination' 메커니즘이 전무하다. Y 염색체는 부스러지고 망가져도 고칠 방법이 없다! 오랜 세월이 흐르는 동안 Y 염색체에는 아물지 않는 흉터가 계속해서 생겨나기만 했다. 인간이 가진 유전체 중 가장 취약한 존재로 전락하고 말았다.

일부 과학자들은 이런 감소 추세가 계속된다면 수백만 년 후에는 Y 염색체가 완전히 사라질 가능성이 있다고 주장하기도 한다. 실제로 설치류 중에는 Y 염색체가 완전히 사라졌음에도 여전히 수컷과 암컷이 구분되어 존재하는 사례가 있다. Y 염색체가 사라지고 없어도 성 결정은 여전히 가능한 셈이다. 유럽 두더지쥐와 일본 가시쥐가 그렇다. 이들의 경우 성을 결정하는 것이 SRY 유전자가 아니라 과활성화된 SOX9이나 DMRT1 등으로 대체된 것이 확인되었다.* 조류, 파충류, 그리고 일부 곤충에서는 성 결정 체계가 포유류와 반대로 아예 뒤집혀 있다. 암컷은 서로 다른 염색체 두 개를, 수컷은 같은 염색체 한 쌍을 가지고 있다.

이처럼 Y 염색체는 생존이나 성 결정에 반드시 필요하지도 않는데 왜 존재해서 하필이면 범죄율을 높이는 주범인 양 누명을 쓰게 된 걸까? 만약 누군가 Y 염색체를 지녔다는 이유로 범죄자 취급을 당한다면 이는 유전자판 '마이너리티 리포트'라 해도 지나치지 않을 것이다. 과연 범죄자는 태어나면서부터 이미 결정되어 있다고 볼 만한 유전학적 근거가 있을까?

---

* Terao, M. et al. (2022) 논문 참조.

초남성 증후군 소동

―

만약 Y 염색체 하나가 정말로 범죄와 관련된 심각한 문제를 일으킬 수 있다면 그것이 두 개일 경우 더 큰 재앙을 가져올 수도 있다. 1965년 『네이처』에 XYY 염색체 조합을 가진 남성이 폭력적 범죄행위를 일으킬 위험이 크다는 내용의 논문이 보고되었다. 스코틀랜드의 어느 범죄자 정신병 치료감호소에서 수감자의 혈청을 검사했고, 그 결과 수감자의 4퍼센트가 정상적인 XY 염색체 쌍 대신 XYY 염색체형이었음을 발견했다.** 즉 이들은 세포핵 속에 두 개의 Y 염색체를 가지고 있었다. 일반 인구에서 XYY가 나올 확률이 0.1퍼센트에 불과하다는 사실을 감안한다면 이는 무려 40배나 높은 수치였다.

미국 언론은 XYY 염색체를 가진 남성을 '초남성supermale'이라 부르며 이들을 범죄자 취급하기 시작했다. XYY 남성들은 키가 180센티미터 정도로 평균보다 꽤 크고, 지능지수는 평균보다 조금 낮은 편이다. 또한 피부가 약해 여드름이 많다는 특징이 있다. 조금 억울하겠지만, 여드름이 많은 남자는 XYY임에 틀림없다는 소문이 돌기도 했다.

XYY 초남성에 관한 대중의 두려움은 이듬해인 1966년에 일어난 하나의 사건 때문에 더 커졌다. 시카고의 어느 기숙사에서 한 남성이 간호사 훈련생 8명을 강간하고 잔인하게 살해했는데, 이 남성의 유전형이 XYY라는 뉴스 보도가 있었다. 범인의 신상이 공개되었다. 그는 25세의 청년 리처드 스펙Richard Speck이었다. 키가 185센티미터에 지능

** Jacobs, P.A. et al. (1965) 논문 참조. XYY 증후군은 이 논문의 제1저자인 Patricia Jacobs의 이름을 따 '제이콥스 증후군Jacobs syndrome'이라고도 불린다.

은 그리 좋은 편이 아니었다. 무엇보다 얼굴에는 여드름 흉터가 가득했다. 이 뉴스는 그의 변호사가 살인범의 염색체가 XYY형이라고 주장하며 형량을 낮추려 했기 때문에 대대적으로 알려졌다. 언론은 XYY를 '범죄형 염색체'라 칭하며 이를 가진 초남성에 대한 마녀사냥, 아니 마남사냥(?)에 앞장섰고 미국 사회는 온통 이 사건으로 떠들썩했다.

그러나 재판이 열리기 전 시행한 염색체 분석에서 스펙의 유전형은 XYY가 아니라 그냥 평범한 XY임이 밝혀졌다. 그러나 대중은 이미 그의 변호인이 의도적으로 한 거짓말 때문에 XYY가 범죄의 원인이라고 굳게 믿었다. 이후 XYY형을 가진 사람의 행동에 대한 논문도 수백 편 넘게 발표되었다. 한 병원의 산부인과 그룹에서는 수백 명의 남자 신생아를 대상으로 유전자 검사를 실시했다. XYY형을 가진 남아를 골라낸 후 성장과정을 추적해서 유전자형과 범죄율 사이의 상관관계를 연구하려는 목적이었다. XYY형으로 확인된 아기의 부모에게도 통지해 연구를 수행하는 데 지속적으로 도움을 받고자 했다. 그러나 누가 자기 아들의 범죄 여부를 조사하기 위해 수십 년간 추적당하는 것을 달가워하겠는가? 그 아기가 자라 성인이 된 이후에 자신이 불쾌한 실험대상이 되었다는 것을 알면 기분이 어떻겠는가? 그들에게 「마이너리티 리포트」는 더 이상 즐기며 볼 수 있는 영화가 아니었다.

그로부터 약 10년 후 발표된 몇몇 논문에 의해 XYY와 범죄 사이에는 아무런 관계가 없다는 사실이 드러났다.* 그 논문들은 XYY 남성의 97퍼센트는 범죄 이력이 전혀 없으며 그들의 공격성도 평범한 남성

---

* Borgaonkar, D. & Shah, S. (1974) 논문과 Witkin, H.A. et al. (1976) 논문 참조.

텔레비전 드라마 시리즈「XYY 맨」(1976)의 포스터.
1976년 영국에서 방영된 텔레비전 드라마「XYY 맨」의 주인공 스콧은 정상인보다 Y 염색체를 하나 더 가진 탓에 강한 범죄 충동에 시달리는 것으로 설정되었다. 그는 이러한 충동을 억누르며 악을 소탕하는 영웅 캐릭터로 묘사된다.

의 공격성에 비해 큰 차이가 없다고 보고했다. 특히 지난 연구들이 이들의 공격성에 영향을 줄 만한 환경적 요인을 전혀 고려하지 않았음을 지적하고 있었다.

그럼에도 불구하고 1976년 영국에서는 텔레비전 드라마「The XYY 맨」이 인기를 끌었다. 신화에 불과한 XYY의 범죄성이 호기심 많은 대중의 가십거리가 된 것이다. 주인공 스콧은 여분의 Y 염색체 탓에 자신도 모르게 갖게 된 강한 범죄 충동을 억누르며 악의 무리를 소탕하는 영웅으로 묘사되었다. 타고난 폭력성을 정의롭게 사용한다는 설정이니 그나마 안도해도 좋다고나 할까.

사람들은 XYY 염색체형이 자식에게 대대로 유전될까봐 우려하기도 했다. 하지만 그것은 전혀 근거가 없는 걱정이다. XYY는 유전되지 않는다. 이는 정자 세포가 형성될 때 무작위로 발생하는 '염색체 비분리nondisjunction' 현상 때문에 생긴다. 태어나는 남아 1,000명당 약 한 명꼴로 비교적 흔하게 발생한다. 이들의 의학적 표현형은 정상과 다르지 않기 때문에 평생 자신의 유전체형을 알지 못하고 지내는 경우가 대부분이다.

과학자들의 해명에도 불구하고 XYY형에 대한 편견은 지금도 여전하다. 미국에서는 사람들이 끔찍한 대형 총기난사 사건이 일어날 때마다 혹시 범인들의 유전형이 XYY가 아닐까 의심하곤 한다. 그러나 조사 결과 범인들의 염색체는 대부분 정상으로 드러난다. 어째서 사람들은 범죄와 폭력성이 타고나는 게 아닌지 끊임없이 의심하는 걸까?

범죄자는 타고나는 걸까

이탈리아의 정신병리학자이자 교도소 의사였던 체사레 롬브로소 Cesare Lombroso(1836~1909)는 1871년 자신이 '범죄학criminology'이라는 새로운 학문 분야를 개척하고 있음을 깨달았다. 어느 악명 높은 범죄자를 부검하는 도중 그의 두개골에서 범죄의 본성이 있다고 볼 만한 특징을 식별했다. 그는 범인의 두개골 바닥이 비정상적으로 움푹 꺼진 것을 발견했다. 그렇다면 범인의 소뇌는 정상보다 훨씬 작을 수밖에 없고 그것이 범죄와 직결된다고 확신했다.

골상학자 프란츠 요제프 갈Franz Joseph Gall(1758~1828)의 이론에 근

19세기 이탈리아의 범죄학자 체사레 롬브로소.
롬브로소는 범죄의 절대적 원인을 찾고자 범죄자들의 삶, 마음, 신체, 생활 방식, 행동의 모든 측면을 연구했다. 그는 파비아대 정신과 교수, 토리노대 법의학 교수였으며, 그가 쓴 『범죄자L'Uomo delinquent』는 유럽 여러 나라에 번역될 만큼 당대 많은 영향을 미쳤다.

거를 둔 초기의 범죄학은 이처럼 범죄가 뇌의 구조에 의해 결정된다고 주장했다. 롬브로소의 범죄 이론은 19세기 후반에서 20세기 초까지 유럽에서 널리 받아들여졌다. 사람들은 범죄자가 생물학적으로 결정되며, 타고난 악마는 결코 교화될 수 없다고 믿었다. 사형제도는 반드시 필요하다고 하나같이 입을 모았다.

   이 이론이 이후 일어난 우생학 운동에 큰 영향을 미쳤음은 두말할 필요도 없다. 1930년대에 이르러 이탈리아의 파시스트 지도자 무솔리니Benito Mussolini(1883~1945)가 제정한 인종법Leggi Razziali은 롬브로소의 이론에 기초한 것이었다. 이에 따라 유대인과 흑인은 공공기관에 취업하거나 고등 교육을 받을 권리를 박탈당했다. 그런데 아이러니한 것은 롬브로소도 유대인이었다는 사실이다. 그는 유대 민족의 후손에게 자

Fig. 1. — SALVATORE A., brigand de la Calabre.

Fig. 2. — G. SANA DE GALLUCCIO, brigand

Fig. 3. — CAVAGLIÀ, dit *Fusil*, assassin.

Fig. 4. — G. B. VENAFRO DE CASPOLI, brigand.

Fig. 5. — O....., voleur napolitain.

Fig. 6. — CARBONE, chef-brigand.

롬브로소가 주장한 범죄형 얼굴의 여섯 가지 예시.
범죄학자 롬브로소는 인간의 범죄성은 선천적으로 유전되며, 그 특성이 인간의 두개골 등 머리와 얼굴의 형태에서 발견된다고 주장했다. 영국 웰컴 컬렉션 갤러리 소장.

신도 모르게 돌이킬 수 없는 죄를 범하고 말았다.

롬브로소의 이론은 범죄가 유전된다는 단순한 추정에 그친 게 아니라 인체측정학적 데이터에 기초한 일종의 진화 이론이었다. 그가 본 것은 과거 폭력적인 인류의 조상에게서 유래했을 '격세유전atavism'*이었다. 조상들의 폭력적인 과거가 우리의 유전형질 속에 숨겨져 전해 내려왔다는 것이다. 그의 이론에 따르면 인간의 해부학적 특징을 통해 '타고난 범죄자'를 구분할 수 있다. 범죄를 막으려면 그가 자라난 환경이나 상황을 볼 게 아니라 범죄자 자체를 연구하면 된다는 말이다. 롬브로소는 범죄자에 대한 설명을 '무슨 일을 저질렀는지'가 아니라 '어떤 범죄형에 가까운지'로 바꿔놓았다.

우생학의 창시자 골턴도 유사한 주제의 논문을 다수 발표했다. 그는 인체측정학의 과정을 확립하였고, 지문식별법처럼 범죄자를 가려내는 새로운 방법에 많은 관심을 가졌다. 또한 골턴은 '본성이냐 양육이냐?nature or nurture?'라는 논쟁을 처음 시작한 인물로 잘 알려져 있다. 그는 우월한 인간과 열등한 인간은 교육적·환경적 요인보다는 타고난 본성과 유전에 따라 선천적으로 결정된다고 주장했다.

그러나 행동주의behaviorism 심리학의 창시자 존 왓슨John Broadus Watson(1878~1958)은 유전이 인간의 행동을 설명하는 유의미한 요인이라고 생각하지 않았다. 반대로 그는 인간에게 적절한 환경이 주어진다면 어떤 행동이든 원하는 대로 빚어낼 수 있다면서 이렇게 말했다.

---

* 현재는 보이지 않는 과거 조상의 형질이 몇 세대 후에 돌연 발현하는 환원유전을 뜻한다.

나에게 건강하게 잘 키운 아기 열두 명과 그들을 내 뜻대로 키울 수 있는 환경을 달라. 장담하건대, 그러면 나는 그들 중 무작위로 아무나 한 명을 뽑아서 내가 정한 그 어떤 유형의 전문가든—의사, 변호사, 예술가, 탁월한 상인, 심지어 거지나 도둑이든—될 수 있게 그들을 훈련시킬 수 있다. 아기의 재능, 기호, 성향, 능력, 소명, 조상의 인종이 어떠하든 상관없다.

인간의 행동에 대한 생물학적 기원을 찾으려는 오랜 시도가 우생학의 몰락과 함께 많은 비난을 받았다. 하지만 왓슨의 호언장담과 같이 타고난 재능과 상관없이 인간을 어떤 존재로든 빚어낼 수 있는 '빈 서판tabula rasa'처럼 여기는 시각도 편협하기는 마찬가지다. (그가 그의 자녀들을 데리고 자기 뜻대로 키우는 실험을 수행했는지, 그리고 성공했는지는 알 수 없다.) 왓슨은 인간의 행동을 형성하는 데 있어 환경적 요인만이 중요하다는 생각에 병적으로 갇혀 있었다. 인간의 행동에 결정적인 영향을 미치는 것은 과연 무엇일까?

단골 용의자 테스토스테론은 억울하다

테스토스테론은 인간의 공격성과 범죄의 원인을 호르몬에서 찾는다고 할 때 가장 먼저 의심받는 상습 용의자 중 하나다. 테스토스테론은 남성의 고환에서 분비되며, 온몸의 세포에 두루 영향을 미친다. 실제로 남성(또는 수컷)의 공격성은 테스토스테론 농도가 가장 높은 청소년기(또는 짝짓기 때의 발정기)에 크게 드러난다. 따라서 테스토스테론과 공격성은 어떻게든 연관되어 있다. 그러나 성범죄자의 범행 재발을 막기 위해 호르몬 분비를 원천 봉쇄하는 '화학적 거세' 방법을 쓰더라도 재범률을 낮추는 효과는 미미하다. 항抗남성호르몬 약물요법은 생각보다 큰 효과를 내지 못한다. 어째서 그런 걸까?

모든 공격성이 테스토스테론에 의해 생겨나는 것은 아니다. 예상과 달리 테스토스테론이 하는 일은 공격성과 폭력성을 증가시키는 것이 아니라, 사내다운 행동을 하게 만드는 것이다. 테스토스테론은 남자가 얻을 수 있는 최상의 지위를 성취하고 유지하기 위해 무엇이든 기꺼이 하게 만든다. (무엇이 사내다운 행동이냐는 물론 상황에 따라 달라진다.) 화학적 거세는 병적인 성범죄자들의 성충동을 확실히 감소시키는 데 효과를 보이지만, 그보다 심각성이 덜한 범죄자에게는 재범률을 낮출 정도로 작용하지 않는다.

그래서 영장류학자이자 신경생물학자인 로버트 새폴스키Robert M. Sapolsky(1957~)는 『행동Behave』에서 테스토스테론은 공격성의 원인이 아니라, 공격성의 원인이 되는 다른 무언가의 힘을 증폭시키는 방식으로 작용한다고 주장한다. 테스토스테론은 원래 공격적 성향이 있는 사람에게만 공격성을 높인다는 것이다. 반대로 사내답게 잘 참는 사람에게는 더 차분히 더 오래 인내하게 만들 수도 있다는 말이다. 실제로 호르몬의 작용은 본래 그것을 분비하는 생명체가 처한 환경과 맥락을 크게 벗어나지 않는다.

그러니까 일반적으로는 테스토스테론의 농도가 높은 사람의 순서대로 공격적 성향의 순서가 정해지는 것은 아니라는 뜻이다. 공격성

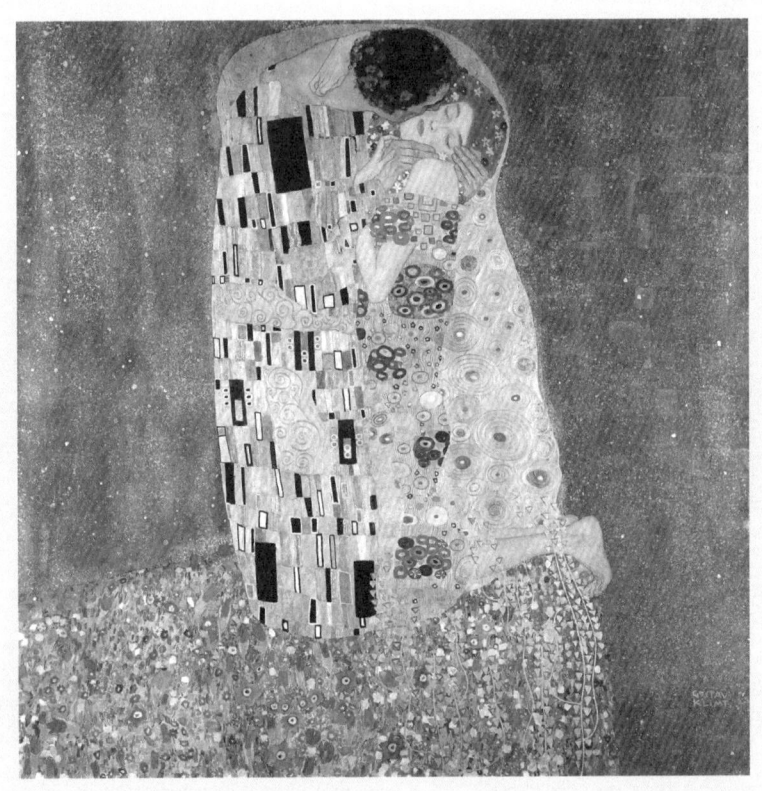

「키스」(구스타프 클림트, 1907~1908).
옥시토신은 성적 접촉 시 남녀 모두에게서 많이 분비되며 사랑과 애착, 신뢰와 같은 감정을 북돋워주기 때문에 '사랑의 호르몬'이라고 불린다. 빈 벨베데레 궁전 소장.

은 테스토스테론의 결과물이 아니다. 공격성이란 사실 호르몬보다 사회적 학습에 더 의존해 발생하는 경향이 있다. 테스토스테론은 건전한 환경에서는 친사회성prosociality을 촉진한다. 이런 결과는 범죄의 발생에서 환경이 얼마나 중요한지를 재차 역설한다.

테스토스테론이 받고 있는 억울한 오명의 일부는 어쩌면 옥시토신이 대신 받아야 정당하다. 옥시토신은 뇌하수체 후엽posterior pituitary에서 분비되는 호르몬으로 여성에게서는 산모의 자궁 수축을 유도해 출산을 돕고, 모유의 분비를 촉진하는 기능을 한다. (옥시토신은 그리스어로 '빠른 분만'이라는 뜻이다.) 사랑과 애착, 신뢰 등의 감정을 북돋워주기 때문에 흔히 '사랑의 호르몬'이라고도 불린다. 옥시토신은 보통 출산과 육아와 관련이 크다보니 여성호르몬으로 오해받곤 하는데, 이는 성행위 시 오르가슴을 느낄 때 남녀 모두에게서 분비되며 서로 더 깊은 애정과 유대감을 느끼게 만든다.

이렇게 멋진 호르몬을 장삿속 밝은 사람들이 그냥 둘 리 없다. 옥시토신을 콧속 비강으로 흡입할 수 있도록 만든 스프레이가 얼마 전부터 공식 판매되고 있다. 사람들을 만나러 나갈 때 뿌리면 신뢰감과 공감 능력을 높이고 친밀함을 유지하는 데 도움이 된다고 한다.

그러나 앞서 제3장 끝부분에서 짧게 언급한 바 있지만, 옥시토신에도 의외로 어두운 면이 공존한다. 옥시토신은 나와 친밀한 가족이나 연인, 친구나 동료들 사이에서는 친사회성을 높이는 역할을 하지만, 낯선 사람이나 위협감을 주는 타인에게는 공격성을 드러내게 만든다. 자식을 보호하려는 모성 본능이, 자식에게 위협이 되는 존재를 향해서는 과격한 형태로 변형될 수 있는 것이다.

이는 어쩌면 모든 호르몬의 기본 속성인지도 모른다. 테스토스테론이 원래 공격성이 있는 사람의 공격성을 높여주듯이 옥시토신도 원래 가까운 사람들 사이의 관계에서만 친밀감을 높여주는 방식으로 작동한다. 우리가 '이기적 유전자'라고 부르는 것이 정말 있다면 옥시토신 유전자는 아마도 유력한 후보 중 하나가 될 것이다. 호르몬은 만능이 아니다. 그것을 분비하는 생명체가 처한 환경적 맥락 내에서만 본래의 기능을 수행할 수 있다.

범죄 유전자, 드디어 발견되다

지난 2014년 스웨덴 카롤린스카 연구소에서 '범죄 유전자'를 찾아냈다는 소식이 들려왔다. 핀란드에 수감 중인 범죄자 895명의 유전자를 분석해 심각한 폭력 범죄의 약 5~10퍼센트가 MAOA 또는 CDH13 유전자형과 연관되어 있음을 보고한 것이다.[*] 연구 결과 이 유전자에 돌연변이가 일어난 경우 경미한 범죄와는 별 상관없지만, 수차례 살인을 저지르거나 미수에 그치거나 또는 극단적 폭력을 쓰는 범죄 행위와 높은 관련성을 갖는다고 했다.

MAOA 유전자는 모노아민 산화효소 A$^{monoamine\ oxidase\ A}$를 만드는데, 이 효소는 뇌에서 아민^{amine}기를 하나 가지고 있는 신경전달물질, 즉 세로토닌·도파민·노르에피네프린을 분해하는 역할을 한다.

---

[*] Tiihonen, J. et al. (2015) 논문 참조.

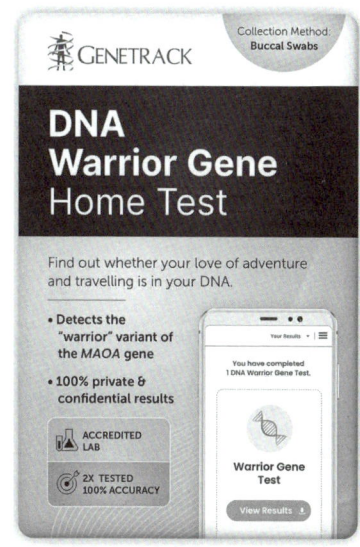 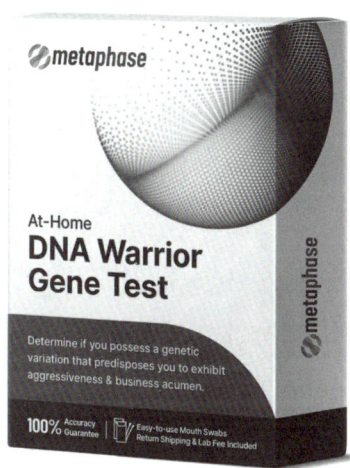

유전자 분석 업체에서 판매하고 있는 전사 유전자 테스트 키트.
전사 유전자라 불리는 MAOA 유전자의 특정 변이를 가정에서 간단하게 검출할 수 있는 자가 채취 키트. 약 150달러의 비용으로 온라인으로 주문 가능하며, 공격성 및 위험 감수성과 관련된 분석 결과를 역시 온라인으로 간편하게 확인할 수 있는 서비스를 제공한다.

MAOA의 활성이 정상보다 떨어지는 유전자형을 가진 사람은 신경전달물질의 회전율이 낮아지기 때문에 충동적인 반사회적 행동을 나타낼 수 있다는 것은 이미 알려져 있다. 그래서 언론에서는 활성이 낮은 MAOA 유전자 변이체를 수년 전부터 '전사 유전자warrior gene'라 부르기도 했다.** (언론은 이 명칭에 특히 비상한 관심을 쏟았는데, 호전적인 뉴질랜드의 마오리족Māori에 이 유전자 변이체를 지닌 사람의 비율이 매우 높다는 사실

** Gibbons, A. (2004) 논문 참조.

이 알려졌기 때문이다.)

    사실 그간 수행되어온 MAOA 유전자 변이체에 관한 많은 연구는 큰 혼동을 가져왔다. 세간의 믿음과 다른 결과들이 많았기 때문이다. 세로토닌은 우리의 기분을 좋게 만들고 행복감을 느끼게 하기 때문에 흔히 '행복 호르몬'이라고 불려왔다. 그러나 우리의 직관이나 통념과는 반대로, 세로토닌을 더 증가시키는 돌연변이가 생기면 오히려 더 큰 공격성이 나타나는 것이었다. 세로토닌 수송체를 만드는 5HTT 유전자에 변이가 일어나 시냅스에 세로토닌이 많아지면 충동적 공격성이 높아졌다. MAOA를 아예 생산하지 못하는 사람들에게 반사회적 행동이 더 자주 나타났다.

    이런 골치 아픈 생화학적 미스터리에 대중이 큰 관심을 보이는 이유 중 하나는 MAOA 유전자가 하필 X 염색체상에 놓여 있다는 점 때문일 것이다. 따라서 이 변이체의 나쁜 영향은 여성보다는 남성에게 더 결정적으로 작용할 가능성이 높다. (여성의 경우 MAOA 유전자가 두 개 있으므로 하나가 망가지더라도 나머지 하나로 문제를 해결할 수 있다.) MAOA가 결핍되면 IQ가 낮아진다는 연구 결과도 있다. 그리고 낮은 IQ는 범죄와 폭력의 원인으로 종종 지목된다.[*] 게다가 끔찍한 살인을 저지른 범죄자임에도 이 '전사 유전자'를 가지고 있었다는 이유로 정상 참작되어 재판에서 예상보다 낮은 형량을 선고받은 사례가 지금까지 적어도 두 건이 있었다.[**] 실제로 남성의 범죄율을 높이는 이유가 이 유전자 때문일까? 이 유전자 변이가 있으면 범죄를 저질러도 감형을 받는 것이

---

[*]   Farrington, D.P. (2000) 논문 참조.
[**] https://www.nature.com/articles/news.2009.1050 기사 참조.

범죄심리학자 에이드리언 레인.
레인은 반사회적이고 폭력적인 행동의 신경생물학적 원인에 대한 연구로 잘 알려져 있다. 그는 살인범의 뇌를 연구하기 위해 단층 촬영 영상을 사용한 최초의 정신병리학자다.

온당한가?

그러나 『폭력의 해부 The Anatomy of Violence』를 쓴 범죄심리학자 에이드리언 레인 Adrian Raine(1954~)은 흥미로운 예를 들어 이를 반박한다. 활성도가 낮은 MAOA 유전자 변이체는 백인 남성에게서 34퍼센트, 마오리족에게서 56퍼센트 발견된다. 한편 중국인 남성의 경우 무려 인구의 77퍼센트에서 발견될 정도로 매우 높게 나타난다. 하지만 중국인의 살인율은 인구 10만 명당 2.1명꼴로 매우 낮은 수준이라는 것이다. 유전자만 보면 중국인들은 모두 '전사'의 후예처럼 보이지만, 같이 지내다 보면 '천사'(?)의 후예라고 말해주는 통계라고나 할까. 민족 간 범죄율의 차이가 이른바 '범죄 유전자' 때문에 나타난다고 결론짓기는 어렵다. 왜냐하면 MAOA 유전자와 아동 학대 비율에 대한 상호연관성이 백인 남성에게만 나타나며, 백인이 아닌 다른 인종에게는 전혀 나타나지 않았다는 연구 결과가 있기 때문이다.*

MAOA에게 '범죄 유전자' 또는 '전사 유전자' 같은 불쾌한 별명을 붙이는 것이 과연 옳은지 고민해볼 만한 또 다른 이유가 있다. MAOA는 사실 '다면발현성pleiotropic' 유전자다. 한두 개가 아니라 매우 다양한 표현형에 영향을 주는 멀티플레이어 유전자라는 뜻이다. MAOA 유전자는 알츠하이머, 자폐증, 골밀도, 우울증, 고혈압, 불면증, 지능, 기억력, 비만, 조현병, 불안장애 등 다양한 현상 및 질병에 고루 영향을 미친다. 이 모든 것들을 하나로 모아 '범죄'라는 딱지를 붙인다니 불합리하지 않은가.

내 잘못이 아니라 유전자 때문이야

핀란드 교도소의 재소자를 대상으로 한 앞선 연구에서 또 하나의 범죄 유전자로 지목된 CDH13은 본래 신경세포의 접착 단백질cell adhesion molecule인 카데린cadherin 13을 만드는 유전자다. 카데린 13은 뇌에서는 세포 간 신호체계를 지원하는 역할을 하지만, 신체의 다른 부위에서는 지방의 산화를 증가시켜 체중을 조절하는 아디포넥틴adiponectin 단백질의 농도를 결정하기도 한다. 그런데 이 유전자에 돌

---

* Widom, C.S. & Brzustowicz, L.M. (2006) 논문 참조.

연변이가 일어난 변이체는 신경발달장애나 정신질환으로 인한 반사회적 행동을 일으킬 위험이 있다고 알려졌다. 또한 도파민 신호 전달에 이상을 일으키기 때문에 과거에 주의력 결핍 과잉행동장애attention deficit hyperactivity disorder(ADHD)나 자폐 스펙트럼 장애autism spectrum disorder(ASD)의 원인으로도 보고된 적이 있다. 실제로 해당 논문에는 재소자들의 25~30퍼센트가 ADHD 증상을 나타냈다고 적혀 있다.

그밖에 반사회적이고 공격적인 행동과 관련된 또 다른 유전자 후보들로는 5HTT, DAT1, DRD2, DRD4, COMT 등이 알려져 있다. 이들을 포함해 지금까지 보고된 거의 모든 유전자들은 세로토닌과 도파민이라는 신경전달물질을 분비하고 조절하는 것과 직결되어 있다. 이 두 가지는 뇌의 기능에 필수적인 화학물질이다. 분비량에 따라 우리의 인지, 기분, 행동까지 변화시킬 수 있다. 그렇다면 이들 유전자에 변이가 일어나 대사 조절이 어려워지면 당연히 다른 징후가 나타나게 된다.

세로토닌 대사를 조절하는 데 실패하면 우울증, 섭식장애, 분노조절장애로 이어질 수 있고, 도파민 대사를 조절하는 데 실패하면 동기 부여, 보상과 쾌락 추구의 행동에 오류를 일으킬 수 있다. 너무 적어도 문제, 너무 많아도 문제다. 도파민 결핍은 기억력 장애에 이어 치매, 파킨슨병, 무기력증을 일으킬 수 있고, 도파민 과잉은 조현병schizophrenia이나 과대망상의 원인이 된다. 석연치 않은 부분은 이런 병적인 증상들이 범죄와 항상 연결되는 것은 아닌데도 사람들은 이 유전자들을 '범죄 유전자'라고 부르기를 서슴지 않는다는 사실이다.

우리의 의식적인 행동은 무엇보다 유전의 영향으로 형성된 무의식적인 토대에서 유래한다. 이 토대에는 민족의 혼을 구성하는 조상 대대로 내려온 무수한 잔재가 들어 있다. 공개적으로 인정하는 우리 행동의 원인 뒤에는 물론 우리가 털어놓지 않은 숨겨진 원인이 있지만, 이 숨겨진 원인 뒤에는 우리 자신이 알지 못하기 때문에 더욱 숨겨져 있는 많은 원인이 있다. 우리의 일상적인 행위 대부분은 우리가 그냥 지나치는 숨겨진 동기의 결과에 불과하다. 한 민족에 속하는 모든 개인이 서로 닮은 것은 그 민족의 혼을 형성하는 특히 무의식적인 요소 때문이며, 그들이 서로 다른 것은 의식적인 요소—이것은 교육의 결과지만 무엇보다 특별한 유전의 결과다—때문이다.

사회심리학자 귀스타브 르봉Gustave Le Bon(1841~1931)의 『군중심리학Psychologie des foules』에 나오는 구절이다. 19세기 말에 쓰여진 이 책에 나오는, 그것도 개인이 아닌 군중의 행동을 설명하는 구절이지만 마치 20세기 말에 알려지기 시작한 인간 행동에 미치는 유전자의 영향을 모두 이해하고 예언하듯 쓴 것처럼 보인다.

어째서 이런 구절이 우리의 마음을 잡아끄는 걸까? 인간이란 근본적인 설명을 찾는 존재라서, 어떤 사건에 영향을 미치는 요소들이 얼마나 복잡하게 얽혀 있든지 간에 우리는 숨어 있는 본질에서 원인을 찾는 것에 큰 매력을 느낀다. 사물의 근원적 원인 때문에 지금 이러한 모습이 되었다는 '본질주의적' 믿음은 인간의 가장 보편적이고 끈질긴 심리적 편향 중 하나다. 『유전자는 우리를 어디까지 결정할 수 있나 DNA is Not Destiny』를 쓴 문화심리학자 스티븐 하이네는 이를 '유전자 본질주의'라고 불렀다. 유전자야말로 지금 일어나는 사건의 궁극적인 원인이라는 믿음이 유전자에 대한 우리의 사고방식을 잘못된 방향으로 이끈다.

DAT1 유전자는 섹스 파트너가 몇 명이냐를 결정하는 것과도 관련이 높다는 연구 결과가 있다.* 물론 문란한 관계 때문에 폭력과 범죄를 저지를 가능성이 높아질 수도 있다. DRD2는 음주량과 음주 습관에 영향을 미친다. 따라서 DRD2 변이체를 가진 사람은 알코올 중독에 빠질 위험이 커진다. 그런 습관이 폭력을 더 자주 불러올 수도 있을 것이다. 도파민 수용체를 만드는 DRD4 유전자에는 아예 '바람둥이 유전자'라는 별명이 붙어있을 정도다. 이처럼 도파민 대사조절에 관여하는 유전자 변이체를 소유한 이들은 선천적으로 호기심이 지나치게 많고 충동적인 행동을 하기 쉽다.

그렇다고 이런 성향들이 언제나 범죄와 연결되는 것은 아니다. 더 많은 자극을 추구하는 탓에 오히려 더 참신하면서도 번뜩이는 아이디어의 예술작품을 만들 수 있다. 남들보다 두려움이 없어서 아무도 도전하지 않는 미지의 영역에 뛰어들어 훌륭한 성과를 낼 수도 있다. 즉 흥적이고 충동적인 성격 탓에 선뜻 자선단체에 거액을 기부하는 결정을 내리기도 한다. 어째서 이런 성향을 만드는 유전자들이 범죄의 원인으로만 거론되어야 하는 걸까? 앞서 소개한 카롤린스카 연구소의 논문에서도 분명히 밝히고 있듯이, 이들이 찾아낸 두 개의 유전자 MAOA와 CDH13에 '범죄 유전자'라는 오명이 따라 붙긴 했어도 결과적으로 이들은 전체 범죄의 5~10퍼센트만 설명할 수 있을 뿐이었다.

---

* Beaver, K.M. et al. (2008) 논문 참조.

'나쁜 유전자'를 비난한 트럼프 미국 대통령.
최근 재선에 성공한 트럼프 미국 대통령은 공화당 대선 후보였던 지난 2024년 10월 바이든 정부의 국경 정책을 비판하는 과정에서 이민자들이 갖고 있는 '나쁜 유전자bad genes' 때문에 살인과 같은 강력 범죄가 발생하고 있으며, 미국의 피가 심각하게 오염되고 있다고 주장했다.

유전자는 환경의 영향을 압도하는가

어떤 질환이나 성향에 유전이 얼마나 관여하는지 알아보는 데는 쌍둥이 연구가 최고다. 그중에서도 일란성 쌍둥이는 유전자가 거의 일치하기 때문에 유전학자들에게는 자연이 준 선물이나 다름없다. 일란성 쌍둥이의 매력에 이끌려 엄청난 수의 쌍둥이를 대상으로 비교연구를 한 인물이 있다. 그는 '죽음의 천사Angel of death'라고 불렸던 요제프 멩겔레[Josef Rudolf Mengele(1911~1979)]였다.

멩겔레는 나치 독일의 내과의사로 제2차 세계대전 중 잔혹한 생체실험으로 악명을 떨쳤다. 그는 의학 연구라는 미명 아래 무려 40만 명에게 생체실험을 실시했는데, 그중 쌍둥이 실험으로만 약 1,600명을 희생시킨 것으로 알려져 있다. 역사가 말해주듯 대부분은 수용소로 실려 온 유대인이었다. 그는 수감자 중 쌍둥이가 발견되면 매우 기뻐하면서 실험을 위해 특별히 대우하며 관리하곤 했다.

그러나 멩겔레의 실험은 대부분 인면수심의 비인간적인 것들이었다. 그는 쌍둥이의 신체 기관을 떼어내 서로 바꿔놓는가 하면, 한 사람의 혈액을 모두 뽑아내 다른 사람에게 주입하고 이상 반응을 살폈다. 차가운 얼음물에서 얼마나 오래 버티는지, 바닷물만 마시게 했을 때 얼마 만에 죽는지 실험했다. 눈 색깔을 아리아 인종처럼 파랗게 만들 수 있는지 확인하기 위해 눈에 약물을 주입하거나 독성 물질에 대한 내성 실험도 자행했다. 제대로 된 과학적 기준이나 체계 없이 잔혹하게만 이루어진 실험도 안타까운 일이지만, 전쟁이 끝날 무렵 그가 아우슈비츠를 탈출하면서 실험 기록을 대부분 비밀리에 파기했기 때문에 구체적인 데이터가 거의 남아있지 않으니, 무고한 희생이 더욱 무익하게 되어버리고 말았다.

이렇게 인간의 존엄성을 파괴한 비극적인 선례로 인해 쌍둥이 연구는 오랫동안 비윤리적이라는 누명을 써왔다. 그러나 1970년대 들어 행동유전학 분야에서 쌍둥이 연구가 다시 활발해지기 시작했다. 특히 1979년 미네소타대에서 수행한 일란성 쌍둥이 연구는 유전과 환경을 비교 연구하는 데 활로를 열었다는 평가를 받았다. 이른바 '미네소

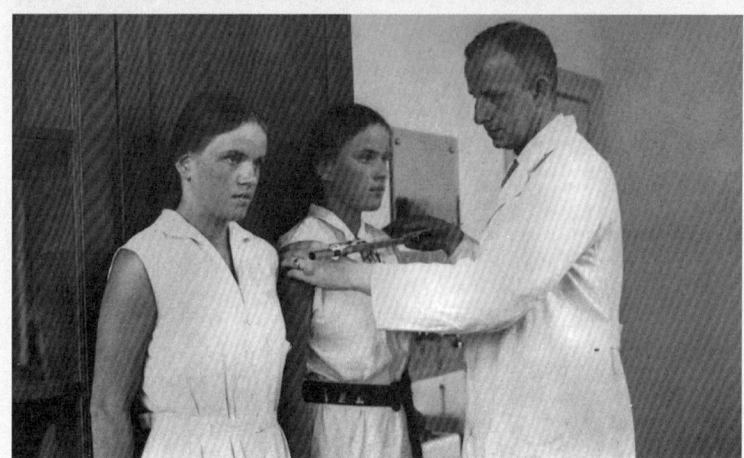

(위) '죽음의 천사' 요제프 멩겔레(1944).
악명 높은 아우슈비츠의 지휘관 리하르트 베어(왼쪽)와 루돌프 헤스(오른쪽) 사이에 요제프 멩겔레가 서 있다. 그는 무려 1,600명의 쌍둥이를 대상으로 잔인한 생체실험을 자행한 것으로 알려졌다.
(아래) 독일의 유전학자 오트마어 폰 페르슈어.
카이저 빌헬름 연구소에서 쌍둥이 여성의 신체를 측정하고 있다. 멩겔레는 스승 페르슈어의 영향을 받아 쌍둥이 연구에 집착했다.

타 쌍둥이 연구Minnesota twin study'다.* 연구진은 어른이 되고 나서 재회할 때까지 상대의 존재를 전혀 몰랐던 쌍둥이들을 100쌍 넘게 찾았다. 즉 출생 직후 떨어져 서로 다른 가정에서 자란 일란성 쌍둥이들이었다. 이들은 같은 유전자를 공유하면서도 전혀 다른 환경에서 성장했기 때문에 이론상 유전과 환경의 영향을 비교하기 적합하다고 여겼다.

연구에서 가장 유명한 결과는 IQ의 70퍼센트가 유전적 변이에 의해 설명될 수 있다는 결론이었다. 함께 자란 이란성 쌍둥이의 IQ 상관계수는 0.6인데 비해 다른 환경에서 자란 일란성 쌍둥이는 0.7로 조금 더 높았던 것이다. 또한 이들은 성격과 기질, 직업과 취미 등 많은 면에서 유사성이 매우 높았다. 연구 결과는 인간의 기본적인 기질과 능력에서 유전적 영향이 생각보다 훨씬 크다는 주장을 뒷받침했다.

그러나 이 결과가 환경이 완전히 무의미하다는 것을 뜻하지는 않는다. 서로 다른 환경에서 자랐다는 이 쌍둥이들은 정말 '완전히 다른' 환경에서 자랐을까? 서로 다른 언어를 쓰는 환경이면 완전히 다른 걸까? 서로가 믿는 종교는 얼마나 달라야 완전히 다르다고 볼 수 있을까? 집안 형편은 또 어떨까? 일론 머스크 같은 갑부의 집안에서 철없이 자란 경우와 가난하고 병든 부모 아래서 일찍이 소녀가장으로 자란 경우처럼 비교가 안 될 정도의 차이였을까? 사람이 살아가면서 처하는 환경이 한결같이 극단적으로 다르기란 쉽지 않다. 일란성 쌍둥이만큼 유전자가 동일하게 제어되듯이 사람이 살아가는 환경을 원하는 만큼 일정하게 통제한다는 것은 사실상 불가능하다.

---

*   Bouchard Jr., T.J. et al. (1990) 논문 참조.

유전자가 폭력과 범죄 행위에 강력한 영향력을 끼칠 수 있다는 점은 분명하다. 그러나 우리의 의지로, 또는 환경의 변화로 제어할 수 없는 정도는 아니라는 점도 부인하기 어렵다. 새폴스키는 『행동』에서 유전자의 중요성을 인정하면서도 유전자와 환경 사이의 상호작용이 훨씬 더 중요하다고 항변한다. 그는 MAOA 유전자 변이체를 가진 사람의 경우, 오로지 아동기에 심한 학대를 경험했을 때만 반사회적 행동을 보일 확률이 매우 높아진다는 사실을 발견했다.* (이 논문은 무려 1만 회 이상 인용되었다!) 어릴 때 화목한 가정에서 자란 경우는 똑같은 유전자 변이체가 있더라도 범죄의 문제가 전혀 없었다. 리처드 랭엄도 그의 책 『한없이 사악하고 더없이 관대한』에서 똑같은 지적을 한다. MAOA 유전자 변이체가 그 자체로 주도적인 공격성이나 사이코패스 성향과 관련이 있다는 징후는 없다는 것이다. 그는 MAOA 변이체와 아동 학대 경험이 서로 얽히며 상호작용한다는 것을 발견했는데, 그것은 유전적 영향이란 것이 결코 '진공 상태'에서 발생하지 않는다는 사실을 말해준다고 강조한다.

또한 '바람둥이 유전자'인 DRD4의 변이체를 가진 사람들은 자신의 짝에게 좀처럼 만족하지 못하고 불륜 행각을 벌인다고 알려져 있는데, 어릴 때 부모와의 애착 관계가 불안정했거나 매우 가난하게 자란 경우에만 그런 성향을 보이는 것으로 드러났다.** 그렇지 않으면 특별히 바람 피울 생각을 하지 않았다는 것이다. 세로토닌 수송에 문제를

---

* Caspi, A. et al. (2002) 논문 참조.
** Bakermans-Kranenburg, M.J. & van Ijzendoorn, M.H. (2011) 논문과 Sweitzer, M.M. et al. (2013) 논문 참조.

신경내분비학자 로버트 새폴스키.
스탠퍼드대 신경과학 교수인 새폴스키는 인간을 비롯한 영장류의 스트레스를 연구하는 세계 최고의 신경학자로 평가받는다. 그는 스트레스가 뇌의 해마 세포를 파괴한다는 사실을 입증하며 학계에 큰 반향을 불러왔다. 『스트레스』(1994)와 『행동』(2017) 등 여러 대중과학서를 썼다.

일으키는 5HTT 유전자 변이체도 스트레스와 상호작용을 한다. 이 변이체를 가진 사람은 직장에서 해고당하거나 배우자와 사별하는 등 극심한 스트레스를 받을 때 우울증에 걸릴 확률이 2.5배 높은 것으로 나타났다. 반면 주변 상황이 좋을 때는 별다른 문제가 일어나지 않았다. 우리는 유전자가 단독으로 무슨 역할을 수행하는지 묻는 게 아니라, 유전자가 특정 상황과 맥락에 놓였을 때 어떤 일이 일어나기 쉬운지를 물어야 한다.

새폴스키는 '내 잘못이 아니라 유전자 때문이야'라는 섣부른 핑계를 그만두라고 말한다. '유전자 결정론genetic determinism' 같은 허튼소리는 기각되어야 한다고 주장한다. 하나의 유전자가 곧바로 특별한 행동이나 질병을 결정하는 것이 아니다! 그것이 환경적 요인과 상호작용하는 방식이 중요하다. 어떤 사람에게 유전적 결함이 발견된다면, 그것은 '운명'이 아니라 '위험성'에 대해 말해줄 뿐이다. 유전자가 우리의 행동에 커다란 영향을 줄 수는 있다. 그러나 그것이 결코 우리의 행동을 지배하거나 결정한다고 볼 만한 근거는 없다.

'멋진 신세계'는 환경과 양육의 세계

타고난 범죄자가 있을까? 그렇지 않다. 물론 생애 초반에 영향을 미치는 생물학적인 요인이 일부 아이들이 성인이 된 후 범죄자가 되게끔 벼랑으로 내모는 결과를 유발할 수는 있다. 그러나 저주받은 범죄자를 의미하는 '카인의 표식mark of Cain'이 여전히 생물학적 기반 위에 놓여 있다 해도, 궁극적으로는 유전자보다 환경적 과정이 더 중요하다고 말할 수 있다. 어째서 그러냐고? 이미 태어난 이상 유전자는 어찌할 수 없지만 환경은 이제부터 내가 어떤 선택을 하느냐에 따라 변하기 때문이다. 그리고 그렇게 말하는 것이 교육적 효과를 위해서도, 민주주의 사회의 평등한 일원으로 더불어 살아가기 위해서도 훨씬 더 많은 면에서 유익하다.

신체적 특성이나 행동을 형성하는 데 유전자와 환경이 각각 얼마나 중요하게 작용하는지 수량화해 나타낼 수 있다. 통계적 방법을 이

「하나님의 진노를 피해 도망치는 카인」(윌리엄 블레이크, 1826).
우리는 유전자가 단독으로 무슨 역할을 수행하는지 물을 게 아니라, 유전자가 특정 상황과 맥락에 놓였을 때 어떤 일이 일어나기 쉬운지 물어야 한다. 유전자가 환경과 상호작용하는 방식이 중요하다. 런던 테이트 브리튼 소장.

용해 '유전율heritability'을 계산하면 된다. 유전율은 0에서 100퍼센트 (또는 0에서 1) 사이의 값으로 나타내는데, 유전으로 아무것도 설명할 수 없으면 유전율이 0퍼센트가 되고 유전으로 모든 것을 설명할 수 있으면 100퍼센트가 된다. 예를 들어 어떤 사람이 무슨 언어를 사용하느냐는 완전히 환경에 의해 결정되므로 유전율이 0퍼센트이고, 혈액형이 무엇이냐는 순전히 유전에 의해서만 결정되므로 유전율이 100퍼센트가 된다. 유전율이 50퍼센트인 형질이 있다면 그것은 대체로 유전이 절반, 환경이 절반의 영향을 미친다고 해석할 수 있다.

5_ 범죄 유전자

그러나 여기에 오해하기 쉬운 부분이 있다. 사람의 키 유전율은 약 80퍼센트로 알려져 있다. 그런데 그것은 만약 내 키가 2미터라고 가정했을 때 그중 80퍼센트에 해당하는 160센티미터는 유전으로, 나머지 20퍼센트에 해당하는 40센티미터는 환경으로 결정된다는 뜻이 아니다. 키의 유전율이 80퍼센트라는 말은 어떤 두 사람의 키 차이를 설명할 때 그 차이의 80퍼센트는 유전적 원인으로, 나머지 20퍼센트는 환경적 원인으로 설명할 수 있다는 뜻이다. 그러니까 어떤 특성이 유전될 수 있다는 말은 언제나 집단 수준에서만 의미를 가진다. 유전율은 유전이 특정 개인에게 정확히 어떤 영향을 미치는지에 대해서는 말해주지 않는다. 게다가 유전율 자체가 환경에 따라 달라질 수도 있다. 사람들의 영양 상태가 좋은 나라에서는 키 유전율이 높지만, 영양 상태가 만성적으로 나쁜 나라에서는 환경 요인이 훨씬 더 중요해진다.

지능의 유전율은 일반적으로 50~70퍼센트로 알려져 있다. 숫자만 보면 유전의 영향이 절반을 넘으므로 유전자의 역할이 매우 커 보이지만, 사실은 지능이 유전만으로 결정되는 게 아니라 교육 등 환경에 따라 크게 달라질 수 있음을 발견하게 된다. 사람의 성격과 행동의 유전율은 대체로 40~60퍼센트인데, 본성과 양육이 모두 중요하다는 것을 알 수 있다. 그럼에도 유전자의 작용을 좌우하는 것이 대부분 환경적 요인임을 감안한다면 그 중요성을 결코 무시해서는 안 된다는 의미다. 유전자는 모든 형태의 환경에 영향을 받아 그 발현이 조절되므로 환경적 맥락을 떠나서는 아무런 의미를 가질 수 없기 때문이다.

따라서 우리가 유전율을 가지고 개인이 왜 어떤 질병에 걸렸는지, 어째서 특정 범죄를 저질렀는지 설명하는 것은 적절치 않을 수 있다.

기네스북에 실린 세계 최장신 남성 술탄 쾨센과 최단신 여성 죠티 암지.
튀르키예의 42세 남성 쾨센의 키는 251센티미터이고 인도의 31세 여성 암지의 키는 62.8센티미터로, 두 사람의 키 차이는 무려 190센티미터에 달한다. 키의 유전율은 특정 개인의 키를 설명해주는 것이 아니라, 다른 두 사람의 키 차이를 설명하고자 할 때 유전적 원인이 얼마나 되는지를 말해준다. 유전율은 환경에 따라 달라질 수도 있다.

의심이 가는 특정 유전자 변이체를 교정하거나 제거한다면 성격을 바꾸거나 행동을 제어할 수 있으리라 기대하는 것도 바람직하지 않다. 유전자가 가지는 '다면발현성'은 어떤 유전자가 특정 질병이나 나쁜 행동에만 영향을 주는 것이 아니라, 우리가 알지 못하는 사이에 아주 긍

유전자 교정 아기를 탄생시킨 허젠쿠이.

중국남방과학기술대 교수 허젠쿠이는 지난 2018년 11월 세계 최초로 유전자 가위를 사용해 유전자를 교정한 쌍둥이 맞춤아기를 탄생시켰다. 그는 인간 배아에서 유전자 편집을 불법적으로 수행한 죄로 징역 3년과 벌금 300만 위안을 선고받았다.

정적이고 필수적인 면을 책임질 수도 있음을 말해준다. 따라서 유전자를 함부로 교정하거나 제거하는 것은 매우 위험한 일이다.

지난 2018년 중국의 과학자 허젠쿠이賀建奎는 후천성면역결핍증 AIDS에 걸리지 않도록 유전자를 교정한 쌍둥이 아기를 탄생시켰다. 그가 교정했던 유전자는 CCR5였다. CCR5는 AIDS를 일으키는 HIV 바이러스의 수용체로, 이를 제거하면 이론적으로 HIV가 면역세포로 침투하는 것을 막을 수 있다. 당시 전 세계적인 비난이 쏟아지자 허젠쿠이는 AIDS에 걸리지 않게끔 좋은 의도로 유전자를 교정한 것이 무슨 문제가 되느냐고 반문했다.

그러나 좋은 의도가 언제나 좋은 결과로만 이어지리란 보장은 없다. 유전자 교정의 세계에서는 더욱 그렇다. CCR5 유전자를 제거하면 AIDS는 예방할 수 있을지 모르지만, 웨스트 나일 바이러스West Nile virus 같은 또 다른 감염 위험에 훨씬 더 취약해질 수 있다.* 또한 CCR5가 없으면 사망률이 20퍼센트 이상 증가한다는 연구 결과도 보고되었다.** 이제 막 일곱 살이 되었을 쌍둥이의 건강상태가 어떤지는 알려진 바 없이 여전히 베일에 싸여 있다.

올더스 헉슬리의 『멋진 신세계』에는 이런 장면이 있다. 인공부화를 통해 최상위 알파 계급의 아기와 최하위 엡실론 계급의 아기를 구분해 태어나게 하는 일을 담당한 연구원에게 연구소 소장이 말한다. "엡실론 계급의 태아는 엡실론적 유전뿐 아니라 엡실론적 환경을 부여받아야 한다는 것쯤 자네는 생각하지 못하나?"

이는 낮은 사회계급에 허드렛일을 하게 될 엡실론 아기들을 표준 이하의 존재로 만들기 위해서 유전적 조작 외에도 태아에게 공급하는 산소의 양을 줄여 지능을 떨어뜨리는 등의 추가적인 조작이 필요하다는 지시였다. 정부는 또한 이렇게 태어난 아기들이 꽃과 책을 혐오하도록 극단적인 조건반사 훈련 과정을 반복하고 공포를 주입했다. 그뿐이 아니다. 그들이 사회에 불만을 갖지 않게 문란한 성생활을 허용하고 소마soma라는 마약을 매일 제공했다.

이 책은 유전자 조작을 통해 사회를 계급화하는 디스토피아적 미래를 그린 소설로 알려져 있지만, 실제로는 전적으로 '환경'과 '양육'에 관한 이야기다. 헉슬리가 창조한 신세계는 유전의 지옥이 아니라 '환경의 지옥'이었다. 유전자가 동등할수록 양육의 역할이 중요해지고,

---

* Glass, W.G. et al. (2006) 논문 참조.
** Wei, X. & Nielsen, R. (2019) 논문 참조.

사회가 평등해질수록 유전자의 차이는 더 크게 영향을 미친다. 우리가 유전자 교정을 통해 더 나은 인간과 더 좋은 세상을 만들고자 한다면, 아이러니하게도 환경의 역할이 훨씬 더 중요해진다.

범죄는 정말 감소하고 있을까

2013년 개봉한 「더 퍼지 *The Purge*」는 일 년에 단 하루, 정확히는 12시간 동안 모든 종류의 범죄를 허용하는 숙청의 날 '퍼지 데이'를 소재로 한 영화다. 매년 3월 1일 저녁 7시부터 다음날 아침 7시까지 모든 공공기관이 멈추고 법과 공권력은 효력을 잃는다. 이 하룻밤 동안 살인을 비롯해 모든 '묻지마 범죄'를 허용하는 정책을 시행한 결과로, 영화 속의 2022년 미국 사회는 실업률과 범죄율이 단 1퍼센트에 불과한 지상낙원이 되었다. 물론 가상의 설정이지만 인간의 본성에는 폭력성이 뿌리깊이 자리하고 있다는 심리학적 판단이 배경에 깔려 있다. 폭력성을 적절히 해소해준다면 훨씬 더 살기 좋은(?) 세상이 만들어질 수 있다는 작중 믿음은 다분히 역설적이다.

인간의 사망 원인 중 약 2퍼센트는 폭력적 범죄에 의한 것이다. 살인, 전쟁, 처형, 그리고 식인 풍습과 영아살해 infanticide까지 우발적인 것보다 계획적인 경우가 더 많다. 진화생물학적으로 볼 때 인간은 애초부터 폭력적이었다. 영장류 중에서는 특히 인간과 침팬지가 전쟁과 같은 '주도적 연합 공격'을 상습적으로 자행한다고 알려져 있는데, 최정균 교수는 『유전자 지배 사회』에서 그 이유를 자연적인 상태에 적응하려는 진화적 전략의 결과로 폭력성이 선택되었기 때문이라고 설명한다. 그 증거로 교감신경의 활성이 높게 유지되도록 하는 ADRA2C 유전자 변이체가 유독 현대인과 침팬지의 DNA에서 많이 발견되었다는 데이터를 제시한다.* 저자는 문명 때문이 아니라 생물학적인 본능 때문에 인간은 오래전부터 폭력적일 수밖에 없었고, 따라서 루소가 아닌 홉스의 관점이 옳았다고 결론 내린다.

한편 하버드대의 진화심리학자 스티븐 핑커 Steven Arthur Pinker (1954~)는 오늘날 인류가 전쟁과 폭력으로 점철되었던 과거와 달리 역사상 가장 평화롭고 '진보한' 시대를 살고 있다고 주장한다. 그는 베스트셀러가 된 『우리 본성의 선한 천사 The Better Angels of Our Nature』와 『지금 다시 계몽 Enlightenment Now』에서 여러 통계자료를 제시하며 역사를 통해 인간의 폭력과 범죄 행위가 일관되게 감소해왔다고 결론 내린다. 그 이유에 대해 이성을 중심으로 한 계몽주의적 가치가 문명화와 자본주의를 통해 점차 확대 실현되고 있기 때문이라 해석한다.

그러나 그의 주장은 여러 이유로 비판을 피하기는 어렵다. 폭력을 주로 전쟁과 살인에 의한 사망자 수로 다소 편협하게 제한해 정의함으로써 통계적 착시를 일으켰다는 것이다. 또한 그는 과거 특정 시대의 폭력을 지나치게 과장했고, 반대로 홀로코스트를 비롯한 현대의 수많은 참상은 애써 축소했다는 의심을 받는다. 테러, 내전, 국가폭력 등이 여전히 심각하다는 사실은 아예 고려하지 않았다. 게다가 사회·경제적 불평등으로 인한 빈곤이 결국 범죄와 폭력으로 이어질 수도 있다

---

*   Lee, K. S. et al. (2018) 논문 참조.

는 사실을 간과했으며, 인신매매, 성범죄, 사이버 폭력, 언어 폭력, 환경 파괴 등 수치화하기 어려운, 그러나 대량의 물리적 폭력 못지않게 큰 고통을 유발하는 요인들을 (아마 의도적으로) 누락한 것도 문제다. 그의 책은 마치 '인류는 진보하고 있다'라는 결론을 미리 내려놓고, 이를 입증할 만한 통계자료만 선별해 제시한 것처럼 보인다.

핑커의 논거들은 사실 유전자보다 환경이 더 중요하다는 믿음에 기초한다. 오늘날 폭력이 줄어든 이유를 이성과 계몽주의의 진전에서 찾고 있기 때문이다. 그러나 폭력에 대한 그의 설명을 단순히 '본성이냐 양육이냐'를 따지는 문제로만 국한한다면 아쉬울 것이다. 내일 당장 예기치 못한 세계대전이 다시 발발해 대량 살상이라도 일어난다면 그의 '선한 천사' 이론은 즉시 폐기될 위험에 처하게 된다.

핑커가 폭력을 측정하기 위해 단순히 사망자 수 통계에 집착한 것이 잘못된 해석을 낳은 원인이었다고 지적받듯이, 우리가 지금껏 이야기해온 '범죄 유전자'도 어쩌면 수치로 나타낼 수 있는 극단적 결과에만 집중했기 때문에 붙은 오명일지 모른다. 인간 행동의 한 형태로서 범죄는 그것이 원인인지 결과인지 모를 모호한 생물학적 요인, 환경적 조건, 그리고 사회적 경험이 서로 복잡하게 상호작용함으로써 그 모습이 결정된다. 어떤 유전자의 변이체가 그것의 다면적인 성질이 모두 무시되고 단지 '호적에 빨간 줄'이 그어지느냐 마느냐에 따라 가치가 부여된다면 부당한 일이 아닐 수 없다. 유전자에 흑백논리식 명칭과 서사를 부여하는 것은 바람직하지 않다. 유전자가 암호화하는 것은 단백질이지, 일어나는 사건의 최종 결말이 아니다.

9·11 테러로 세계무역센터 빌딩이 무너지는 모습(2001)과 진화심리학자 스티븐 핑커(2023). 스티븐 핑커는 역사를 통해 인간의 폭력과 범죄 행위가 일관되게 감소해왔다고 주장한다. 하지만 그는 내전과 테러, 국가폭력, 성범죄, 환경 파괴 등 수치화하기 어려운 오늘날 수많은 폭력의 양상은 애써 무시하거나 간과하고 있다.

인간에 대한 오해

—

유전자와 환경, 본성과 양육, 자유의지와 결정론 같은 문제를 둘러싼 논쟁은 역사와 더불어 오랫동안 지속되어 왔으며, 지금도 여전히 진행되고 있다. 그러나 우리는 인간이 단순히 유전자에 의해 결정되는 존재가 아니라, 환경과 끊임없이 상호작용하는 복합적인 존재라는 것을 점점 더 깊이 이해하고 있다.

이러한 논의 가운데 인간의 특성과 행동을 보다 합리적으로 설명하는 '유전자-문화 공진화론gene-culture coevolution theory'이 자주 언급된다. 인간의 진화가 유전자에 의해서만 이루어진 것이 아니라, 문화적 요소에 의해 크게 영향을 받으면서 함께 진행되어 왔다는 개념이다. 인간의 생물학적 특성은 단순히 자연선택의 결과가 아니다. 유전적 유산은 문화에 의해 조절되고 형성될 수 있으며, 반대로 문화적 변화 역시 유전적 요인에 의해 추동될 수 있다. 하버드대 인간진화생물학자인 조지프 헨릭Joseph Henrich(1968~)은 『호모 사피엔스The Secret of Our Success』에서 문화야말로 인간을 지탱하는 생물학적 특징이고, 인류를 지구상의 지배종으로 만든 일차적인 진화 체계라고 강조한다. 문화는 조력자가 아닌 '주도자'로 작용해왔다는 것이다.

인간은 어째서 자신보다 훨씬 체구가 작은 침팬지와도 힘을 겨룰 수 없을 정도로 느리고 약해졌을까? 누적되어온 문화적 진화가 창, 도끼, 칼날, 활, 독극물 등 갈수록 더 효과적인 도구와 무기를 만들어내자, 자연선택은 그로 인해 달라진 환경에 응답해 우리를 더 약하게 진화시켰다. 강한 근육과 송곳니와 날카로운 발톱이 모두 사라졌다. 문화가 유전자를 조정해 진화의 방향을 바꾼 것이다. 변변한 신체적 능력 하나 없이 벌거벗은 채로 떨고 있는 인간이 불쌍해 프로메테우스가 신에게서 불과 언어와 기술을 훔쳐 인간에게 선사했다는 신화는 잘못되었다! 반대로 진화를 통해 획득한 뛰어난 기술과 문화 때문에 인간의 육체는 연약해져도 상관없게 된 것이다. 매일 독수리에게 간을 쪼아 먹히는 형벌을 받아야 했던 프로메테우스는 이러나저러나 억울하기만 하다.

도덕성과 협력적 성향이 발달한 것도 유전자-문화 공진화의 대표적 사례로 볼 수 있다. 인간 사회에서 협력은 보편적으로 나타나는데, 이는 단순히 도덕적 가르침으로만 설명하기 어렵다. 연구에 따르면, 협력적 행동과 이타적 행동을 촉진하는 사회규범이 오랜 세월 '집단선택group selection'의 과정을 거치면서 인간의 유전적 성향에 영향을 미쳤다. 즉, 친사회적 행동을 촉진하는 문화가 지속되면서, 이에 적응한 유전자들이 생존과 번영에 유리한 방향으로 선택된 것이다.

인간은 자연의 일부다. 그러나 동시에 자연과 구별되는 고유한 존재다. 인간의 고유함은 무엇보다 뇌에서 비롯된다. 그 고유성은 우리의 지능을 토대로 구축된 문화로 표현되며, 세상을 무엇보다도 빠르고 다채롭게 변화시킨다. 하버드대의 고생물학자 스티븐 제이 굴드Stephen Jay Gould(1941~2002)도 『인간에 대한 오해The Mismeasure of Man』에서 인간 사회는 다른 생명체와 달리 생물학적인 변화의 결과가 아니라 문화적 진화에 의해 변화한다는 점을 강조했다. 그것은 어떤 면에서 '라마르크주의Lamarckism'와도 흡사한 진화다. 필요에 의해 생겨나고, 노력에 따라 얼마든지 바뀔 수 있기 때문이다.

인간의 성향과 행동이 유전자로 결정된다는 믿음은 낡은 사고에서 연유한다. 굴드는 생물학적 결정론이 인간이 가지고 있는 뿌리 깊은 철학적 전통에서 비롯된 네 가지 오류 때문이라고 지적한다. 그 네 가지 오류란 '환원주의reductionism', '물화reification', '이분법dichotomization', 그리고 '계층화hierarchy'다. 이는 각각 환원 불가능한 복잡한 인간의 행동을 유전자의 탓으로 돌리려는 성향, 지능이나 성격 같은 추상적인 개념을 DNA와 같은 확고한 실체로 변환시키려는 시도, 복잡하고 연속적인 현상을 칼로 가르듯 명쾌하게 둘로 (예를 들어 유전자와 환경으로) 나누려는 열망, 마지막으로 모든 존재를 순서대로 나열해 서열화하려는 노력 등으로 간략히 설명할 수 있다.

생물학적 결정론은 오랫동안 인간에 대한 불필요한 오해를 만들어왔다. 인간의 본성을 형성하는 데 생물학적인 요소가 중요하지만, 그것이 곧 인간의 한계를 규정하는 족쇄가 되어서는 안 된다. 과학이 밝혀낸 것은 본질적으로 유연한 인간의 가능성이다. 과학은 기존의 믿음에 새로운 지식을 더함으로써가 아니라, 틀린 것을 완전히 교체함으로써 진보한다.

6

동성애 유전자

엄마, Xq28 유전자를
주셔서 고마워요!

우리가 날마다 스스로 물어야 할 질문은 이것이다. 수영할 준비가 됐는가? 아니면 바로 오늘이 내가 가라앉을 날일까? 선택은 각자에게 달렸다. 그러나 서글프게도, 매일 흑인 퀴어의 목숨을 앗아가는 세상에서는 이 선택을 항상 우리가 할 수 있는 것은 아니다. 그럼에도 나는 매일 수영한다. 아침마다 물안경을 쓰고 인종차별과 호모포비아, 그리고 나를 끌어내리려는 온갖 억압의 심해 속으로 다이빙한다.

조지 M. 존슨George M. Johnson, 『모든 소년이 파랗지는 않다*All Boys Aren't Blue*』
송예슬 옮김, 모로, 2022, 104쪽.

플라톤이 쓴 중기 대화편 가운데 『향연*Symposium*』이 있다. '향연'이란 기원전 5세기경 아테네의 비극작가인 아가톤이 비극 경연대회에서 우승한 후 이를 자축하기 위해 자신의 저택에서 열었던 큰 연회를 말한다. 『향연』에는 7명의 철학자가 모여 술과 함께 여흥을 즐기며 '에로스Eros란 무엇인가'를 주제로 토론하는 대목이 나온다. 다시 말해 그것은 사랑이란 무엇인가를 논한 연애 담론이다. ('에로스'라고는 하지만 '에로틱'한 얘기는 전혀 없다. 철학자들의 사랑 이야기에서 그런 걸 기대한다면 실망하게 마련이다.)

등장인물 가운데 희극작가 아리스토파네스는 사람의 기원에 대해 흥미로운 이야기를 전한다. 그에 따르면 최초의 사람에게는 성性이 세 가지가 있었다고 한다. 남자와 여자, 그리고 두 성이 한 몸에 있는 남녀추니가 그것이다. 남녀추니는 하나의 머리에 두 얼굴이 서로 반대편을 향해 바라보고 있었고, 한 몸통에 두 쌍의 팔과 다리도 각각 반대편

고대 그리스의 양성 신화(그리스 암포라 조각, 기원전 4세기).
아리스토파네스의 이야기에 따르면 두 성이 한몸에 붙어 있는 최초의 인간 남녀추니는 똑똑하고 힘이 세서 제우스의 미움을 받았다. 제우스의 벼락을 맞고 남자와 여자로 쪼개진 인간은 평생 잃어버린 반쪽을 찾아 헤매게 되었다.

을 향해 달려 있었다. 마치 두 사람처럼 보이지만 하나의 몸으로서 암수한몸, 즉 '자웅동체hermaphrodite'를 이루고 있었던 것이다.

하지만 제우스는 남자와 여자가 같이 붙어있는 양성의 사람을 좋아하지 않았다. 태초의 사람이 워낙 힘이 강한 데다 자존심이 세고 똑똑해서 무엄하게도 자신에게 자주 도전했기 때문이다. 이에 제우스는 벼락을 내려 사람을 둘로 쪼개기로 한다. 남자와 여자로 말이다. 이렇게 해서 사람은 두 가지의 성으로 영원히 나뉘었다. 이후 남자와 여자는 잃어버린 반쪽을 찾아 평생 헤매며 세월을 보내게 되는데, 완전한 사람 또는 완벽한 존재로 돌아가고 싶은 욕망 때문이었다.

이어 소크라테스는 아리스토파네스의 연설에 화답하며, 에로스란 우리에게 없는 어떤 '결여된 것'에 대한 욕망을 의미한다고 주장한다. 그가 말한 에로스는 그리스 신화 속 '사랑의 신'과 달라서, 완전한 존재가 아니라 태생적으로 결핍을 안고 있었다. 에로스는 자신이 갖지 못한 아름다움을 끝없이 갈망하고 불멸을 추구하는 존재로서, 완전하고도 이상적인 인간상을 꿈꾸게 하는 힘으로 작용한다는 것이다. 성^{sex}이라는 단어는 '나누다', '떼어놓다'의 뜻을 지닌 라틴어 'sexus'에서 유래했다. 성이란 애초부터 하나였던 것이 잘리고 나뉘어 생겨난 개념이다. 그렇다면 본질적으로 결핍을 내포할 수밖에 없다.

우리는 여기서 몇 가지 의미심장한 메시지를 발견할 수 있다. 둘로 쪼개진 사람, 즉 남자와 여자는 본디 온전히 독립적인 개체가 아니라 어딘가 보완이 필요한 '결여'의 존재이고, 그로 인해 둘 사이에 서로 그리워하는 '끌림'의 화학이 생겨났다는 것이다. 이 그리움은 오늘날 흔히 '사랑'이라고 불리며, 이러한 에로스의 감정은 다름 아닌 '결핍'에서 생겨난다. 그리고 마침내 그리워하던 두 사람이 만나면 제우스도 두려워할 만한 완벽한 인간이 만들어진다.

성이란 완전을 위한 결핍의 상태

—

성에 대해 인문학적 관점을 일깨워주는 이 은유적인 이야기는 과학의 관점에서 보면 신빙성이 있다고 볼 수는 없을 것이다. 그럼에도 불구하고 과학이 놓치기 쉬운, 또는 과학이 다루기 어렵다고 여겨지는 성의 정체성이나 가치 판단의 문제에 있어 결코 무시할 수 없는 중요한 내용을 전하고 있다. 섹스의 의미를 과학적으로 설명하기 위해 사랑을 논하기란 쉽지 않겠지만 결핍이 무엇인지는 건조하게나마 말할 수 있을 것이다.

과학에서 '결핍'이라는 개념은 대개 특정 물질, 에너지, 정보, 자원 등이 필요한 만큼 제공되지 않는 상태를 의미한다. 물리학과 화학에서 에너지 결핍은 중요한 개념이다. 열역학 제2법칙에 따라 시스템이 안정된 상태에 도달하려면 에너지가 필요하고, 에너지가 결핍되면 시스템의 작동이 중단되거나 반응이 평형에 이르지 못한다. 생물학에서 결핍은 조금 더 창발적인 의미를 품고 있다. 비타민 C가 부족하면 괴혈병이 발생할 수 있고, 철분이 부족하면 빈혈을 일으킬 수 있다. 신경전달물질이 결핍되면 인간의 행동과 감정, 정신건강에 좋지 못한 영향을 미칠 수 있다. 도파민 부족은 파킨슨병의 원인이 되며, 세로토닌의 결핍은 우울증을 일으킨다. 이처럼 생물학에서 결핍은 질병 상태와 곧바로 연결된다. 그리고 질병 상태는 '비정상적인abnormal' 상태로 간주된다. 건강한 상태란 결핍이 없고, 상대적으로 '정상적인normal' 상태라고 볼 수 있을 것이다.

그러나 물리학이나 화학에는 정상과 비정상이라는 개념이 없다.

물리학 법칙은 건강한지 병들었는지에 따라 달라지지 않는다. 이러한 개념의 구분은 오로지 생물학에서만 의미를 가진다. 그러나 새삼 놀라운 것은 생물학적으로도 정상이냐 비정상이냐의 개념을 명확히 구분하기란 결코 쉬운 일이 아니라는 사실이다. 프랑스의 과학철학자 조르주 캉길렘Georges Canguilhem(1904~1995)은 『정상과 병리 *Le Normal et le Pathologique*』에서 질병 현상은 수치로 나타낼 수 없으므로 순수하게 과학적인 사실로 환원될 수 없음을 지적했다. 여기에는 가치의 문제가 개입될 수밖에 없다. 그러므로 생물학에서는 결핍이 가치의 문제로 이해된다. 『현혹과 기만 *Dazzled and Deceived: Mimicry and Camouflage*』을 쓴 피터 포브스Peter Forbes(1947~)가 멋지게 표현한 바 있듯이, 생물학은 '예외로 가득한 과학'이라 할 만하다.

당연한 이야기지만 생명의 역사에서 섹스라는 개념은 유성생식sexual reproduction과 함께 시작되었다. 유성생식이 있기 전 박테리아나 원생동물 같은 단세포 생물들은 단순히 몸을 불렸다가 반으로 나누는 작업을 반복하여 유전적으로 자기와 똑같은 자손을 무한히 찍어냈다. 이들의 생산방식은 무성생식asexual reproduction이었다. 단순한 세포분열 방식으로는 자기와 똑같은 자식만이 만들어질 뿐이었다. 그들은 말하자면 징그러울 정도로 판박이인 '클론clone'의 집단이었다.

이들이 지루한 형태의 대량생산을 그만두고 섹스를 발명한 것은 지금으로부터 약 10억 년 전이었다. "어젯밤에 좋았어?"라는 은밀한 질문이 처음으로 생겨났다. 지구 환경의 급격한 변화로 인해 단세포로 이루어진 초기 생명체들이 생존하기 어려운 조건이 계속되면서 이러한 진화가 유도되었다고 여겨진다. 암수의 구별이 있는 서로 다른 두 생식세포가 결합해 각각의 유전자를 교환했다. 그러면 더 풍부한 유전형질을 가진 새로운 개체가 만들어져 급격히 변하는 환경에 적응하고 살아남는 데 훨씬 더 유리해진다. 유성생식을 통해 유전적 다양성을 확보하게 되면 갑자기 전에 없던 병원체나 기생충 같은 것에 감염되어 매우 해로운 질병이 퍼지더라도 언제나 유전적으로 저항력이 있는 개체가 존재할 가능성이 높아지기 때문이다.

성을 논하는 데 있어 결핍이란 '혼자서는 자손을 만들 수 없음'을 의미한다고 볼 수 있다. 어느 순간 유성생식을 시작한 생명체들은 어떤 의미에서는 '돌아갈 수 없는 다리'를 건넌 셈이다. 하나의 성으로는 더 이상 의미 있고 쓸모 있는 번식이 불가능했다. 하나의 성을 지닌 모든 생명은 결핍을 느끼게 되었다. 두 가지 성이 실제로 서로를 그리워하는지는 모르겠다. 하지만 어쨌든 본능적으로 그렇게 프로그램되어 있다고 가정할 때라야 자손을 만들고 유전자를 전하는 유성생식의 작동이 비로소 과학적으로 설명된다.

성을 결정할 권한은 누구에게 있나

오늘날 섹스를 나누는 기준은 무엇일까? 과학은 이 기준을 판단하는 데 있어 온전히 자신에게 결정권이 있다고 본다. 자신이 내리는 판단이 아니면 '과학적으로' 정확하지 않다고 여기는 것이다. 과학은 유성생식을 위해 성을 두 가지로 나누고 생식세포의 '크기'를 기준으로 남성과 여성을 정의한다. 생식세포가 더 큰 것이 여성이고, 작은 것은

「아담과 이브」(알브레히트 뒤러, 1507).
과학이 바라보는 성은 다분히 이분법적이어서 성을 두 가지로 나누고 생식세포의 크기를 기준으로 남성과 여성을 정의한다. 그러나 성을 바라보는 사회와 문화의 시각은 사뭇 다르다. 마드리드 프라도 미술관 소장.

남성이다. 단지 크기뿐만이 아니다. 과학이 성을 분류하는 또 하나의 중요한 기준은 '기능'이다. 그 세포가 가진 기능이 생식에 어떻게 활용되느냐가 중요하다. 그리고 그 기능은 어떤 성염색체를 가졌느냐에 의해 결정된다. 끌림의 화학에 따라 서로 만났을 때 유전자가 섞이고 자손을 생산할 수 있어야 성이라 할 수 있다. 이렇게 보면 과학이 말하는 성은 다분히 이분법적이다.

그러나 성을 바라보는 사회적·문화적 시각은 사뭇 다르다. 게다가 진화하듯 매우 빠르게 변하고 있다. 생물학적 성별sex보다는 '성 정체성gender identity'이 더 중요하다. 성소수자들의 인권을 존중하자는 의미로 만들어진, 무지개를 닮은 '자긍심 깃발pride flag' 속 색깔의 수로도 다 표현할 수 없는 다양한 종류의 성 구분이 시도되고 있다. 레즈비언lesbian, 게이gay, 양성애자bisexual, 성전환자transgender를 의미하는 'LGBT'로도 모자라, 퀴어queer, 간성애자intersexual, 무성애자asexual, 범성애자pansexual, 그리고 변태성애자kink를 모두 아우르는 'LGBTQIAPK'라는 다소 긴 용어를 사용하기도 한다.

현재 뉴욕 시민들은 배스킨 라빈스에서 원하는 아이스크림을 고르듯 최소 31개의 성 정체성 항목 중 자신이 원하는 성별을 선택할 수 있다. 여기에는 '성별 왜곡자gender bender'라는 기이한 항목이 있는가 하면, '두 영혼two-spirit'이라는 꽤 낭만적인 유형도 있다. 사회가 성소수자들을 존중하고 차별을 없애는 방향으로 나아가려는 한 향후 이 리스트는 지금보다 늘어나면 늘어났지, 줄어들지는 않을 것이다. (도널드 트럼프가 재선에 성공한 2025년 현재, 이 리스트는 다시 2개로 대폭 줄어들었다. 그러나 이는 일시적인 현상에 불과할 것으로 본다.)

하지만 이러한 세분화는 자신이 거기에 속한다고 믿는 사람들의 자긍심을 고취할지는 몰라도 전체적으로 엄청난 불편함과 소모적인 논쟁을 초래한다. 대부분은 관찰자가 추정하는 성별이 아니라 당사자가 느끼는 성 정체성의 문제이기 때문이다. 보통의 사람들은 이러한 구분에 익숙하지 않아 실수하기 쉬우며, 정성과 노력을 들인다고 해서 다 구분할 수도 없을 것이다. 또한 세세하게 구분할 수 있다고 해서 논란이 사라지는 것도 아니다. 엄격한 구분의 기준에 대한 합당한 권위가 주어지지 않는다면 사회적·제도적 합의도 쉽지 않다. 2023년 성전환 수술을 받지 않은 뉴욕의 한 남성 트랜스젠더가 여성 탈의실을 사용하려다 제지당했다는 이유로 500만 달러에 달하는 거액의 민사 소송을 제기했다. 이는 누구나 자신의 성 정체성에 맞는 탈의실을 이용할 권리가 있다는 시 인권법 때문에 발생한 사건이다.

미국 내 여러 지자체는 이러한 문제를 최소화하기 위해 LGBT와 나머지를 뭉뚱그려 '넌 바이너리non-binary' 또는 'X'로 지칭하고 공식적으로 인정하려는 움직임을 보이고 있다. 이분법적 남녀 구분이 더는 적용되지 않는 '제3의 부류'라는 의미다. 유엔 보고서에 따르면 간성intersex은 전체 인구의 약 1.7퍼센트에 달한다. 인구 1,000만 명이 살고 있는 서울에만 무려 약 17만 명의 간성 인구가 있는 셈이다. 이들은 다 어디에 있을까? 이렇게 많은 간성이 존재하는데도 우리가 쉽게 체감할 수 없는 이유는 이들에 대한 사회적 낙인 때문이기도 하지만, 태어나자마자 자신도 모르게 어느 한쪽의 성별로 교정되는 '정상화' 수술이 시행되기 때문이다.

자신이 유전학적으로 XY의 염색체 조합을 가진 남성인지도 모른

남아프리카공화국의 육상선수 캐스터 세메냐.
세메냐는 여성이라기엔 너무 우람하고 다부진 체구와 뛰어난 육상 실력을 지녔다. 그래서 2009년 베를린 세계육상선수권대회에 출전해 여자 800미터에서 금메달을 차지한 이래 끊임없이 성별 논란에 시달렸다. 나중에 안드로겐 불감성 증후군으로 인한 성 분화 장애를 가지고 있다는 사실이 알려졌다.

채 올림픽 여자 800미터 경기에 참가해 금메달을 딴 남아프리카공화국의 육상선수 캐스터 세메냐Caster Semenya를 기억할 것이다. 그녀는 여자 선수라기에는 너무 우람하고 다부진 체구에 굵은 목소리, 거뭇한 수염, 각진 턱을 가져서 남성이 아니냐는 의혹을 받았다. 여자라기에는 너무 월등한 실력으로 다른 선수를 앞질러 달렸기 때문에 성별 논란은 끊이지 않았다. 성별검사 결과 그녀의 몸속에서 고환이 발견되었다. 있어야 할 난소와 자궁은 없었다. 그러나 외부 생식기는 형태상 보통의 여성과 전혀 다를 바 없었기 때문에 그녀 자신도 그때까지 여성이 아니라는 것을 전혀 알아 채지 못했을 가능성이 높다.

출생 시 배정된 성 vs. 결정된 성

최근에는 대중 사회적으로뿐 아니라 학계에서도 성을 개편하고자 하는 적극적인 움직임이 포착되고 있다. '섹스'라는 단어, 즉 남성 또는 여성이라는 용어가 문제가 있고 시대에 뒤떨어졌기 때문에 이제는 '출생 시 배정된 성sex assigned at birth'이라는 '더 정확한' 표현을 사용해야 한다고 주장한다. 미국의학협회AMA뿐 아니라 미국심리학협회APA와 미국소아과학회AAP도 같은 입장이다. 이들은 '선천적으로 타고난 성natal sex'이라는 용어가 경멸적이며 '변경 불가능한 특성'이라는 오해를 불러일으킨다고 지적한다.

1994년 발행된 『정신질환 진단 및 통계 편람Diagnostic and Statistical Manual of Mental Disorders』 4판(DSM-4)에서는 '남성'과 '여성'으로 적었고, 2013년 발행된 5판(DSM-5)에서는 '선천적 남성'과 '선천적 여성'으로 표현했던 성의 구분이, 가장 최근인 2022년 개정판(DSM-5-TR)에 이르러서는 '출생 시 배정된 성'으로 최종 변경되었다. '출생 시 배정된 성'이라는 용어는 출생 시 염색체나 외부 성기를 기준으로 의사가 남성 또는 여성으로 지정하여 출생증명서에 기록한 성별을 의미한다. 이는 태어날 때 기록된 성별이 실제 성별을 의미하지 않을 수도 있다는 뜻에서 사용되며, 성별을 당사자의 의지와 무관하게 지정받았다는 일종의 '폭력성'을 드러내기 위해 고안된 용어다. 따라서 '언제든 수정 가능한 성별'이라는 뜻도 내포한다. 학계에서는 이러한 어휘 수정이 과학적인 이유에서 비롯된 변화라고 설명한다.

그러나 미국의 과학자 앨런 소칼Alan Sokal(1955~)은 영국의 진화생물학자 리처드 도킨스와 의기투합하여 최근 이런 움직임을 강하게 비판했고, 그 내용은 2024년 4월『보스턴 글로브*Boston Globe*』에 축약된 형태로 게재되었다.* 그들은 의료 단체들이 사용하는 새로운 용어가 가장 간단한 과학적 사실조차 제대로 인식할 수 없게끔 본질을 왜곡하고 있다고 지적했다. 간단히 말해 과학은 모든 동물의 성이 생식세포의 크기로 정의되며, 모든 포유류의 성은 성염색체에 의해 결정된다고 말한다. 따라서 성은 단 두 가지, 즉 남성과 여성만 존재한다. 아기의 성은 '배정'되지 않으며, 수정 시 '결정'되고 출생 시 '관찰'된다. 먼저 외부 생식기를 검사하고, 의심스러운 경우 염색체 분석을 통해 확인한다. 물론 사람이 하는 일이기에 잘못 관찰할 수도 있고, 드물게는 출생증명서에 잘못 기록할 수도 있지만, 관찰의 오류 때문에 관찰 대상인 성이 객관적인 생물학적 현실이라는 사실은 바뀌지 않는다. 혈액형이나 지문의 패턴처럼, 성도 배정되는 게 아니라 객관적으로 결정되는 생물학적 사실이라는 것이다.

    과학은 '어떻게 느끼느냐'가 아니라 결국 '무엇이냐'로 결정된다는 의미다. 내가 나의 성 정체성을 무엇이라고 '생각하느냐'가 아니라 무엇으로 '기능하느냐'가 성을 결정한다고 보는 것이다. 간단히 말하자면 소칼과 도킨스는 생물학적 성이 명확히 정의된다는 과학적 관점을 강하게 지지하며, 이를 기반으로 사회적 논의를 비판하고 있다. 이 주장은 사실 매우 중요한데, 생물학적 사실이 왜곡되어서는 안 된다는 점에서 동의할 필요가 있다. 과학적 사실은 사회적 논의와 별개로 객관

---

* https://www.bostonglobe.com/2024/04/08/opinion/sex-gender-medical-terms/ 기사 참조.

적으로 유지되어야 하며, 사회적 문제를 해결하는 데 과학적 진실을 무시해서는 안 된다는 점이 핵심이다.

그러나 '성sex'과 '젠더gender'는 엄연히 다른 개념이다. 생물학적으로 XX와 XY 염색체에 의해 성별이 결정된다는 사실은 과학적으로 명백하지만, 젠더 정체성은 개인의 자기 인식과 사회적 경험을 포함하는 복잡한 개념이다. 성별 이분법이 생물학적으로 명확할지라도, 그 이분법이 모든 사람의 경험을 온전히 설명하지는 못한다. 트랜스젠더나 인터섹스와 같은 다양한 정체성을 가진 사람들은 이분법적 관점으로 충분히 설명되지 않기 때문에 의료계에서 용어 사용에 좀 더 유연성을 가질 필요가 있다.

젠더에 관한 논의는 과학적 진실뿐만 아니라 사람들의 권리, 자율성, 존엄성이라는 사회적 요소와도 밀접하게 연관되어 있다. 의료계가 더 포용적인 용어를 사용하는 것은 과학적 사실을 왜곡하는 것이 아니라, 다양한 경험을 반영하고자 하는 시도로 볼 수 있다. 이 문제는 과학적 진실과 사회적 정의 사이의 균형을 어떻게 잡아야 하는지에 대해 중요한 질문을 던진다.

성은 결코 고정되어 있지 않다

놀랍게도 과학적 진실이란 우리가 익숙하게 알던 상식과 크게 다를 수 있다. 인간의 성은 수정 직후 결정된다고 믿어진다. 수정란 속의 염색체가 어떤 쌍으로 구성되어 있느냐가 결정한다는 뜻이다. 그러나 그것은 사실이 아니다. 성염색체 조합이 XX여도 남성이 될 수 있고, 반대로 XY여도 여성이 될 수 있다. 스와이어 증후군Swyer syndrome을 겪는 환자는 XY의 염색체를 가지고 있음에도 자신이 평생 여성인 줄 알고 살다가, 초경이 시작되지 않아 병원을 찾은 뒤에야 자신이 원래 남성이었다는 진단을 받게 된다. Y 염색체상의 SRY 유전자에 돌연변이가 생기면 생식샘저하증hypogonadism이 생기고, 따라서 남성성이 발현되지 못한 채 여성이 되는 것이다. SRY는 단일 유전자로는 사람의 신체 구조에 가장 큰 영향을 미치고 있음에 틀림없다.

임신 후 첫 6주 동안 모든 태아의 생식소는 난소나 정소 중 어떤 것으로도 발달할 가능성이 있는 미분화 단계다. 미분화된 생식소는 뮬러관Müllerian duct과 볼프관Wolffian duct이라는 생식관 구조를 둘 다 가지고 있는데, 만약 태아에게서 SRY 유전자가 발현되면 테스토스테론이 생성되고 이때 뮬러관은 뮬러관 억제인자라는 호르몬에 의해 발달이 억제되어 퇴화하면서 남성으로 발달한다. 반대로 SRY 유전자가 제대로 발현되지 않으면 뮬러관이 여성의 내부 생식계로 발달하고 볼프관은 퇴화하며 결국 여성으로 발달하게 된다. 그러니까 성 결정 과정 중에는 항상 볼프관과 뮬러관이 둘 다 존재하는 상태에서 둘 중 하나가 퇴화하는 과정을 겪게 되므로, 여기에 자칫 문제가 생기면 누구나 남녀 중간 형태의 생식기를 가지고 태어날 수 있는 것이다. 아리스토파네스가 옳았다. 모든 사람은 자웅동체의 아슬아슬한 모습으로 삶을 시작한다.

그러나 성 결정은 여기서 끝나지 않는다. 성 결정 기전은 심지어 평생에 걸쳐 작동한다. 내 안의 성은 끊임없이 요동치며 호시탐탐 반전

드라마를 찍을 궁리를 하고 있다. 여성 결정 유전자 중 하나인 FOXL2는 난소의 발달과 기능 수행에 매우 중요한 역할을 한다. 정상적으로 성장한 암컷 쥐라도 FOXL2 유전자를 없애면 멀쩡했던 난소 세포가 고환 세포로 바뀌어 테스토스테론을 분비하기 시작한다.* 여성은 자신 속에 숨어있는 남성성을 끊임없이 억눌러야 하는 운명을 지닌 것일까? 그렇지 않다. 여성만 그런 부담을 져야 하는 것은 아니다. 다 자란 성체 수컷 쥐 역시 남성 결정 유전자 DMRT1이 작동을 멈추면 고환 세포가 난소 세포로 변하고 여성 호르몬을 분비하게 된다.** 정신분석학자 카를 융Carl Gustav Jung(1875~1961)이 말했던 '아니마anima'와 '아니무스animus'는 그저 심리학 용어에 불과한 것이 아닌지도 모른다.

앞서 말했듯 과학은 성의 '정체성'이 아니라 '기능성'에 관심을 둔다. 그러나 이제 기능도 성을 결정하는 데 중요한 요소라고 볼 수 없게 되었다. 최근 일본 규슈대의 가츠히코 하야시Katsuhiko Hayashi 교수는 다 자란 성체 수컷 쥐의 체세포로 난자를 만들어 새끼까지 출산하는 생명공학 기술을 선보였다.*** 복제양 돌리Dolly는 아빠 없이 엄마만 셋이었지만, 이제 엄마 없이 아빠만 둘이어도 얼마든지 자식을 얻을 수 있음이 실험으로 증명되었다. 불임 치료는 물론 동성 부부, 또는 트랜스젠더나 무성애자라도 자신들의 유전자를 가진 자식을 낳을 수 있는 길이 열린 것이다. 이분법적인 성이 없었다면 사람은 만들어질 수 없었겠지만, 일단 만들어진 사람은 이분법적인 성이 없어도 살 수 있다.

---

* Uhlenhaut, N.H. et al. (2009) 논문 참조.
** Matson, C.K. et al. (2011) 논문 참조.
*** https://www.nature.com/articles/d41586-023-03922-6 기사 참조.

「마돈나」(에드바르 뭉크, 1894).
뭉크의 「마돈나」는 융의 분석심리학에서 말하는 '아니마'를 표현한 작품 중 하나다. 아니마는 남성의 마음속에 내재된 이상적인 여성성을 의미하는데, '마돈나'는 성스러운 마리아이면서 동시에 매혹적인 팜므 파탈로 그려져 뭉크가 가진 이중적인 여성상을 잘 드러낸다. 노르웨이 오슬로 뭉크 박물관 소장.

성이 흑과 백처럼 명백하게 양분되어 있지 않을 거라는 점은 지속적으로 제기되었다. 오스트리아의 철학자 오토 바이닝거Otto Weininger(1880~1903)는 『성과 성격 Sex and Character』에서 이렇게 썼다.

모든 남녀가 서로 극명하게 나뉜다는 것이 정말일까? 금속과 비금속 사이에는 전이 형태가 있다. 화학적 결합물과 단순한 혼합물 사이에도, 동물과 식물 사이에도, 종자식물과 은화식물 사이에도, 포유류와 조류 사이에도 전이 형태가 있다. 따라서 자연에서 모든 남성이 한쪽에 있고 모든 여성이 다른 쪽에 있는 식으로 날카롭게 나뉘는 사례를 찾기란 불가능할 것이다.

재레드 다이아몬드Jared Diamond(1937~)는 『제3의 침팬지 The Third Chimpanzee』에서 만약 외계인이 지구에 와서 인간을 본다면 침팬지의 가까운 친척쯤으로 치부할 것이라고 말했다. 혹 인간을 백인, 흑인, 황인, 또는 그 이상의 다양한 수의 인종으로 구분하려는 사람이 있다면 그것은 누가 어떤 기준으로 어떻게 보느냐에 따라 달라질 수 있는 문제임을 간과할 것이다. 성은 스펙트럼일까? 인간의 성을 누군가 외부에서 관찰함으로써 구분하고자 한다면 몇 가지로 나누게 될까? 섹스 역시 누가 보느냐에 따라 명백한 두 가지 또는 세 가지가 될 수도 있고, 면밀한 구분이 불가능한 연속적 스펙트럼이 될 수도 있다. 다른 동물과 달리 인간은 자유의지와 다양성이 존중되어야 한다는 점을 강조한다면 그 구분은 후자에 가까워질 것이다.

동성애, 그 금기와 차별의 역사

—

기능적인 성이 고정되어 있지 않다면, 정체성으로서의 성은 더 말할 필요도 없다. 생물학적 또는 사회적으로 같은 성을 가진 사람들 간의 성적 끌림을 의미하는 동성애homosexuality는 인류 역사의 시작부터 존재했다. 동성애에 대한 사회의 평판은 시대마다 달라서 높이 추앙받기도 했고, 모진 비난을 받기도 했다.

그리스 시대 동성애는 일반적인 풍습으로 받아들이는 차원을 넘어 이상적인 사랑으로 여겨질 정도였다. 플라톤의 『향연』에는 미소년 알키비아데스가 유부남인 소크라테스에게 빠져 구애하는 장면이 나온다. 이성 간의 사랑은 번식 본능에서 비롯되는 불순한 사랑이지만, 번식이 불가능한 동성 간의 사랑이야말로 본능이 가미되지 않은 순수하고 진정한 사랑이라 보았다. 플라토닉한 정신적 사랑이 아니다. 성인 남성과 미소년은 벌거벗은 몸으로 뒤엉켜 몸을 단련하며 자연스럽게 애정 행위를 나눴다. 체육 활동을 하는 장소를 의미하는 '김나지움gymnasium'은 고대 그리스어 'γυμνάσιον(gymnasion)'에서 유래했으며, 이 단어는 '나체 상태의' 또는 '벌거벗은'을 의미하는 형용사 'γυμνός(gymnos)'에서 나왔다. 군사 문화가 깊이 뿌리내린 스파르타에서도 강한 군대를 양성하고 전우애를 다지기 위해 동성애를 권장했다.

고대 그리스에서 여성 동성애 이야기는 남성의 경우에 비하면 미미하지만 전혀 없지는 않았다. 서양 최초의 여성 시인으로 알려진 사포Sappho(BC 630~570)는 여성 동성애의 대명사로 통한다. 그녀의 이름을 딴 '사피즘sapphism'은 동성애를 뜻하며, 그녀의 고향 레스보스Lesbos 섬

동성의 에라스테스와 에로메노스가 키스하는 모습(기원전 480년경).
아테네의 붉은 문양이 새겨진 잔 내부에 그려진 동성애의 모습. '에라스테스Erastes'는 대체로 40세가 안 된 미혼의 성인 남성이며, '에로메노스Eromenos'는 12~18세 정도의 사춘기 미성년이다. 그리스 시대 동성애는 일반적인 풍습을 넘어 이상적인 사랑으로 여겨지기도 했다. 파리 루브르 박물관 소장.

에서 '레즈비언lesbian'이라는 용어가 유래했다. 플라톤은 그녀를 가리켜 "열 번째 뮤즈, 레스보스의 사포"라고 찬사를 보냈다. 그러나 '사피즘'과 '레즈비언'이라는 말은 세간에 결코 좋은 의미로 받아들여지지 않았고, 훗날 비난과 조롱의 대상이 되었다. 중세 기독교 시대에는 로마 교회가 나서서 사포의 책들을 공개적으로 불태우기도 했다.

4세기에 기독교를 로마의 국교로 삼은 테오도시우스 1세는 남색sodomy 행위를 신을 모독하는 죄악으로 공식 규정하고 극형에 처했다. 실제로 유럽 여러 국가에서는 르네상스 시대에 이르기까지 동성애를 사형에 처할 수 있는 중죄로 보았다. 그럼에도 불구하고 셰익스피어, 미켈란젤로, 라파엘로 등 뛰어난 많은 예술가들 사이에서도 동성애는 끊이지 않았다.

근대에 이르러 오스카 와일드Oscar Wilde(1854~1900)는 '심각한 외설 행위gross indecency' 혐의로 징역 2년형을 선고받고, 앨런 튜링Alan Turing(1912~1954)은 한 남성과의 부적절한 관계가 드러나 화학적 거세형을 받고 자살하는 일이 일어났다. 두 사람 모두 문학계와 과학계에서 인정받은 당대의 천재였지만, 사회적으로 파멸했고 국가로부터 배신당하기도 했다. 히틀러가 권력을 잡은 1933년 이후 유럽에서는 10만 명 넘는 남성들이 게슈타포의 추적을 받아 동성애 혐의로 체포되었고, 나치의 강제 수용소에 수감되었다. 수용소의 동성애자들은 생체실험의 표적이 되어 다른 수용자보다 더 가혹한 운명을 맞아야 했다.

현대 정신의학은 동성애를 어떻게 규정했을까? 1952년 발간된 『정신질환 진단 및 통계 편람』 초판(DSM-1)은 동성애를 '반사회적 인격장애sociopathic personality disorder'로 공식 기술했다. 얼마 지나지 않아 1968년 2판(DSM-2)에서는 다시 '이상성욕paraphilia'으로 변경되었다. 사회 부적응자에서 변태성욕자로 명칭만 바뀌었을 뿐 동성애자를 바라보는 사회의 경멸 어린 시선은 여전했다. 그러나 동성애를 범죄가 아닌 '질환'으로 보게 된 것은 커다란 변화였다. 동성애를 비난과 규탄 받아야 할 악한 행위가 아니라 불쌍히 여겨야 할 하나의 질병으로 이해하기 시작한 것이다. 이는 미셸 푸코Paul-Michel Foucault(1926~1984)가 『성의 역사Histoire de la sexualité』를 통해 19세기 근대 이후 성을 학문적으로 연구하면서 동성애가 단순한 '행위'가 아닌 병리적 '정체성'으로 고정되었다고 주장한 바와 일맥상통한다.

동성애는 질환일까

만약 동성애가 질환이라면 그것은 정신의학적으로 분석 가능할 뿐 아니라 치료를 통해 바로잡을 수도 있다는 뜻이다. 1950년대 들어 동성애를 강제로 치료하려는 시술이 성행했는데, 전기충격 요법이나 호르몬 치료, 눈꺼풀 안으로 송곳을 집어넣어 뇌 조직을 파괴하는 전두엽 절제술frontal lobotomy 등의 방법들이 사용되었다. 심각한 뇌 손상을 일으키거나 원치 않는 신체적 변화를 초래하는, 당사자에게는 수치스럽고 고통스러운 방식이었다.

동성애를 범죄가 아니라 질병으로 보는 시각에 차라리 안도하는 분위기도 있었다. 감옥에 갇히느니 병원에 입원하는 것이 더 낫다는 판단이었다. 자신의 동성애 성향이 치료되면 좋겠다는 기대도 없지 않았을 것이다. 그러나 더 많은 동성애자들은 결코 이에 만족하지 않았다. 동성애 인권 운동가들은 정신의학이 동성애를 질환으로 분류해 치료의 대상으로 보는 것에 분노해 반대 운동을 일으켰다.

1950년대 말부터 다양한 동성애 단체들이 결성되기 시작했고, 이들은 공공연히 커밍아웃을 하는 등 동성애를 차별하는 사회 분위기에

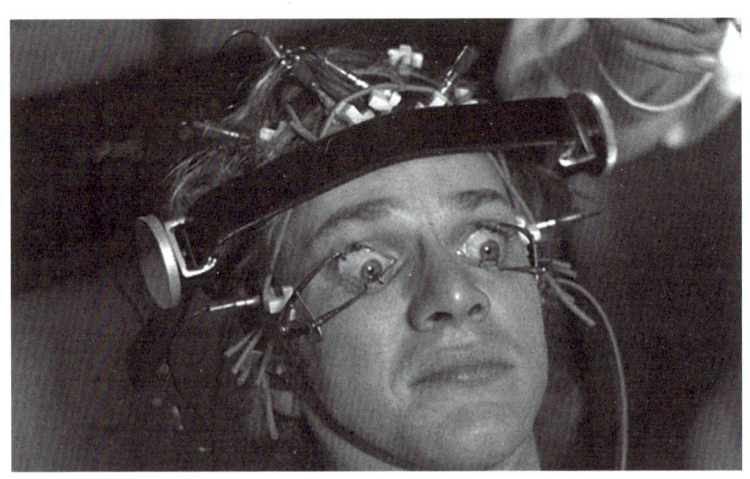

스탠리 큐브릭의 영화 「시계태엽 오렌지」(1971)에서 루도비코 기법으로 동성애 치료를 받는 장면. 루도비코 기법이란 영화에 등장하는 가상의 치료법으로, 문제 있는 행동을 하지 않도록 인위적인 고통을 가하여 반사적 혐오를 불러일으키는 것이다. 주인공 알렉스의 눈을 깜빡이지 못하게 고정시킨 뒤, 동성애 장면을 반복 시청하게 하고 강제로 약물을 주입해 구토와 불쾌감을 유도하고 있다.

꾸준히 저항하는 운동을 펼쳤다. 1969년 일어난 스톤월 항쟁Stonewall riots은 현대 동성애 운동의 일대 전환점이 되었다. 이 사건은 성소수자 공동체의 집단적인 정치적 각성을 촉구했고 이후 게이해방전선Gay libreration front 등 다양한 성소수자 인권 단체들이 조직되는 계기가 되었으며, 지금도 매년 6월 열리는 '프라이드 퍼레이드pride parade'의 기원이 되었다.

사회 분위기가 급변함에 따라 1973년 미국 정신의학회는 결국 동성애를 DSM에서 제외하기로 결정했다. 동성애가 처음으로 정신적 치료 대상이 아니라 개인적 성향으로 공식 인정된 것이다. (그러나 국제질병분류 ICD-10에서 동성애가 삭제된 것은 1992년에 이르러서였다.) 이처럼 어

영화 「필라델피아」(1993)의 주연 배우 톰 행크스(왼쪽)와 덴젤 워싱턴(오른쪽).
「필라델피아」는 AIDS와 동성애에 대한 혐오를 명시적으로 다루었을 뿐 아니라 동성애자들을 긍정적으로 묘사한 최초의 할리우드 영화 중 하나다. 주인공 앤드류 베켓 역을 맡은 톰 행크스는 이 역할로 아카데미 남우주연상을 수상했다.

떤 생리학적 현상이 의학계에서 어떻게 이름 붙이느냐에 따라 질병이 되기도 하고 안 되기도 한다는 것은 여전히 계속되는 아이러니다.

HIV 바이러스로 전염되는 면역결핍증이 처음 발견되었을 때, 언론은 'GRID', 즉 '게이 관련 면역결핍증gay-related immune deficiency'이라는 용어를 만들어 썼다. 동성애자들에게서 주로 발견되는 증상이라고 판단했기 때문이었다. 그러나 이 용어는 질병의 원인에 대한 오해뿐 아니라 사회적 편견과 차별을 확산할 위험이 있었다. 실제로 HIV는 성적 지향과 무관하게 누구에게나 감염될 수 있는 바이러스라는 과학적 사실은 지금도 많은 의심을 받고 있다. 이에 1982년 미국 질병관리본부CDC는 GRID를 'AIDS', 즉 '후천성 면역결핍증후군acquired immune

게이해방전선 회원들의 시위.
런던 트라팔가 광장에서 열린 게이 권리 시위에는 게이해방전선(GLF) 회원들도 참여했다. 영국의 GLF는 1970년 10월 런던 정경대 지하 강의실에서 첫 모임을 가졌으며, 이들의 시위는 1972년 영국 최초의 게이 프라이드 퍼레이드로 이어졌다.

deficiency syndrome'이라는 과학적이고 중립적인 명칭으로 변경해 확정했다. 이 사례는 질병의 명명이 단순한 용어의 문제가 아니라 사회적 낙인, 정책적 대응, 그리고 공중 보건과 직결될 수 있음을 보여준다.

1990년대까지만 해도 동성애는 인간에게서만 발견되는 고유의 성향으로 여겨졌다. 그러나 동물의 행동에 대해 점차 많은 연구가 이루어지면서 이제는 여러 동물 종에서도 유사한 행위가 존재한다는 것이 알려졌다. 적어도 10종의 영장류와 60여 종이 넘는 야생 포유류와 조류에서 다양한 유형의 동성애가 발견된다. (동물행동학자 프란스 드 발Frans de Waal(1948~)에 따르면 보노보는 완전한 양성애 동물이다. 이들은 집단 내의 문제를 주로 성행위를 통해 해결한다.) 동물의 성 행동 연구를 집대성했다고 평가받는 브루스 배게밀Bruce Bagemihl(1962~)의 저서『생물학적 풍요 *Biological Exuberance*』에는 최소 450종 이상의 동물 동성애 사례를 폭넓게 보고하고 있다. 이러한 사실은 인간의 동성애적 성향을 인간 특유의 문화나 역사의 탓으로 돌리기 어렵게 한다. 그렇다면 동성애적 성향은 진화적으로 널리 퍼지게끔 유전적으로 타고난다는 뜻일까?

동성애를 유발하는 유전자가 있을까? 만약 그렇다면 동성애 유전자는 진화 과정에서 사실상 선택되기 어렵다는 다윈의 역설에 빠지게 된다. 자손을 낳을 수 없으므로 번식의 측면에서 이성애자보다 확실히 불리하기 때문이다. 동성애는 진화적인 관점으로 보면 좀처럼 풀리지 않는 특이한 행위라 할 만하다. 만약 동성애 성향을 만드는 유전자가 발견된다면 어떤 일이 일어날까? 성소수자에 대한 부당한 낙인을 없앨 수도 있을 것이다. 내 의사와 상관없이 이러한 성향은 유전자에 의해 결정되었을 것이기 때문이다. 반면 분명한 원인을 알게 되었으니

이를 교정해야 할 대상으로 여기고 유전자 치료를 통해 복구하려는 움직임이 생길 수도 있다.

동성애 유전자를 찾아서

1993년 미국 국립암연구소National Cancer Institute의 딘 해머Dean Hamer는 인간의 성적 경향에 영향을 주는 중요한 부위를 발견했다고 발표했다.* 바로 X 염색체의 장완long arm에 위치한 Xq28이라는 유전자 밀집 영역이었다. 언론에서는 (늘 그렇듯) 즉시 여기에 '게이 유전자gay gene'라는 자극적인 이름을 붙이고 해당 내용을 대서특필했다. 이에 기다렸다는 듯 유사한 연구 결과들이 이곳저곳에서 우후죽순 발표되었다. 대부분 동성애는 문화적 압력이나 의식적인 선택이 아니라 생물학적으로 결정된다는 결론이었다.

이는 자신의 당혹스러운 성적 성향이 유전자에 의해 결정된 탓이라고 믿고 싶었던 성소수자들에게 환영받았다. "엄마, Xq28 유전자를 주셔서 고마워요!Xq28-Thanks for the genes, mom!"라는 문구가 찍힌 티셔츠가 등장하며 이목을 끌기도 했다. 해머는 연구 대상인 80명의 동성애자 가운데 무려 66명이 Xq28 영역에 특수한 변이를 공통적으로 가지고 있음을 발견했다. 이는 동성애 성향에 영향을 미치는 일부 유전자를 어머니로부터 물려받는다는 것을 의미한다. 실제로 동성애자의 모

---

* Hamer, D.H. et al. (1993) 논문 참조.

RESEARCH NEWS

Evidence for Homosexuality Gene

A genetic analysis of 40 pairs of homosexual brothers has uncovered a region on the X chromosome that appears to contain a gene or genes for homosexuality

How much of sexual orientation is determined by a person's genes, and how much by familial and cultural influences? That has proved to be an exceptionally controversial question. Several recent studies of twins and adoptive siblings have pointed toward a large genetic component in homosexuality, implying that a gene or genes should exist that create a predisposition for homosexuality, but there was no direct proof. Now, a team of geneticists at the National Cancer Institute has come closer to that proof.

On page 321, Dean Hamer and his colleagues Stella Hu, Victoria Magnuson, Nan Hu, and Angela Pattatucci report linking some instances of male homosexuality to a small stretch of DNA on the X chromosome. If the finding can be confirmed, it might eventually lead to a better understanding of the biological basis of homosexuality and of sexual orientation in general.

No one is breaking out the champagne just yet, however. The field of behavioral genetics is littered with apparent discoveries that were later called into question or retracted. Over the past few years, several groups of researchers have reported locating genes for various mental illnesses—manic depression, schizophrenia, alcoholism—only to see their evidence evaporate after they assembled more evidence or reanalyzed the original data. "There's almost no finding that would be convincing by itself in this field," notes Elliot Gershon, chief of the clinical neurogenetics branch of the National Institute of Mental Health. "We really have to see an independent replication."

Despite the caution, researchers familiar with the work say this study appears to have a very good chance of holding up because it avoids some of the methodological problems of earlier work. One way or the other, the verdict may be in before the end of the year since a replication can probably be performed quickly.

To look for a possible homosexuality gene, Hamer and his colleagues took a two-step approach. First they recruited 76 homosexual men and traced out pedigrees for each, determining which other members of each family were themselves homosexual. They found 13.5% of the gay men's brothers to be homosexual—much higher than the rate of 2% or so that the Hamer group measured in the general population. (While this is lower than previous estimates of 4% to 10%, other recent studies have come up with similar low figures.) Earlier studies had also found that brothers of homosexual men are more likely to be homosexual than are men in the general population.

But once Hamer and colleagues ventured outside the immediate family, they found something new. "When we collected the family histories," Hamer says, "we saw more gay relatives on the maternal side than on the paternal side." In particular, they found homosexuality to be significantly more common among maternal uncles of gay men and among cousins who were sons of maternal aunts than it is among males in the general population.

This implied that, for some male homosexuals at least, the trait is passed through female members of the family. And this in turn gave the researchers an obvious place to start looking for a homosexuality gene: the X chromosome, the only chromosome inherited exclusively from the mother.

To search for such a gene, Hamer recruited 40 pairs of homosexual brothers, took DNA samples from each, and performed a genetic linkage analysis using gene markers. The idea behind the analysis is simple: On average, each pair of brothers will have about half the DNA on their X chromosomes (and other chromosomes) in common. If both brothers are homosexual because they inherited a particular gene on the X chro-

X marks the spot. The markers indicated pointed to Xq28 as the possible gene site.

mosome, the gene must lie somewhere in the shared sections of the chromosome, which can be identified by the gene markers. The researcher examines many pairs of brothers, looking for a stretch of DNA that all or most of them have in common. If such a stretch exists, then it probably contains the target gene.

When Hamer and colleagues performed their analysis, they found that such a shared stretch did indeed exist. Of the 40 pairs of brothers, 33 pairs shared a set of five markers located near the end of the long arm of the X chromosome in a region designated Xq28. It's unlikely the linkage between the markers and the homosexuality trait was due to chance, Hamer says. The linkage has a LOD score of 4.0—a technical measure that translates to a 99.5% certainty that there is a gene (or genes) in this area of the X chromosome that predisposes a male to become homosexual.

Hamer warns, however, that this one site cannot explain all male homosexuality. Although his pedigree analysis showed that the homosexuality trait is usually maternally inherited, he did see some families where the trait seemed to be passed paternally. And even among his 40 sets of brothers, chosen so that there was no evidence of the trait passing through male family members, seven sets of brothers did not share the stretch of Xq28 where the gene appears to lie. Instead, Hamer says, it seems likely that homosexuality arises from a variety of causes, genetic and perhaps environmental as well.

Still, researchers can hardly wait to get their hands on the gene in order to study just what it does. "It's very exciting," says Michael Bailey of Northwestern University in Chicago, co-author of a study 2 years ago that found half of the identical twins of gay men to be themselves gay. "If we can find a gene for sexual orientation, we can start to find out what the gene does."

The list of questions to be asked about

Gene team. Dean Hamer, and *(from left)* Stella Hu, Nan Hu, Angela Pattatucci, and Victoria Magnuson are studying the genetics of sexual orientation.

SCIENCE • VOL. 261 • 16 JULY 1993

「사이언스」에 실린 동성애 유전자 발견 논문(1993).
1993년 7월 미국 국립암연구소의 딘 해머는 40쌍의 남성 동성애자의 유전체를 분석한 결과 인간의 성적 성향에 영향을 주는 유전자 부위를 발견했다고 발표했다. 언론은 이를 '게이 유전자'라고 부르며 대서특필했다.

계 쪽 남성 친척이 부계 쪽 친척보다 동성애일 가능성이 높았다.

여러 증거에 의하면 동성애는 유전성이 상당히 높은 행동 형질이다. 온전히 타고난 본성이라 보기는 어렵겠지만 유전적 특징이 매우 높다. 일란성 쌍둥이를 대상으로 한 연구에서 한쪽이 동성애자일 때 나머지 한쪽마저 동성애자일 확률은 20~25퍼센트로 나타났다.* 보통의 인구 집단에서 어떤 사람이 동성애자일 확률이 2~10퍼센트인 것에 비하면 꽤 의미 있는 차이를 보인다고 할 수 있다. 이 수치는 교육이나 회유로 달라지지 않는다.

딘 해머의 연구 결과에 대한 언론의 취재에 따르면, 조사를 통해 '게이 유전자'를 가지고 있다는 사실이 확인될 경우 이들을 따로 격리해야 한다거나 유전공학 기술을 활용해 치료해야 한다고 답한 사람들이 충격적으로 많았다. 심지어 산전 검사를 통해 태아가 동성애 유전자를 가지고 있다면 산모에게 낙태할 권리를 주어야 할지 말아야 할지 결정해야 한다며 논쟁을 부추기는 언론도 있었다. 동성애를 옹호하는 사람들은 유전자 본질주의에 입각해 성적 성향이 바꿀 수 없는 '자연스러운 것'이므로 동성애를 인정해야 한다고 생각하지만, 반대하는 사람들은 동성애자들이 '선천적으로 잘못된 것'이라고 여김으로써 쉽게 우생학적인 해결책을 제시하게 만든다.

우리나라에서도 동성애와 관련이 있을 것으로 추정되는 유전자를 발견해 화제가 된 적이 있다. 주인공은 2010년 카이스트의 한 연구실에서 발견한 fucM 유전자다. (발음이 꽤나 공교롭게(?) 들리긴 하지만, 그

---

*   Bailey, J.M. et al. (2000) 논문과 Kendler, K.S. et al. (2000) 논문 참조.

런 뜻으로 일부러 지은 이름은 아니다!) 쥐에서 발견한 fucM은 푸코스fucose라는 탄소 원자 6개짜리 단당류monosaccharide를 세포 내로 수송하는 단백질을 만드는 유전자인데, 놀랍게도 암컷 쥐에서 이 유전자에 결손을 일으키면 수컷과의 교미를 거부하고 오히려 다른 암컷에게 구애하는 행동을 보인다는 것을 보고했다.** 정상적인 암컷 쥐는 발정기에 수컷이 접근하면 특유의 '수용적인 자세lordosis posture'를 취하는데, fucM 결손 암컷 쥐는 이러한 반응을 보이지 않은 것이다. 물론 이 연구는 쥐를 대상으로 한 실험이며, 인간에게서 동일한 효과가 있는지는 더 알려진 바가 없다.

그러나 2019년에 약 50만 명을 대상으로 진행한 동성애의 유전적 요인 분석 연구에서 단일 '게이 유전자'라는 건 없다는 신뢰할 만한 결과가 『사이언스』지에 실렸다.*** 세계 최대 유전자 정보 보관소인 영국 바이오뱅크UK Biobank와 23앤드미23andMe의 빅데이터를 이용해 수행한 이 연구에서는 동성애자들의 유전자 변이 5개를 발견했다고 밝혔지만, 이들이 동성애 행위에 미치는 영향은 아주 미미하여 기껏해야 25퍼센트에 불과하다고 분석했다. 발견된 5개의 변이는 후각이나 성호르몬과 관련된 유전자인 것으로 드러났다. 이 논문의 저자들은 동성애 성향에서 유전자가 차지하는 비중은 매우 적으며, 유전체 분석을 통해 개인의 성적 지향성을 예측하는 것은 매우 어렵다는 결론을 내렸다. 동성애를 유전자 치료로 교정한다는 것은 사실상 불가능하다는 의미다. 그러나 동성애가 유전적으로 결정되는 것은 아니라 해도, 개인

** Park, D. et al. (2010) 논문 참조.
*** Ganna, A. et al. (2019) 논문 참조.

의 타고난 성향이 아니라고 부정하기도 역시 쉽지 않다.

영국의 상원의원이자 옥스퍼드대 동물학 박사인 매트 리들리Matt Ridley(1958~)는 그의 책『생명 설계도, 게놈』에서 "유전자는 서로 충돌해 싸우며, 유전체는 부모의 유전자와 아이의 유전자 사이 또는 남성 유전자와 여성 유전자 사이의 전쟁터나 마찬가지"라고 썼다. 이는 생물학의 철학적 기반을 뿌리째 흔들어놓는 통찰이다.

환경이 동성애를 만드는 거라면

뚜렷한 동성애 유전자는 없을지라도 동성애 성향은 여전히 우리가 바꿀 수 없는 환경 탓에 생겨나는지도 모른다. 선천성 부신 과형성증congenital adrenal hyperplasia으로 인해 태어나기 전 어머니의 자궁 내에서 지나치게 높은 테스토스테론에 노출된 여자아이는 특이하게도 남자아이들의 장난감을 가지고 놀고, 주로 남자아이들을 놀이 친구로 선택한다. 이들은 커서 양성애자나 동성애자가 될 확률이 높다.

『우리는 우리 뇌다Wij Zijn Ons Brein』를 쓴 네덜란드의 신경생물학자 디크 스왑Dick Swaab(1944~)에 따르면, 남자아이가 동성애자가 될 확률은 손위 남자 형제들의 수에 비례한다. 이를 '형제 출생 순서 효과 fraternal birth order effect'라고 부른다. (더 쉬운 말로 '큰형 효과big brother effect'라고도 한다.) 형이 한 명씩 늘어날수록 동생의 동성애 경향은 약 33퍼센트씩 높아진다.* 임신 기간 남자아이가 어머니의 자궁 안에서 남성 호르몬을 많이 분비하는데 이에 대해 어머니는 면역 반응을 통해 방어

뇌과학자 디크 스왑.
암스테르담대 신경생물학 교수인 스왑은 임신 중 어머니의 자궁 안에서 분비되는 호르몬과 생화학적 요인들이 태아의 뇌 발달에 미치는 영향을 규명한 연구로 유명하다. 그는 태아 시기에 형성된 뇌의 특징에 따라 개인의 성격과 성향이 결정된다고 주장한다.

기제를 발달시키고, 이러한 방어기제는 아들을 임신할 때마다 점점 더 강화된다는 것이다. 그 결과 막내로 태어난 남자아이는 여성적인 취향을 가지게 된다.

성별은 다리 사이에 있지만 젠더는 귀 사이에 있다는 말이 있다. 스왑은 뇌가 선호하는 거의 모든 것이 태어나기 전에 어머니의 자궁 속에서 이미 대부분 결정된다고 주장한다. 어머니의 면역체계 작용에 따라 태아가 테스토스테론에 노출될 가능성이 급격히 달라진다. 이것

---

* Balthazart, J. (2018) 논문 참조.

이 사실이라면 환경이 유전자의 명령을 무력화하는 하나의 예로 볼 수 있을 것이다. 물론 우리가 인위적으로 바꿀 수 있는 환경은 아니다.

태아가 자궁 속에서 성장하는 어느 시점에 후성유전학적epigenetic 변화가 일어난다면 이 역시 테스토스테론에 대한 민감성에 영향을 미칠 수 있다. 진화유전학자 윌리엄 라이스William Richard Rice(1951~)는 동성애가 세대가 바뀌어도 사라지지 않는 이유를 후성유전학적 변화 때문이라 의심하고 있다.* 후성유전학적 표지가 성적 지향 형성에 관여한다는 사실은 놀랍지 않지만, 이러한 표지에 영향을 미치는 환경 요인이나 유전자 정보에 대해서는 알려진 바가 아직 없다.

앞으로도 성적 성향에 영향을 미치는 단일 유전자가 밝혀질 가능성은 거의 없다. 성적 취향이 유전자의 영향을 받는다고 해도 그것은 단일 유전자로 완벽히 예측할 수 있는 형태가 아니라, 우리의 키나 지능을 결정하는 경우처럼 수백 개 또는 수천 개의 유전자가 경험과 함께 복잡한 방식으로 상호작용하는 형태를 띨 가능성이 높다. 어머니의 자궁 안에서 겪은 태아기의 경험, 태어난 후 발달 과정에서 겪는 일상적인 체험 등이 복합적으로 성적 취향을 만들어낼 것이다. 그러나 다 자라 고정된 키를 억지로 늘리거나 줄일 수 없듯이 고정된 자신의 성적 성향을 의도적인 노력으로 바꾸기는 거의 불가능하다.

심리학은 보다 광범위한 논리에 입각해 동성애의 원인을 후천적인 요인에서 찾고자 한다. 이 경우 주로 동성애자의 어머니가 피의자가 된다. 남성 동성애자가 여성적 성향을 가지고 있다면 어찌 되었든

---

* Rice, W.R. et al. (2012) 논문 참조.

이 남성이 처음 만나 강하게 영향을 받은 여성은 어머니일 수밖에 없다는 이유 때문이다. 이러한 고정관념 때문에 동성애자를 자식으로 둔 어머니는 죄책감을 가질 수밖에 없다.

동성애를 지그문트 프로이트 Sigmund Freud(1856~1939)가 제안한 '오이디푸스 콤플렉스 Oedipus complex'로 설명하는 이론도 있다. 이론에 따르면 본래 남자아이는 네 살 무렵 자신의 어머니를 사랑하고, 경쟁자로 간주되는 아버지를 증오한다. 하지만 아이는 근친상간의 금기에 대한 공포 때문에 결국 자신을 아버지에게 동일화하고 이성애적 대상을 선택함으로써 이 단계를 극복하게 된다. 그러나 이 콤플렉스를 해결하는 과정에서 특정한 애착 패턴이 달라져 동성애적 성향이 형성될 가능성이 있다는 것이다.

이와 유사하게 여성의 동성애는 '엘렉트라 콤플렉스 Electra complex'로 설명하기도 한다. 여자아이가 어머니와의 동일시 과정에서 문제를 겪거나, 아버지에게 충분한 사랑을 받지 못해 여성적 대상에 대한 애착이 강화되면 동성애 성향이 형성될 수 있다는 것이다. 이런 정신분석학적 해석은 흥미롭지만 동성애를 설명하는 과학적 근거로는 부족하다.

그러나 심리학적·정신분석학적 원인을 찾더라도 이를 치료하는 것은 완전히 다른 문제다. 전기충격이나 호르몬 치료, 거세와 뇌 절제술까지 동원되었지만 그 어떤 방법으로도 동성애를 치료한 사례는 알려지지 않았다. 동성애가 병이 아닌데 어떻게 치료될 수 있다는 말인가? 성적 취향은 서로 뒤얽혀 있는 수많은 원인에서 시작되는 것으로 보인다. 유전, 호르몬, 임신과 출산의 환경, 교육적·문화적으로 각인

「잠Le Sommeil」(귀스타브 쿠르베, 1866).
심리학은 여성 동성애를 '엘렉트라 콤플렉스'로 설명하기도 한다. 여자아이가 어머니와의 동일시 과정에서 문제를 겪거나 아버지로부터 충분한 사랑을 받지 못해 여성적 대상에 대한 애착이 강화되면 동성애 성향이 형성될 수 있다는 해석이다. 파리 프티 팔레 소장.

된 것들이 모두 포함된다. 이 모든 원인들이 성적 취향에 각각 얼마나 기여하는지 우리는 아직 답을 모른다. 아마도 사람마다 모두 다른 비율로 섞여 있을 것이다.

현재로서는 동성애의 유전적 기원 문제를 규명하는 것이 불가능해 보인다. 수정란이나 배아의 유전체를 검사해서 '게이 유전자'를 찾아내거나, 백신 또는 해독제를 만들어낼 가능성이 거의 없다는 말이다. 1992년 세계보건기구WHO 헌장이 선포된 이래로는 누구라도 동성애자를 대상으로 의학적 행위를 강제할 경우 처벌을 받을 수 있다.

영화 「니모를 찾아서」(2003) 스틸 컷.
아네모네피쉬는 자웅동체로, 태어날 때는 모두 수컷이지만 몸집이 가장 큰 지배 암컷이 죽으면 수컷 중 서열이 가장 높은 개체가 암컷으로 성을 전환한다.

오직 자연만이 지극히 자연스럽다

픽사Pixar의 유명 애니메이션 「니모를 찾아서Finding Nemo」에 등장하는 주인공 아네모네피쉬anemonefish는 사는 동안 자신의 성별을 바꿀 수 있다. 모든 아네모네피쉬는 자웅동체로, 태어날 때는 모두 수컷이지만 몸집이 가장 큰 지배 암컷이 죽으면 수컷 중 서열이 제일 높은 개체가 암컷으로 성을 전환한다. 성호르몬 분비에 변화를 줌으로써 자유롭게 자신의 성정 체성을 바꿀 수 있는 것이다.

아네모네피쉬뿐만 아니라 다른 어류나 곤충, 여러 조류 등에서 성은 고정되지 않고 환경적·사회적 요인에 따라 변화한다. 이는 자연계에서 성별은 단순한 이분법으로 정해지는 것이 아니라 훨씬 더 유동적인 개념일 수 있음을 시사한다. 인간 사회에서 동성애가 '자연스럽지' 않다는 이유로 배척되었다는 것을 상기해보면 무엇이 '자연스러운' 것인지, 또는 무엇이 '자연에 더 가까운' 것인지 생각해볼 필요가 있다. '부자연스럽다'는 말은 종종 편견과 고정관념을 강화하는 도구로 사용된다. 그러나 자연은 특정한 방식만이 옳다고 강요하지 않는다. 자연이 허용하는 모든 것은 말 그대로 자연스럽다. 따라서 진정한 의미에서 오직 자연만이 자연스러울 수 있다.

프랑스의 철학자 질 들뢰즈Gilles Deleuze(1925~1995)와 펠릭스 가타리Pierre-Félix Guattari(1930~1992)는 『안티 오이디푸스Anti-Oedipus』에서 전통적인 성 개념을 해체하고자 하며, 성을 고정된 정체성이 아니라 흐름과 욕망의 작용으로 이해한다. 그들은 욕망의 관점에서 "하나의 성이 아니고 두 개의 성도 아니라, n개의 성"이 필요하다고 말한다. 분열 분석의 공식으로 "각자에게 자신의 여러 성을À chacun ses sexes multiples"이라는 표현을 썼다. 그들의 주장대로 성욕 차원에서 'n개의 성'이 있을 수 있다. 그러나 'n개의 성'은 성욕뿐 아니라 생물학적 성 자체에서도 '간성'이라는 이름으로도 얼마든지 발견된다. 우리 자신을 정확하게 묘사하기 위해 정말로 '각자에게 자신의 여러 성이' 필요할지도 모른다. 당신과 내가 둘 다 남성일지라도 당신의 남성성과 나의 남성성은 결코 같다고 할 수 없기 때문이다.

영화 「콘클라베Conclave」는 전 세계 추기경들이 로마 교회에 모여 밀실에서 교황을 선출하는 과정을 추적해 보여주며 '무엇이 옳은가'라고 관객을 향해 묻는다. 콘클라베 총괄을 맡은 단장 토머스 로렌스는 투표를 앞두고 한 설교에서 "확신이야말로 가장 두려운 죄이며, 통합

영화 「콘클라베」(2025)의 주연배우 랄프 파인즈.
콘클라베 첫날 강론에서 로렌스 추기경은 확신이야말로 화합을 방해하는 가장 큰 죄이며 관용의 가장 치명적인 적임을 준엄히 천명한다. 가장 신성한 권력의 공간은 배제와 은폐의 논리를 벗어던질 수 있을까?

과 포용을 방해하는 강력한 적"이라고 선언한다. 그는 이 시대에서 다름을 추구하고 이야기할 수 있는 자가 교황으로 선출되어야 한다고 충동적으로 덧붙인다.

우여곡절 끝에 아무도 예상치 못했던 의외의 인물이 교황으로 선출되지만, 단장은 그의 성 정체성에 관한 비밀을 뒤늦게 알게 된다. 새 교황은 스스로도 오랜 세월 깨닫지 못했던 간성이었다. 온전히 남성이 아닌 자가 교황이 될 수 있을까? 세상이 이 사실을 알게 된다면 무슨 일이 벌어질까? 단장은 설교 때 자신이 던졌던 메시지를 차마 스스로 부정하지 못하고 현실을 무겁게 받아들인다. 어떤 결정이 옳은 것일까? 당신의 성은 당신이 선택한 것이 아니며, 무언가를 성취한 대가로 또는 잘못한 벌로 받은 것도 아니다. 당신에게는 애초부터 성을 고를 자격도 권한도 없었다. 우리는 아무것도 확신할 수 없다.

인간의 성은 아네모네피쉬와 달리 스스로 선택할 수 있는 것이 아니며, 동성애 성향 역시 마찬가지다. 그런 의미에서 오늘날 동성애를 비정상으로 치부하는 것은 올바른 태도라 볼 수 없다. 동성애는 단지 소수에게서 나타나는 하나의 성향일 뿐이다. 동성애와 이성애가 공존할 수 없다고 볼 만한 근거도 없다. 2012년 프랑스에서 진행된 동성혼 법제화와 관련된 논의를 다룬 영화「사회학자와 곰돌이 *Sociologist and Pooh*」에서 사회학자 이렌 테리 Irène Théry(1952~)는 이렇게 말한다.

> 많은 사람은 자기들의 생각이 변했다는 사실을 드러내는 걸 싫어해. 그건 본인이 과거에는 틀렸고 지금은 맞다는 걸 받아들이는 꼴이라고 생각하니까. 하지만 생각의 변화는 '틀림에서 옳음으로의 과정'이 아니야. 만약 그랬다면 우리는 언제나 '틀린' 생각을 하게 될 수밖에 없어. 세상은 계속 변하니까.

이 말은 어떤 입장도 옳지 않다는 말이 아니다. 오랫동안 옳은 입장은 없다는 말이다. 어쩌면 이 문제는 계속해서 변하는 세상 속에서도 반드시 지켜야 할 불변의 가치가 있다고 믿는 이들과 그렇지 않은 이들 사이의 끝없는 논쟁일지도 모른다. 그렇지만 이들 모두가 이 세상에서 더불어 살아가야 한다는 사실은 바뀌지 않는다.

7

암 유전자

영생을 꿈꾼 세포의
다단계적 일탈

지난 19세기에는 결핵이, 오늘날에는 암이 부추겨 놓은 환상은 의학이 모든 질병을 치료할 수 있다는 전제를 중심에 놓고 있던 시기에 등장한 생각, 즉 질병은 급작스럽게 발병될 뿐만 아니라 고치기도 어렵다는 생각, 한마디로 말하자면 아직 그 원인을 모르고 있는 어떤 질병이 있다는 생각에 상응해 나타난 환상이다. 그 개념상, 이런 질병은 신비로운 그 무엇이었다. 그 발병 원인을 이해하지도 못했고 의사의 처방도 별다른 효험이 없던 그 오랜 시간 동안, 결핵은 삶을 도둑질해 가는 교활하고 무자비한 그 무엇으로 생각되어 왔다. 오늘날에는 암이야말로 우리 몸속에 들어오기 전에 노크도 하지 않는 그런 질병 취급을 받는다. 즉, 살그머니 다가오는 무자비한 질병의 역할을 암이 떠맡게 된 것이다. 언젠가 그 원인이 결핵만큼 분명히 밝혀져 효과적으로 치료될 수 있을 때까지 떠맡을 수밖에 없는 그런 역할을 말이다.

수전 손택Susan Sontag, 『은유로서의 질병Illness as Metaphor』
이재원 옮김, 이후, 2002, 16쪽.

1902년 마리 퀴리Marie Curie(1867~1934)와 피에르 퀴리Pierre Curie (1859~1906) 부부는 역청 우라늄석인 피치블렌드pitchblende에서 어렵게 염화라듐을 얻어냈다. 그리고 이를 조심스레 전기분해한 결과, 마침내 순수한 형태의 새로운 원소가 분리되었다. 어둠 속에서도 스스로 황홀한 초록빛 광채를 뿜어내는 신비한 물질이었다. 그들은 이 새로운 원소에 '라듐radium'이라는 이름을 붙여주었다. 그리스어로 '빛'을 의미하는 단어였다. 이 신비한 빛은 그것을 발견한 두 사람의 인생을 환희 밝혔다. 바로 그 이듬해 두 사람이 노벨물리학상을 함께 받은 것이다. 그러나 그들의 행복은 그리 오래가지 못했다.

라듐은 불과 7년 전에 발견된 엑스선X-ray과 아주 비슷한 성질을 보였지만, 위력은 훨씬 더 셌다. 빛이 뿜어내는 복사 에너지가 사람의 몸을 관통할 뿐 아니라 인체 조직 곳곳에 강력한 에너지를 전달할 수 있었다. 엑스선이 발견되자마자 그 에너지를 이용해 암을 치료하면 어

마리 퀴리와 피에르 퀴리(1904).
퀴리 부부는 방사능 물질을 발견한 공로로 1903년 노벨물리학상을 함께 수상했다. 그러나 방사능에 오래 노출된 탓에 마리 퀴리는 백혈병으로 사망했다.

떨까 시험했던 의사들은 이제 그보다 1,000배는 더 강력한 에너지를 실제로 종양에 쏠 수 있게 되었다. 라듐은 국소 부위의 고형암을 놀라우리만치 효과적으로 제거했다. 뇌종양에 걸려 1년 내내 혼수상태에 빠져 있던 환자가 단 며칠 만에 혼자 일어나 앉아 TV를 시청했다. 곧 '방사선 치료radiation therapy'라는 새로운 암 치료법이 생겨났다.

라듐이 건강과 미용에 좋을 뿐 아니라 온갖 종류의 질병에 즉효약이라는 믿음이 대중들 사이에 광풍처럼 불었다. 아름답게 빛나는 라듐은 치약에도, 화장품과 생수에도 들어가기 시작했다. 심지어 노화 방지나 정신질환 치료에도 효과가 뛰어나다는 이야기가 돌았다. 라듐은 만병통치약 그 이상이었다. 당시 라듐 1그램은 무려 12만 달러(현재 가치로는 약 220만 달러, 즉 약 30억 원이 넘는 거액)에 달했다. 가난한 사람들은 라듐으로 치료를 받을 수 없었다.

    1914년 유럽에서 발발한 제1차 세계대전은 끝날 기미가 보이지 않았다. 1917년 독일의 잠수함 공격을 불시에 받은 미국은 더는 좌시할 수 없어 참전을 결정한다. 훗날 H.G. 웰스가 멋지게 표현했듯이, 이는 "모든 전쟁을 끝낼 전쟁The war to end all wars"이 될 터였다. 미국에서는 참전 군인들이 밤에도 시간을 확인할 수 있게 야광 시계를 제작해달라는 요구가 빗발쳤다. 칠흑 같은 어둠 속에서도 자체로 빛나는 라듐이 제격이었다. 미국의 여러 공장에서는 시계의 시침과 분침, 숫자판에 야광 페인트를 칠할 도장공이 다수 필요했는데, 젊은 남자들은 대부분 전쟁터에 나갔기 때문에 나이 어린 소녀들이 그 일자리를 얻었다.

    도장공들에게는 할당량이 있었다. 소량의 라듐 가루를 투명한 병에 넣고 물을 부은 뒤 황화아연과 고무풀 접착제를 섞었다. 곧 신비로운 초록색 빛이 감도는 눈부신 야광 페인트가 만들어졌다. 소녀들은 '립 포인팅lip-pointing'이라 불리는 기술을 써서, 붓을 입술과 혀로 적셔 뾰족하게 만든 다음에야 아주 작은 시계침과 숫자판을 실수 없이 칠할 수 있었다. 라듐이 가진 명성과 전능한 약효 때문에 아무도 라듐의 위험성을 의심하지 않았다. 소녀들은 귀가길 어둠 속에서 빛나는 자신의 입술을 자랑스러워했다. 그들이 만든 야광 페인트의 상품명은 '언다크Undark'였다.

    라듐은 같은 질량의 우라늄보다 300만 배 강한 방사능을 방출한

언다크Undark 광고(1921).
라듐 걸스 스캔들에 연루된 라듐 루미너스 머티리얼 코퍼레이션의 제품인 언다크를 홍보하는 잡지 광고다.

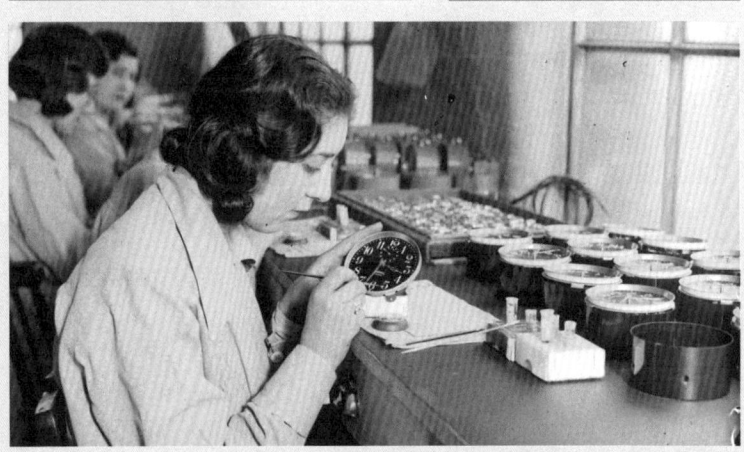

영화 「라듐 걸스」(2018)의 한 장면.
라듐 시계를 제작하는 도장공 여성들은 수년 동안 방사성 라듐이 함유된 페인트로 시계 침을 칠하면서 자신도 모르게 중독되어 생명을 위험에 빠뜨렸다.

다. 몇 년간 지속된 작업으로 소녀들은 라듐에 중독되었고, 서서히 입과 턱이 괴사하는 심각한 피폭 증상을 겪었다. 이른바 대규모 라듐 중독사건이다. 이는 과거에 한 번도 알려진 적 없는 새로운 유형의 직업병이었다. 1928년 스무 살도 채 되지 않은 다섯 명의 소녀가 죽음을 앞두고 라듐 중독 피해의 부당함을 호소하며 법정에 섰고, 1939년 이들은 11년에 걸친 지루한 법정 공방 끝에 노동자 안전 소송에서 결국 이기게 된다. 언론은 이들을 '라듐 걸스radium girls'라고 불렀다.

암은 현대인의 질병일까

라듐을 정제하느라 오랫동안 씨름했던 퀴리 부부는 어떻게 되었을까? 마리 퀴리는 1934년에 백혈병으로 사망했다. 피에르 퀴리는 그보다 일찍 불의의 교통사고로 요절했다. 얼마 후 발발한 제2차 세계대전에서 미국은 더 많은 야광 시계를 제작했다. 이때 사용한 라듐은 190그램이 넘을 정도였는데, 제1차 세계대전에서 전 세계적으로 사용된 라듐의 양이 30그램도 채 되지 않았던 것에 비하면 엄청난 양이었다. 그러나 '라듐 부부'와 '라듐 걸스'의 희생으로 두 번째 전쟁부터는 방사능의 위험에 대비하며 충분히 조심할 수 있었다. 그들은 탄광 속의 카나리아였다.

암의 발생은 양면적이다. 라듐은 암을 제거하는 데 쓰이기도 했지만, 동시에 암을 일으키는 원인이기도 했다. 커다란 에너지는 암세포를 죽일 수도 있지만, 새로운 암세포를 만들어내기도 한다. 조금 과장하자면 이렇게 말할 수도 있다. '모든 항암물질은 동시에 발암물질이다.' 모든 약은 독으로 작용할 수 있고, 모든 독은 약으로도 쓸 수 있다는 말과 비슷하다. 게다가 모든 암이 유전되는 것은 아니지만 모든 암은 유전질환이다. 이게 다 무슨 말일까? 혼란스럽게 들릴 수도 있겠지만 이제부터 하나씩 차근차근 이해해보도록 하자.

현재 전 세계적으로 암은 주요 사망 원인 중 하나로, 일부 국가에서는 심장병을 제치고 사망 원인 1위를 차지한다. 매년 약 1,800만 건의 암이 새로이 발생하고, 900만 명 이상이 암으로 사망한다. 우리나라도 현재 암 환자가 200만 명이 넘는데, 이는 인구 100명당 4명꼴로 암이 있다는 의미이다. 전문가들은 이 수치가 앞으로 20년 안에 두 배 증가할 것으로 내다보고 있다. 현대는 누가 뭐래도 암의 시대다.

수전 손택은 『은유로서의 질병*Illness as Metaphor*』에서 결핵이 19세기를 상징하는 질병이라면 암은 20세기의 질병이라고 썼다. 현대는 "삶을 도둑질해가는 교활하고 무자비한 그 무엇"의 자리를 결핵 대신 암에게 내주었다는 말이다. 암이 현대의 질병이라고 생각되는 이유는 간단하다. 19세기 초반까지만 해도 전 세계 국가의 평균 수명은 약 35세에 지나지 않았다. 노년이 되면 암에 걸렸을 법한 사람들이 대부분 전염병, 영양실조, 전쟁 등으로 젊은 나이에 일찍 사망해버렸기 때문이다.

콜럼버스가 신대륙을 정복한 이후 전 세계에 담배가 전파되었고, 산업혁명 이래로 종양을 유발하는 화학물질이 다량으로 퍼져 암이 증가하는 데 큰 영향을 미쳤다는 주장도 있다. 그러나 암이라는 단어가 의학 문헌에 처음 등장한 것은 기원전 400년경 히포크라테스가 활동

아픈 여성을 치료하는 고대 그리스의 의사(기원전 5세기, 대리석 부조).
암이라는 단어가 의학 문헌에 처음 등장한 것은 기원전 400년경 히포크라테스가 활동하던 고대 그리스 시대였다.

하던 고대 그리스 시대였다. 당시 암을 'καρκίνος(karkinos)'라고 불렀는데, 이는 그리스어로 '게crab'를 의미했다. 히포크라테스는 혈관이 퍼져나가는 모양이 게의 다리와 비슷하다고 여겨서 암을 '카르키노스'라고 불렀다. 실제로 게 모양을 한 암은 거의 없다. 하지만 이 용어는 지금도 악성 종양malignant tumor을 의미하는 '암종carcinoma'이라는 단어 등에서 그 흔적을 발견할 수 있다.

암을 의미하는 또 하나의 오래된 그리스어가 있다. 그것은 'ὄγκος(onkos)'인데, 이것은 '덩어리' 또는 '부담스러운 크기의 짐'을 뜻하는 단어였다. '카르키노스'가 악성 종양을 가리킨다면 '온코스'는 양성 종양benign tumor까지를 포함한 더 넓은 의미로 사용되었다. 현대에는 '종양학oncology'과 같은 명칭에서 그 용례를 찾아볼 수 있다.

흔히 알려진 것과 달리 중세 시대의 사람들에게도 암이 굉장히 흔했던 것으로 보이는 고고학 연구 결과가 최근 보고되기도 했다. 영국 케임브리지대 연구진들이 엑스선 촬영과 CT 스캐닝 등 최신 이미징 기법을 이용해 6세기부터 16세기까지 조성된 묘지에서 발굴한 유골들을 조사한 결과, 중세 영국 인구의 암 유병률이 9~14퍼센트에 달했으리라 추정되는 결과를 얻은 것이다.* 이는 중세 시대 암 유병률이 1퍼센트 미만이었다는 기존의 기록보다 10배 이상 높은 것으로, 암이 비교적 최근에 생긴 질병이라는 통념을 깨는 발견이다.

암은 현대판 질병이 아니라 고대로부터 지금까지 지속적으로 인간을 괴롭혀온 주요 질병 중 하나였다. 전문가들은 암과 같은 조직변형이 이미 500만 년 전부터 존재했다고 추측한다. 최근 미국 와이오밍주에서 발견된 150만 년 이상된 공룡의 화석에서 특이하게 변형된 뼈를 분석한 결과 골종과 혈관종을 앓았다는 증거를 얻었다. 아프리카 케냐에서 발굴된 오스트랄로피테쿠스의 화석에는 버킷 림프종Burkitt lymphoma으로 인해 변형된 턱뼈가 발견되기도 했다.

암을 부르는 나쁜 습관

암이 특정 환경이나 생활 습관 때문에 발생할 수도 있다는 견해가 등장한 것은 18세기 후반이었다. 1775년 런던의 의사 퍼시벌 포트

---

* Mitchell, P.D. et al. (2021) 논문 참조.

Percivall Pott(1714~1788)는 어렸을 때 굴뚝 청소부로 일했던 남자들에게서 고환암이 빈번하게 발생한다는 사실을 발견했다. 당시 산업혁명이 일어난 영국은 공장과 석탄과 굴뚝의 나라였다. 즉 공장 기계와 굴뚝에 낀 검댕을 닦아낼 일꾼이 많이 필요했던 것이다. 그러나 좁은 굴뚝과 기계 부품의 틈새에 들어갈 수 있는 사람은 몸집이 작은 아동들뿐이었다. 당시 15세 이하의 굴뚝 청소부는 이미 수천 명에 달했다. 이들은 거의 발가벗고 기름 범벅이 된 채 종일 검댕과 재를 청소했다. 검댕 입자는 말 그대로 발암물질 자체였음이 나중에 밝혀진다.

19세기 들어 영국의 담배 수입량은 처음으로 1억 톤을 돌파했다. 성인 한 명당 하루 평균 12개비의 담배를 피웠다. 20세기에 들어서자 그 효과가 나타났다. 이전 20년에 비해 폐암으로 사망하는 사람의 수가 15배나 증가했다. 굴뚝 청소와 고환암 발생의 관계는 흡연과 폐암 발생의 관계로 다시 재현되었다. 흡연 사망자를 부검한 결과 타르로 변색된 기관지와 검댕으로 새까매진 폐가 빈번히 발견되곤 했다. 그런 폐에서 암이 무섭게 자라나 있었다.

1950년대 들어 흡연과 폐암 사이에 깊은 연관성이 존재한다는 사실이 의학계에서 본격적으로 제기되기 시작하자 미국의 담배 산업계는 좌불안석이었다. 20세기 전반에 일어난 두 차례의 세계대전이 군인 중독자를 엄청나게 양산하며 담배 산업을 부양시켰고, 이에 미국의 담배 판매량은 끝을 모르고 치솟던 때였다. 담배 회사가 암암리에 수행한 내부 연구에서 담배가 실제로 암을 유발한다는 결과를 얻기도 했다. 소비자들이 겁을 먹고 담배를 끊을까 우려한 담배 제조사들은 폐암 예방에 신경 쓰는 대신 광고에 천문학적인 돈을 쏟아부었다.

미국의 담배회사 R. J. 레이놀즈의 카멜 광고(1952).
"의사들은 다른 담배보다도 카멜을 더 많이 피운다"라는 홍보 문구만큼 소비자들을 안심시키기 좋은 방법은 없었을 것이다. 당시에는 의학 학술지에 담배광고가 실리는 것이 흔한 일이었다.

담배 회사들은 급기야 자기네 담배가 건강에 좋다고 주장하며 광고에 의사를 등장시켰다. 아메리칸 토바코는 의사들이 자사 브랜드인 '럭키 스트라이크Lucky Strike'만큼 목에 부드럽게 넘어가는 담배는 없다고 극찬한 것을 광고했으며, R. J. 레이놀즈는 의사들이 가장 사랑하는 담배는 다름 아닌 '카멜Camel'이라고 홍보했다. 의사들이 안전을 보장하는 담배에 무슨 문제가 있을 수 있겠는가. 의학 학술지에는 늘 담배 광고가 실렸고, 의사들에게는 담배가 공짜로 제공되었다. 빨간 셔츠에 흰색 카우보이 모자를 쓴 '말보로 맨Marlboro man'이 등장해 필터가 부착된 담배를 섹시한 야성미와 자유로운 영혼의 상징으로 내세웠다. 담배 회사가 사상 최대의 매출 실적을 올린 것도 바로 그즈음이었다.

그러나 1970년대 이르러 미국의 담배 산업 호황기는 끝을 보이고 있었다. 오랜 기간 담배 광고의 허위성과 암 유발의 위험성을 집요하게 파헤친 공중보건국과 연방 통상위원회의 노력이 소비자들에게 경각심을 불러일으키기 시작했다. 담배 회사들이 거짓말하고 있다고 폭로한 연구원과 로펌 직원들의 양심선언도 큰 몫을 했다. 대형 담배 회사들은 피해자들이 제기한 줄소송에 패소하면서 비난을 면치 못했고 책임에서 자유롭지 못했다. 그러나 담배로 인한 폐암 사망률이 본격적으로 감소하기 시작한 것은 2000년대 들어서였다. 흡연과 폐암 발생 사이에 거의 30년이라는 시차가 존재하기 때문이다.

현재 한국인의 사망 원인 1위는 암이며, 그중에서도 폐암 사망이 약 25퍼센트로 21세기에 들어선 이후 지금까지도 굳건히 1위를 차지하고 있다. 일반음식점과 카페 등 실내 공공장소에서의 흡연을 전면 금지한 것은 불과 10년 전인 2015년부터였다. 폐암 사망자가 감소하려면 단순한 계산으로도 아직 20년이 더 남았다는 뜻이다. 자주 사용하는 물건에서 발암물질이 소량이라도 검출되었다 하면 온갖 히스테리를 부리며 불안해할 사람들이, 인류에게 알려진 가장 강력한 발암물질 중 하나인 담배를 어디서나 값싸고 쉽게 구할 수 있다는 사실에는 둔감하니 신기한 일이다.

기생충이 암을 일으킨다고?

암이 발생하는 원인을 밝혀 최초로 노벨상을 수상한 사람은 덴마크의 병리학자 요하네스 피비게르 Johannes Fibiger(1867~1928)였다. 그는 1907년 위암에 걸린 쥐 세 마리에서 모두 스피롭테라 Spiroptera라는 선충 nematode이 기생하고 있음을 발견했다. 피비게르는 이 기생충이 배설물로 나오고, 그것을 먹고 사는 바퀴벌레의 몸을 거쳐 다시 다른 쥐로 옮겨가면 위암이 발생한다는 사실을 관찰했다. 그는 이어 쥐의 위암 조직을 다른 정상 쥐에 이식해 새로운 위암을 일으킨다는 논문을 발표했고, 이는 인위적으로 암을 유발한 역사상 최초의 실험으로 인정받아 1926년 노벨생리의학상을 수상한다.

그러나 문제는 그의 실험이 다른 연구자들에 의해 수십 년간 단 한 번도 재현되지 않았다는 사실이다. 해당 실험은 오직 피비게르의 손에서만 결과를 만들어냈다. 어째서 그럴 수 있었는지 지금도 추측이 무성하지만, 아무튼 피비게르의 수상은 오류이자 부끄러운 실수로 '최악의 노벨상' 수여 사례 중 하나로 남았다. 그 후 노벨위원회가 암 관

덴마크의 병리학자 요하네스 피비게르.
피비게르는 실험동물에서 통제된 방식으로 처음 암을 유발하는 데 성공했다. 피비게르의 주장과 달리 기생충 유충이 직접 암을 유발하지 않는다는 사실이 나중에 밝혀졌지만, 그의 연구는 발암성 화학물질의 존재를 본격적으로 탐색하는 계기가 되었다.

련 연구자는 수상자로 선정하기를 꺼린다는 소문이 자자했다. 애꿎은 피해자는 또 다른 암 연구자인 미국 록펠러연구소의 프랜시스 페이턴 라우스Francis Peyton Rous(1879~1970)였다.

라우스는 1910년 암이 바이러스에서 유래할 수 있음을 처음으로 밝혔다. 닭의 근육에 악성 종양을 일으키는 전염성 물질이 있음을 발견하고, 이를 자신의 이름을 따서 '라우스 육종 바이러스Rous sarcoma virus (RSV)'라고 명명했다. 세균도 침투하지 못할 정도로 극히 촘촘한 여과지를 통과해 암을 유발하는 어떤 미세한 입자를 상정한 것이다. 하지만 당시 바이러스에 대한 개념이 정립되어 있지 않았던 터라 그의 급진적인 주장은 크게 주목받지 못했다.

그러나 그사이 소아마비 바이러스와 헤르페스 감염을 일으키는 바이러스가 연달아 발견되었고, 1930년대 들어 그의 동료 중 하나였

뉴욕 록펠러 의학연구소의 실험실에서 연구 중인 프랜시스 라우스(1923).
라우스는 암이 바이러스에서 유래할 수 있음을 처음으로 밝혀 1966년 노벨생리의학상을 수상했다.

던 리처드 쇼프Richard Shope(1901~1966)가 토끼에서 암을 일으키는 또 다른 바이러스를 발견하면서 상황이 바뀌기 시작했다. 그는 이 바이러스를 '쇼프 유두종 바이러스Shope papilloma virus'라 불렀다. 바이러스가 실제로 암을 일으킨다는 것이 사실로 드러난 것이다. 라우스는 최초 연구 성과를 낸 지 50년도 훨씬 지난 1966년 마침내 노벨상을 받을 수 있었다. 피비게르가 남긴 오명 이후 암 연구자로서는 그제야 겨우 두 번째 수상이었다. 그의 나이 87세 때였다. 장수하지 못했다면 상을 놓쳤을 공산이 크다.

고령의 라우스가 사망한 이후 해럴드 바머스Harold Eliot Varmus(1939~)와 마이클 비숍John Michael Bishop(1936~)은 육종이 RSV라는 바이러스 자체 때문이 아니라, 단지 RSV가 내부에 지닌 유전자 하나 때문에 발생한다는 것을 처음으로 밝혔다.* 이 유전자에는 '육종'이라는 단어의 줄임말인 'src'라는 이름이 붙었다. src는 암을 유발하는 것으로 밝혀진 최초의 '암 유발 유전자oncogene'였다.

그런데 잠시 후 더 놀라운 사실이 알려졌다. RSV는 원래부터 암 유발 유전자를 갖고 있었던 것이 아니라, 암세포에서 기원한 유전자를 우연히 손에 넣었을 뿐이라는 것이다. 바이러스가 사람의 세포에 감염하며 운반해 간 src 유전자가 변형된 채 사람에게 다시 전달되면 암을 유발하게 된다. 암 유발 유전자는 원래부터 인간의 세포 속에 들어있었다! 바이러스는 거기에 돌연변이를 일으켜 잠들어 있던 종양을 깨운 것이다. 이 발견은 암의 기원을 외부 감염에서 세포 내부로 돌리는 결정적인 전환점이 되었다.

기생충이 암을 일으킨다는 피비게르의 이론은 당시 틀린 것으로 결론났지만, 거의 100년이 지난 지금 기생충이 실제로 암을 유발한다는 사실이 속속 알려지고 있다. 생선회를 통해 감염되어 간의 담관에 기생하는 간흡충Clonorchis sinensis은 담관암을 일으킬 수 있다. 주로 아프리카 지역에서 감염되고 요로계에 기생하는 주혈흡충Schistosoma haematobium은 만성 감염 시 높은 확률로 방광암을 일으킨다. 세계보건

---

* Martin, G.S. (2001) 논문 참조.

기구WHO 산하 국제암연구소에서는 최근 간흡충과 주혈흡충을 '1급 발암물질'로 분류했을 정도다.

한 세기 전 피비게르에게 영예의 상을 안긴 '기생충'은 약 100년 뒤 노벨상만이 아니라 오스카상도 선사해줄 능력이 있음을 입증했다. 봉준호 감독의 「기생충*Parasite*」은 2020년 아카데미 시상식에서 작품상과 감독상 등 4관왕을 차지했다. 만약 제목이 '바이러스'나 '박테리아' 따위였다면 불가능했을 일이다.

암과의 전쟁을 선포하다

1971년 크리스마스를 이틀 앞두고 리처드 닉슨Richard Milhous Nixon(1913~1994) 미국 대통령은 국가 암 퇴치법National Cancer Act에 서명하면서 '암과의 전쟁war on cancer'을 선포했다. 이 계획은 이듬해부터 미국 독립 200주년이 되는 1976년까지, 그러니까 5년 내로 암을 완전히 물리치겠다는 야심 찬 국가적 프로젝트였다. 이를 위해 250억 달러라는 거액의 연구비가 투입되었다.

미국은 이미 1940년대 제2차 세계대전이라는 비상한 시기에서도 '맨해튼 프로젝트Manhattan Project'를 통해 독일보다 먼저 원자폭탄을 비밀리에 개발한 바 있고, 1960년대 일촉즉발의 냉전 상황에서도 소련보다 먼저 달에 사람을 보내야 한다는 일념 아래 '아폴로 계획Apollo Program'을 성공시킨 기분 좋은 경험이 있었다. 그때처럼 나라의 예산과 인력 등 모든 에너지를 집중하면 인류 최대의 난치병인 암을 무난

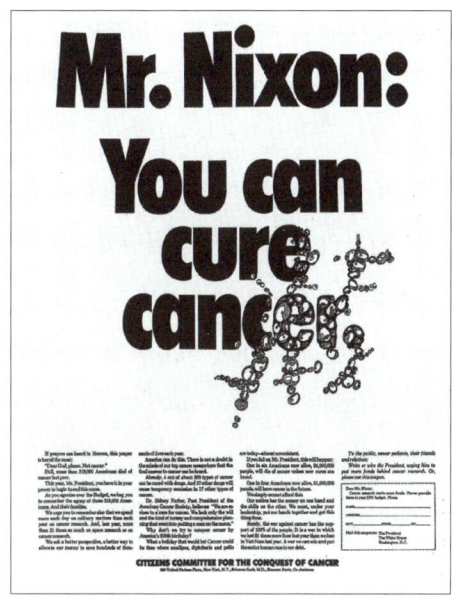

"닉슨, 당신은 암을 치료할 수 있다"(1969).
미국의 자선가 메리 라스커가 설립한 암 정복 시민위원회가 제작한 전면 광고가 1969년 12월 9일 『워싱턴 포스트』와 『뉴욕 타임스』에 게재되었다.

히 정복할 수 있으리라 믿었다.

그러나 5년 후 프로젝트가 끝났을 때 암 사망률은 크게 달라지지 않았다. 그것은 암과의 전쟁은커녕 '팔씨름'에도 미치지 못했다. 5년 만에 암을 뿌리 뽑으려 했다니, 너무나 순진하고도 무모한 도전이었음이 드러났다. 2008년 9월 『뉴스위크Newsweek』에는 "우리는 암과 싸웠다… 그러나 승자는 암이었다We fought cancer… and cancer won"라는 자조 섞인 제목의 기사가 실렸다. 닉슨의 선언이 있은 지 50년이 훨씬 지난 지금도 우리는 단지 암 환자의 5년 생존율을 70퍼센트 겨우 상회하는 수준으로 올려놓았을 뿐이다. (1990년대 말 5년 생존율은 50퍼센트도 채 되지 못했다.) 그러나 암이 정복되려면 아직도 멀었다.

암의 종류는 200가지가 넘는다. 암은 하나의 질병이 아니라 200

가지 서로 다른 모습을 한 침략자와 같다. 어떤 암은 어린 나이에 발생하고, 어떤 암은 여성에게 더 빈번히 찾아온다. 어떤 암은 높은 확률로 유전되기도 하며, 또 다른 암은 좀처럼 치료가 되지 않는다. 이들을 단 하나의 전략으로 막거나 제압한다는 것은 불가능한 일이다.

'암과의 전쟁'은 분명 아니었지만 최초의 항암제는 전쟁 중에 발명되었다. 그것도 암을 치료하기 위해 만든 게 아니라, 사람을 죽일 목적으로 만든 것이었다. 제1차 세계대전이 한창이던 1917년 벨기에의 작은 마을 이프르Ypres에 주둔해 있던 영국군의 머리 위로 코를 찌르듯 겨자 냄새를 뿜어내는 포탄이 쏟아졌다. 일명 '겨자 가스mustard gas'라고 불리는 독가스였다. 이 가스에 노출되면 피부와 점막에 심각한 수포가 발생하고 화상을 입게 되며, 심하면 눈이 멀고 폐도 제기능을 하지 못했다. 무시무시한 겨자 가스는 한 해 동안 수천 명의 병사를 죽음으로 몰아갔다. 운 좋게 살아남았더라도 대부분의 생존자는 골수가 비정상이었다는 사실이다. 겨자 가스는 백혈구를 선택적으로 몰살시켰던 것이다.

이 독가스를 엄격히 통제된 상황에서 아주 소량만 사용한다면 백혈병을 치료할 수도 있지 않을까? "모든 약은 곧 독이다"라고 했던 독성학의 아버지 파라켈수스Philippus Paracelsus(1493~1541)의 말을 뒤집으면 '독도 잘 쓰면 약이 될 수 있다'가 되지 않겠는가. 당시 미국의 화학전 부대 연구에 참여하고 있던 예일대의 약리학자 굿맨Louis Sanford Goodman(1906~2000)과 길먼Alfred Zack Gilman(1908~1984)은 림프종을 이식한 생쥐에 질소 머스터드를 투여해 종양이 사라지는 것을 확인했다. 이것이 겨자 가스 성분으로 만든 최초의 항암제이자 백혈병 치료제인

최초의 화학전이었던 제1차 세계 대전(1917).
1917년 벨기에의 작은 마을 이프르 전장에서 연합군 병사들이 적군의 독가스 공격에 대비해 방독면을 쓰고 참호 안에 몸을 숨기고 있다. '독도 잘 쓰면 약이 될 수 있다'는 믿음에서 화학전에 이용된 독가스의 성분을 종양 치료 연구에 도입하기도 했다.

'무스틴Mustine'이다. 이는 세계 최초의 화학요법chemotherapy 사례로 역사에 기록되었다.

그러나 사람에게 시험한 약물의 효과는 일시적이었다. 부어올랐던 림프선이 사라지며 기적처럼 완화되었던 증상은 한 달 만에 암이 재발했다. 내성이 쉽게 생겼고, 약물이 정상세포도 공격하면서 구토와 탈모 등 부작용을 일으켰다. 그러나 초창기 화학요법의 효과를 확인한 약리학자와 의사들이 더 확실한 효능을 가진 물질을 찾아내는 데 전력하면서 1950년대 이후 본격적으로 항암치료 약물의 시대가 열렸다.

암은 우리 내부에서 스스로 키운 괴물

—

암의 90퍼센트 이상은 피부와 점막에서부터 시작된다. 사람에게서 피부조직과 그 아래 지지조직은 1대 5 정도로, 지지조직이 5배 더 많은데도 암은 피부조직에서 15배 더 많이 발병한다. 이는 암을 유발하는 최초의 원인이 몸 밖에서 들어온다는 것을 의미한다. 폐암은 공기 때문에, 대장암은 음식 때문에 주로 발병한다.

그럼에도 모든 암은 세포의 유전자 변형으로 인해 발생하는 유전적 질환이다. 그러니까 암 유발 물질이란 세포 내에서 유전자 손상을 일으키는 물질을 말한다. 과도한 흡연 습관이 있든 바이러스에 감염되든 환경적 요인이 종양 형성의 첫 번째 원인이 될 수는 있지만, 유전자에 변화가 일어나는 일 없이 세포의 변성만으로 생기는 암은 없다. 모든 발암물질은 근본적으로 똑같은 방식으로 작용한다. 바로 DNA에 손상을 입히는 것이다.

암 유발 요인이 외부에서만 오는 것은 아니다. 암은 우리 몸 내부에서 유전적으로 실패할 때면 얼마든지 일어날 수 있다. 건강한 조직의 정상 세포에서는 세포 분열이 엄격하게 통제된다. 한편 DNA 복제가 일어날 때는 아주 낮은 확률이기는 해도 일정 수준의 오류가 일어나게 마련이다. 보통 오류가 일어나더라도 대부분의 돌연변이는 무해하여 유전자의 기능에 별다른 영향을 미치지 못한다. 하지만 꼭 필요할 때만 분열이 일어나도록 제어하는 역할을 맡은 유전자에 하필 결정적인 돌연변이가 발생하면 세포는 통제 불능의 상태가 되어 과잉 생장하게 된다.

20세기 초에는 엑스선과 방사선이 또 주요한 발암원이라는 사실이 밝혀졌다. 1895년 빌헬름 뢴트겐Wilhelm Conrad Röntgen(1845~1923)이 발견한 엑스선은 이후 의료용으로 광범위하게 활용되었는데, 엑스선에 노출된 환자뿐 아니라 엑스선 장비를 다루던 기사들도 피부암이나 백혈병에 걸리는 사례가 많아지면서 문제가 드러났다. 제1차 세계대전 동안 라듐과 같은 방사선도 설암과 골수암 등의 원인으로 밝혀졌다는 사실은 앞서 살펴보았다. 그러나 화학물질, 바이러스, 그리고 방사선이 공통적으로 미치는 영향은 과연 무엇일까? 그것은 바로 DNA의 변형, 즉 돌연변이를 높은 확률로 유도한다는 점이다.

이처럼 암을 유발하는 '발암원carcinogen'이란 결국 돌연변이를 일으키는 '돌연변이원mutagen'과 같은 의미가 아닐까 하는 가설이 제기된 것은 1950년대였지만, 그것이 실제로 증명된 것은 한참이 지난 1970년대에 들어서였다. 이 수수께끼를 푼 사람은 UC 버클리의 유전학자 브루스 에임스Bruce Ames(1928~2024)였다. 1973년 에임스는 돌연변이가 일어나는 경우에만 배지培地에서 살아남아 군락colony을 형성할 수 있는 살모넬라균을 사용해 돌연변이가 얼마나 자주 일어나는지 간단히 측정하는 기법을 개발했다.* 바로 '에임스 시험Ames test'이다.

그는 이 방식으로 다양한 발암물질을 테스트했고, 박테리아에서 돌연변이를 많이 일으키는 물질일수록 쥐에서도 발암성이 비례해 증가한다는 강한 상관관계를 입증했다. 이 시험방식이 대단한 이유는 어떤 화학물질의 잠재적 발암성을 불과 하루 이틀 만에 간단히 측정할

---

* Ames, B.N. et al. (1973) 논문 참조.

유전학자 브루스 에임스.
에임스는 돌연변이를 유발하는 원인과 DNA 손상 복구 메커니즘을 이해하는 데 기여했다. 그는 화학물질의 돌연변이 유발성을 저렴하고 간편하게 평가하기 위해 범용 분석법을 개발해 암 연구의 새 지평을 열었다.

수 있게 되었다는 데 있다. 시간뿐 아니라 비용도 쥐를 직접 사용한 실험보다 100배나 더 적게 든다. 그러나 무엇보다 더 중요한 성과는 암이 발생하는 원인이 우리 몸속 깊숙이 존재한다는 사실을 알게 되었다는 것이다. 암은 우리 내부에서 스스로 키운, DNA 손상이라는 오류가 쌓여 만들어진 괴물이었다. 서로 다른 개념처럼 보이지만, 모든 발암원은 돌연변이원이다. 이 두 가지는 사실상 구분할 수 없다.

유발 vs. 억제, 두 세계의 끝없는 힘겨루기

'적은 내부에 있다'고 했던가. 암은 외부의 침략자가 아니라 '내부의 반란자'라고 할 수 있다. 암은 태생적으로 불안한 질병이다. '전이轉

移를 의미하는 영어 'metastasis'는 라틴어로 '무언가의 너머'를 의미하는 meta와 '정지'를 의미하는 stasis의 합성어다. 즉 '정지 상태 너머'를 의미한다. 암은 끈질긴 생명력을 바탕으로 끊임없이 꿈틀거리며 움직인다. 지나치게 강한 생명력이 도리어 죽음을 부르는 과잉의 병리학이다.

그러나 내부의 반란자, 즉 돌연변이가 발생했을 때 암을 유발하는 유전자는 한두 개가 아니다. 라우스가 발견한 src는 시작이었을 뿐, 이후 성장인자를 만드는 sis, 성장인자의 수용체 유전자 erbB2, 신호 전달 단백질을 만드는 ras와 abl, 전사인자를 만드는 myc 등 30~40가지의 주요 암 유발 유전자가 발견되었다. 잠재적 변이를 가진 것까지 포함하면 100가지가 넘을 것으로 추정된다. 이들은 정상적으로는 세포의 필수 기능을 수행하는 유전자이지만, 돌연변이가 생기면 세포 성장이 과활성화되는 공통점을 가진다.

반대로 세포에는 평상시 불필요한 성장을 억제하고 세포 주기를 엄격히 통제하거나, 성장이 제어되지 않을 시 세포자살apoptosis을 유도할 수 있는 여러 안전장치가 존재한다는 사실도 알려졌다. 바로 '암 억제 유전자tumor suppressor gene'다. 암 유발 유전자에 일어난 돌연변이가 암을 향해 달리는 가속 페달이라면 암 억제 유전자는 브레이크 역할을 한다. 암 유발 유전자에 돌연변이가 몇 개 일어난다 해도 암 억제 유전자가 건재하다면 암은 쉽게 발생하지 않는다. 하지만 브레이크마저 고장난다면?

1980년대 중반 옥스퍼드대의 의학자 헨리 해리스Henry Harris(1925~2014)는 동물세포의 교잡hybridization 실험을 통해 암 억제 유전자가 존재한다는 것을 증명했고, 텍사스대의 의사 앨프리드 너드슨Alfred George Knudson, Jr.(1922~2016)은 눈에 생기는 희귀암인 '망막모세포종 retinoblastoma'의 유전학을 연구하다 최초의 암 억제 유전자인 'Rb'를 발견했다. 망막모세포종은 어린아이 2만 명당 한 명꼴로 나타나는 희귀 암이다.

세포 주기를 조절하는 Rb를 시작으로, DNA 복제 중 실수를 교정하는 MLH1와 MSH2, DNA 손상을 정확히 복구하는 데 관여하는 BRCA1과 BRCA2, 그리고 '게놈의 수호자guardian of the genome'라 불리는 p53을 암호화한 TP53 유전자 등 주요 암 억제 유전자도 현재까지 20가지 이상이 발견되었으며, 암 억제 가능성이 있는 후보 유전자까지 포함하면 100여 가지가 존재하리라 예상된다.

이처럼 '유발'의 세계와 '억제'의 세계가 끝없이 군비경쟁을 지속하며 아슬아슬한 힘의 균형을 이루고 있는 곳, 바로 우리 몸이다. 대부분 암은 위 유전자 중 적어도 5~7개 이상의 돌연변이가 다단계적으로 일어남으로써 발생한다. 이를 '다단계 발암multi-step carcinogenesis' 이론이라 한다. 따라서 나이가 들어 자연스럽게 일어나는 노화는 암의 가장 큰 원인이 될 수밖에 없다. 여러 단계의 유전자 변이가 시간을 두고 이곳저곳에 누적되어 쌓여야만 최종적으로 암이 발생하며, 돌연변이는 세포 활성이 떨어지는 노년에 더 자주 일어나기 때문이다.

척추동물뿐 아니라 연체동물 같은 무척추동물에서도 암이 발생한다. 아니, 사실은 식물도 암에 걸린다! 단지 종에 따라 발생 빈도가 다를 뿐이다. 포유류 가운데 쥐나 햄스터 같은 설치류는 사람보다 암에 더 자주 걸리지만, 양이나 코끼리는 암에 거의 걸리지 않는다. 암에 걸

1993년 12월 『사이언스』의 표지.
'게놈의 수호자' p53이 1993년 '올해의 분자'로 선정되었다. p53을 암호화하는 TP53 유전자를 비롯해 현재까지 20여 가지가 넘는 암 억제 유전자가 발견되었다. 암 억제 유전자에 돌연변이가 발생하면 종양이 유발될 수 있다.

리지 않는다고? 어떻게 그럴 수 있을까. 코끼리가 암에 걸리지 않는 이유는 흥미롭게도 암 억제 유전자가 엄청나게 많기 때문으로 드러났다.

코끼리는 거대한 몸집만큼이나 세포 수가 많다. 인간보다 약 100배 많은 세포를 가지고 있다. 따라서 암에 걸릴 확률이 인간보다 훨씬 더 높을 걸로 추측하기 쉽다. 그러나 실제로 코끼리가 평생 살면서 암에 걸릴 확률은 5퍼센트도 채 안 되는데, 그 이유는 코끼리의 몸속에는 p53을 만드는 암 억제 유전자 TP53이 최소 40개 넘게 존재하기 때문이다. 코끼리는 사람보다 브레이크가 훨씬 많다! 40개의 브레이크가 한꺼번에 작동할 수 있으니까 좀처럼 사고가 나지 않는 것이다. 코끼리의 p53은 손상된 세포를 복구하려고 애쓰는 대신, 세포 자살을 유도해 제거하는 역할을 한다고 알려졌다.

TP53 유전자의 변이체는 인간의 전체 암 중 무려 60퍼센트 정도에서 발견될 정도로 암 유발에 막강한 힘을 발휘한다. p53이 더 이상 경계 보초를 서지 않으면 돌연변이 생성 과정에 엄청난 가속이 붙는 것을 막을 수 없기 때문이다. 코끼리처럼 인간에게도 유전자 조작을 통해 정상 TP53 유전자를 여러 개 심어둔다면 어떨까? 암을 예방할 수 있는 완벽한 방법이 되지 않을까? 게다가 우리는 최근 유전자 교정의 정확도를 엄청나게 높인 '크리스퍼CRISPR 유전자가위'라는 무기까지 손에 쥐었다. 하지만 p53을 과발현시키려는 시도는 매우 위험하다. 쥐에게 p53을 과발현시키면 많은 경우 새끼가 태어나기도 전에 유산된다. 인간의 TP53 유전자는 퇴행성 신경질환과도 연관되어 있기에 함부로 과발현시켰다가는 예상치 못한 문제를 초래할 수도 있다.

신은 주사위 놀이를 한다

인간처럼 덩치가 꽤 큰 편에다 수명마저 긴 동물이라면 평생 일어나는 세포 분열 횟수는 어마어마하다. 사실은 어쩌면 지금보다 더 자주 암이 발생하지 않는 게 놀라울 정도다. MIT의 종양학자 로버트 와인버그Robert Allan Weinberg(1942~)는 "100경 번의 세포 분열이 일어날 동안 치명적인 악성 세포가 단 하나 생긴 거라면 제법 성공적인 셈"이라고 말했다.

그러나 누군가는 이런 성공적인 삶을 누릴 가능성이 선천적으로 매우 낮다. 암 가족력family history of cancer이 있는 경우다. 암 가족력이란 3대 직계가족이나 사촌 이내의 친척 중에 암을 앓은 사람이 2명 이상인 경우를 말한다. 미국 할리우드의 톱스타 배우 안젤리나 졸리Angelina Jolie(1975~)는 암 가족력에 대한 뜨거운 논쟁을 일으켰다.

2013년 5월 『뉴욕 타임스The New York Times』에 그녀가 쓴 '나의 의학적 선택My Medical Choice'이라는 제목의 칼럼이 화제가 되었다. 여기서 졸리는 자신이 양측 유방절제술mastectomy을 받았다고 했다. 유방암에 걸려서가 아니다. 단지 유방암을 '예방'하기 위해서였다. 그녀의 고백은 당시 팬들에게 큰 충격을 주었는데, 몸이 재산인 영화배우가 병에 아직 걸리지도 않은 신체를 절제하기로 한 것은 좀처럼 이해할 수 없는 선택으로 보였기 때문이다.

그러나 알고 보니 그녀에게는 심각한 유방암 가족력이 있었다. 졸리의 어머니는 유방암에 걸려 56세의 나이로 사망했고, 외할머니와 이모도 각각 난소암과 유방암으로 일찍 세상을 떠났다. 외가 쪽에서만

안젤리나 졸리 'My Medical Choice' 뉴스 캡처(2013).
할리우드가 사랑하는 배우 졸리가 2013년 5월 『뉴욕 타임스』에 '나의 의학적 선택'이라는 제목의 칼럼을 실었다. 그녀는 유방암을 예방하기 위해 유방절제술을 받았다고 고백해 화제가 되었다.

세 명이 암으로 사망한 것이었다. 유전자 검사를 해본 결과, 졸리 자신을 포함해 모계 쪽 친척들에게서 17번 염색체에 위치한 BRCA1 유전자에서 유방암에 걸릴 확률이 매우 높은 돌연변이가 발견되었다. 이 돌연변이를 가진 사람은 통계적으로 유방암에 걸릴 확률이 87퍼센트이며, 난소암에 걸릴 확률은 50퍼센트에 달했다. 그러나 선제적으로 유방절제술을 받는다면 이 확률을 5퍼센트 수준까지 떨어뜨릴 수 있다는 것이었다.

졸리는 2년 후인 2015년에도 난소 한쪽에서 양성 종양 조직이 발견되어 난소와 나팔관을 모두 절제하는 수술을 추가로 받았다. 수술 때문에 일찍 폐경을 맞는 등 여러 후유증도 있었지만, 이후 지금까지 비교적 건강한 삶을 유지하고 있다니 그녀의 선택은 틀리지 않은 것

같다. 일반적으로 암은 유전성 질환이 아닌데도 이와 같은 유전성 유방암이 전체 유방암의 약 10퍼센트를 차지하기 때문에, 암 가족력을 살펴보는 것이 예방을 위해 중요하다.

그러나 암 발생에서 가족력 이상으로 중요한 것은 역시 환경적 조절이다. 건강에 해로운 환경 조건을 피하고 먹거리를 주의해 선택하면 암 발병을 꽤나 효과적으로 막을 수 있다. 정기적으로 내시경 검사나 항원 검사를 받으면 암을 초기에 발견할 수 있다. 모유 수유도 가족력이 있는 유방암 발병을 억제하는 데 큰 효과가 있다. 위암의 경우 가족력이 있는 사람은 그렇지 않은 사람보다 발병률이 2.9배 높다. 그런데 여기에 흡연 경력이 있으면 4.9배로 올라가며, 헬리코박터균 *Helicobacter pylori*이 있으면 5.3배까지 높아진다. 유전자와 더불어 환경 역시 중요하다는 사실은 암 발병 문제에서도 예외가 아니다. 생활 방식을 조금만 바꾸어도 암 발생률을 크게 줄일 수 있다.

지난 100년 동안 우리의 평균 수명과 삶의 질은 크게 개선되었지만, 암 발병률은 반대로 꾸준히 증가하는 추세다. 아이러니하게 들릴지 모르지만, 현대 의학이 발전하면 할수록 암은 더 늘어날 게 틀림없다. 백신, 항생제 등 의약품의 개발과 공중 보건의 수준이 올라가면서 이제 감염성 질환으로 젊은 나이에 죽는 사람의 수가 획기적으로 줄어들었다. 그러나 이렇게 수명이 늘어나면 그만큼 DNA의 손상이 많아지고, 따라서 암이 생겨날 확률은 높아진다. 다양한 질병을 성공적으로 물리칠수록 마지막에 암을 만날 가능성은 더 커진다.

단도직입적으로 말하자면, 우리는 모두 암으로 죽을 운명이다. 다만 그전에 다른 이유로 먼저 죽지만 않는다면 말이다. 삶의 질이 높아질수록 암에 걸릴 확률도 높아진다는 사실은, 신이 정말 주사위를 던지고 있는 건 아닐까 싶은 의심마저 들게 한다. 암과의 전쟁에서 결정적인 승리를 기대하기 어렵다면, 이제 우리가 풀어야 할 유전학적 과제는 암을 치명적인 병이 아닌, 조절 가능한 만성질환으로 바꾸는 일인지도 모른다. 마치 코로나19를 겪으며, 바이러스는 완전히 몰아낼 수 있는 적이 아니라 조심스럽게 공존해야 할 존재임을 깨달았듯이.

유전자에 '나쁜' 이름 붙이기

WHO의 보고에 따르면 2020년에 이르러 유방암은 폐암을 제치고 세계에서 가장 흔한 암으로 이름을 올렸다. 그리고 안젤리나 졸리 덕분에 BRCA1은 하루아침에 '셀럽celebrity 유전자'로 거듭났다. 발음도 어려운 이 유전자의 이름은 사실 'breast cancer'라는 두 단어의 첫 두 글자를 따서 만들어졌다. 그러니까 이 유전자의 이름은 말 그대로 '유방암 유전자'인 것이다. 모르긴 몰라도 이 말 못하는 유전자는 많이 억울할 것이다. 자신은 유방암을 일으킬 생각이 전혀 없었으니까 말이다. 유전자는 질병을 위한 존재가 아니다. 어떤 유전자도 우리를 괴롭힐 의도는 없으며, 애초에 질병을 일으킬 목적으로 생겨난 것은 없다.

BRCA1은 이제 '유방암 유전자'의 대명사가 되었다. 따라서 유방암 유전자라는 이름을 들으면 이 유전자가 유방암의 근본 원인이라고 여겨지며, 이 유전자를 가지고 있다는 판정은 마치 사형선고처럼 들리기도 한다. 그러나 사실 유방암 환자 중에 BRCA1 또는 BRCA2 변이체를 가진 사람은 전체의 5~10퍼센트밖에 되지 않는다.* 나머지 90퍼센트 이상의 환자는 다른 이유로 유방암에 걸린다. 남성이 BRCA1 또는 BRCA2 변이체를 가진 경우 전립선암 발병 빈도가 6배나 증가한다. 남성에게는 이 유전자가 '전립선암 유전자'로 불려도 이상할 게 없다. (물론 아주 드물게 남성에게도 유방암을 일으킬 수 있다.)

흔히 '우울증 유전자'라고 불리는 5-HTTLPR 부위는 우울증과 단지 약한 연관이 있을 뿐이다. 이 유전자는 사실 긍정적이거나 부정적인 다른 여러 가지 형질에 두루 영향을 미치기 때문에, 이 유전자 때문에 우울해졌다고 핑계를 대는 것은 그리 합리적인 행동이 못 된다. 도파민 수용체를 만드는 DRD4 유전자에는 '바람둥이 유전자'라는 이름이 붙어 있다. DRD4의 변이체를 가진 사람은 음주나 도박과 같은 자극을 더 자주 찾게 될 수 있다. 그러나 이것이 바람을 피우거나 성생활이 난잡한 것에 대한 핑계가 될 수는 없다. "미안해 자기, 내 유전자 때문에 어쩔 수 없었어"라는 변명을 듣는다면 얼마나 끔찍한 일인가.

그럼에도 불구하고 우리는 (그리고 특히 언론은) 유전자에 '유방암 유전자'나 '범죄 유전자' 따위의 자극적인 이름 붙이기를 선호한다. 이런 명명은 유전자가 의도를 가지고 행동하는 것처럼 오해를 불러일으킬 수 있다. BRCA1 유전자의 기능은 돌연변이가 일어났을 때 유방암을 일으키는 것이 아니라, 정상적으로 작동할 때 망가진 DNA를 수선하는 것이다. 심장이 심장마비에 걸리기 위해 존재하는 것이 아니듯이, 유전자도 자신의 '나쁜' 운명을 성취하기 위해 존재하는 것이 아니다.

---

* Hu, C. et al. (2021) 논문 참조.

앞으로는 우리가 유전자에 이름을 붙이는 방법, 그리고 그 유전자의 기능을 이해하는 방식에 근본적인 변화가 필요하지 않을까 싶다.

미국의 유전자 분석 및 진단 업체인 '미리어드 제네틱스Myriad Genetics'는 BRCA1과 BRCA2 유전자의 검사를 오랫동안 독점해왔다. 1996년에 이 두 유방암 유전자의 변이체 검사에 대한 특허를 취득했기 때문이다. 검사 비용은 최고 4,000달러에 달할 정도로 비쌌다. 그러나 시민단체들이 이 특허에 대해 무효 소송을 꾸준히 제기한 결과, 2013년에 이르러 독점은 결국 끝이 났다. "유전자 변이는 '자연적으로 발생한 것product of nature'이므로 특허 대상이 될 수 없다"라는 미국 연방대법원의 만장일치 판결이 나왔기 때문이다.

이로써 1980년 제너럴일렉트릭GE의 미생물학자 차크라바티 Ananda Mohan Chakrabarty(1938~2020)가 석유를 분해하는 박테리아를 만들어 최초로 특허를 받은 이래로 계속되어오던 생명체와 유전자를 대상으로 하는 특허 출원의 관행에 제동이 걸렸다. 미국 특허청에 등록된 인간 유전자 4,000여 개의 특허권도 소멸하게 되었다. 현재는 유전자 자체보다는 그 활용 방법이나 치료 기술에 대한 특허로 방향이 바뀌고 있다. 생명공학 분야의 연구와 산업 발전도 중요하지만 유전자 정보의 활용과 보호를 위한 새로운 기준이 필요한 때다. 못난 이름을 부여받은 유전자들의 명예 회복도 그에 못지않게 절실하다.

영국 케임브리지에 있는 자전거 도로.
그레이트 셸퍼드에서 케임브리지의 애든브룩스 병원까지 약 2킬로미터에 달하는 자전거 도로에는 네 가지 색깔로 된 10,257개의 선이 그려져 있다. 네 가지 색은 각각 DNA를 구성하는 염기 A, G, C, T를 나타내며, 이 선들은 암 억제 유전자인 BRCA2의 염기서열을 의미한다. 이 유전자는 인근에 있는 애든브룩스 병원과 웰컴 트러스트 생어 연구소의 과학자들이 1994년에 함께 발견했다.

암세포가 못다 이룬 영생의 꿈

―

암세포가 오래 살고자 아무리 발버둥친다 해도 그 세포의 주인이 사망하면 그것으로 끝이다. 영생을 향한 암세포의 꿈은 결국 일장춘몽에 그친다. 그러나 주인이 이미 사망한 데다 주인의 몸을 떠난 지 한참이 지났는데도 여전히 몸 밖에서 살아남아 줄기차게 증식하는 별난 암세포가 있다. 바로 헬라HeLa 세포다. 헨리에타 랙스Henrietta Lacks(1920~1951)라는 자궁경부암 환자에게서 1951년에 채취한 암세포로, 영원히 죽지 않는 '불멸의 세포immortal cell'라는 명성을 얻었다.

정상적으로 분화된 인간의 세포는 아무리 좋은 조건에서 배양하더라도 50~60회 이상 분열하지 못한다. 이 현상을 UCSF 의과대학의 해부학자 레너드 헤이플릭Leonard Hayflick(1928~2024)의 이름을 따 '헤이플릭의 한계Hayflick limit'라고 부른다. 정해진 횟수만큼 분열하고 나면 세포가 더 이상 분열하지 못하고 노화가 급속히 진행되고 사망에 이르는 이유는 텔로미어telomere*의 길이가 점점 짧아지기 때문이다.

헨리에타의 자궁경부암 세포는 인간 유두종 바이러스인 HPV-18에 감염되어 있었는데, 이 바이러스가 암을 유발하는 유전자 E6와 E7을 세포 내에 삽입해 세포의 무한한 분열을 유도했던 것이다. E6는 p53을 제거하고, E7은 Rb 단백질을 억제한다. 텔로미어가 짧아진 보통의 세포라면 그런 상황에서도 더 분열하지 못하겠지만, 헬라 세포는

---

* 염색체 말단에 위치한 DNA와 단백질로 구성된 보호 구조물이다. 세포가 분열할 때마다 텔로미어의 길이가 짧아지는데, 이는 세포의 수명과 밀접한 관련이 있다고 알려져 있다. 텔로미어가 너무 짧아지면 세포는 분열을 멈추고 노화되거나 죽게 된다.

특이하게도 텔로머레이스telomerase 효소를 계속 활성화함으로써 텔로미어가 다시 길어지게끔 지속적으로 복구하는 능력을 획득했다.

헬라 세포는 매우 빠르게 자랄 뿐 아니라 다양한 조건에서도 굳세게 살아남아 불사에 가까운 생존력을 지니게 되었다. 이 세포의 등장으로 생물학 연구자들은 매번 일일이 검체를 채취해야 하는 번거로움 없이 같은 세포를 키워 일정한 조건에서 꾸준히 실험할 수 있게 되었다. 헬라 세포 덕분에 인류는 소아마비 백신을 발명하고 체외수정 시술법을 개발했으며, 인체에 미치는 방사능과 각종 독성물질의 영향을 테스트할 수 있었다. 헬라 세포는 원자폭탄이 인체에 미치는 영향을 알아본다는 명목으로 핵폭탄을 직접 맞기도 했으며, 심지어 무중력 조건에서 세포의 변화를 살펴보려는 목적으로 우주선을 타고 지구 밖으로 나가기도 했다. 지금까지 지구상의 모든 연구실에서 증식한 헬라 세포의 총 중량은 5,000만 톤에 달하는 것으로 추정된다. 인류가 과학 연구를 멈추지 않는 한 그녀는 불멸의 운명이다.

그러나 헨리에타의 세포는 사실 아무런 기능도 하지 못한다. 그것은 퇴화된 세포의 모습을 하고 있다. 유전체는 매우 불안정하며 수많은 돌연변이와 유전체 재배열genomic rearrangement, 이형접합성 상실loss of heterozygosity 등 기이한 염색체 이상으로 가득하다. 다세포의 몸에서 나왔지만 마치 단세포 생물처럼 변했다. 다른 세포와 소통하지 않으며, 그저 자신과 똑같은 세포를 의미 없이 무제한 증식하는 일 외에는 아무것도 하지 않는다.

와인버그는 암세포를 '무정부주의자anarchist'라고 불렀다. 암세포는 정상 세포와 달리 그들 주위의 공동체를 안중에 두지 않고, 오직 자기

헨리에타 랙스와 그녀의 몸에서 나온 암세포. 헬라HeLa 세포는 1951년 자궁경부암으로 사망한 헨리에타 랙스의 몸에서 채취한 종양 세포다. 이는 영원히 죽지 않는 '불멸의 세포'라는 명성을 얻었으며, 지금까지 약 7만 건의 과학 연구에 기여하며 수백만 명의 생명을 구했다.

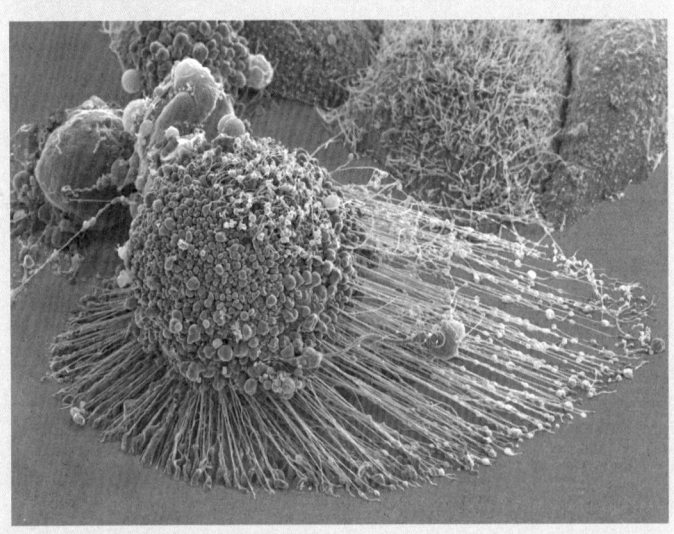

자신의 증식에만 관심을 가지기 때문이다. 어쩌면 사회성이 대단히 떨어지는 '자폐증'을 지녔다고 해도 틀린 표현은 아닐 것이다. 주위에서 오는 자극이 없어도 혼자서 성장하고 잘 살아갈 수 있기 때문이다. 암세포는 주위 환경을 향해 상당량의 성장인자$^{growth\ factor}$를 방출하는데, 심지어 스스로 방출한 성장인자를 신호 삼아 자기 자신의 성장을 촉진하는 속임수를 쓰기도 한다.

그들이 영생을 좇은 대가로 얻은 것은 획일화이며 다양성의 상실이다. 헬라 세포는 헨리에타의 몸에서 나왔지만 더 이상 어디에서도 헨리에타의 정체성을 찾아볼 수 없다. 사람의 세포지만 사람의 어떤 것도 대표하기 어렵다. 그녀의 세포가 현대 생물학 연구에 오랫동안 공헌해온 것은 틀림없지만, 그것을 인간의 생리와 병리 현상을 연구하는 용도로 얼마나 오래 신뢰할 수 있을지는 불분명하다.

인류는 지금까지 여러 가지 암세포를 대상으로 연구를 거듭해오고 있다. '지피지기면 백전백승'이라고 했듯이, 암세포에 대해 더 많이 이해하게 되면 언젠가 결국 우리가 전쟁에서 이길 날이 올까? 우리는 역사를 통해 줄곧 암을 뿌리 뽑는다는 '완치^{cure}'의 개념에 주력했지만, 그 효과는 극히 미미했고 전적은 처참하기만 했다. 어쩌면 앞으로 암과 싸운다는 거창한 구호보다 암세포를 내 몸의 구성원으로 인정하고 더불어 살아가면서 말썽이 되지 않도록 다독이며 '공존$^{co\text{-}exist}$'하는 전략이 더 현실적이고 효과적일 수도 있다. 암은 괴물도 적도 아니다. 이해하기 어려운 '신생물^{neoplasm}'이다. 그들은 지극히 이기적이다. 하지만 우리는 이기적인 이들과도 함께 살아갈 지혜를 찾아야 한다.

8

이기적 유전자

유전자야말로 내 인생의
주인공이라는 속삭임

어떤 의미로든 죽음을 극복할 수 있는가? 극복할 수 있다면 잠시뿐인가, 아니면 영원토록인가? 정신은 물질을 지배할 수 있는가, 아니면 물질이 정신을 완전히 지배하는가? 그도 아니라면 이 둘은 혹시 제한적으로 독립된 것이 아닐까? 우주는 목적을 지니는가, 아니면 필요에 따라 맹목적으로 돌아가는가? 혹시 우주는 무질서한 혼돈일 뿐이고, 우리가 발견했다고 착각하는 자연법칙들은 그저 질서를 사랑하는 우리 마음이 빚어낸 환상이 아닐까? 만약 우주적 규모의 계획이라는 것이 있다면, 생명은 우리가 천문학의 힘을 빌려 상상하는 것보다 더 소중한 가치를 차지할까? 아니면 생명을 강조하는 자세는 그저 편협한 자만일 뿐일까? 나는 이러한 문제의 답을 알지 못하며 다른 사람들도 마찬가지이리라고 믿는다.

버트런드 러셀Bertrand Russell, 『인기 없는 에세이*Unpopular Essays*』
장성주 옮김, 함께읽는책, 2013, 73쪽.

나는 누구일까? 나는 나 자신이라는 존재의 주체일까?

'나의 주체는 바로 나'라는 인식은 근대의 산물이다. 근대 철학의 서막을 연 데카르트René Descartes(1596~1650)는 단 하나의 명제 '코기토 에르고 숨Cogito, ergo sum'을 통해 인간의 자아를 세계의 중심으로 소환했다. '생각하는 나'를 의심할 수 없는 유일한 진리로 천명함으로써, 신의 섭리나 전통 질서에 종속되어 있던 중세적 인간을 자기 인식과 사유의 힘을 가진 독립적인 존재로 끌어올렸다. 내가 사유하는 한 나의 주인은 바로 '나'인 것이다.

그러나 이 자아 개념은 20세기에 들어와 도전을 받는다. 프로이트는 인간의 의식 아래에 무의식이라는 구조가 존재한다고 주장했다. 그는 우리가 자율적이라고 믿는 생각과 행동의 대부분이 무의식의 영향을 받는다고 보았다. '의식하지 못하는 나'야말로 진짜 주인이며, 의식은 빙산의 일각일 뿐이다. 자아는 의식의 주체가 아니라 무의식의 산

「멜랑콜리」(에드바르 뭉크, 1894~1896).
오늘날 인간을 물질적 시각에서 새롭게 정의내리고자 시도함으로써 오랜 세월 철학이 탐구해온 '나'라는 개념이 해체되고 있다. 노르웨이 오슬로 국립미술관 소장.

물이며, 우리가 아는 '나'는 실제의 '나'가 아닐 수도 있다는 것이다.

장 폴 사르트르Jean-Paul Sartre(1905~1980)는 여기에 또 다른 관점을 덧입힌다. 그는 "실존은 본질에 앞선다"라는 명제로 인간 존재의 불확실성과 자유를 강조했다. 인간은 고정된 본질이나 목적 없이 세상에 던져졌고, 각자는 자신의 삶을 스스로 만들어나가야만 한다. 프로이트가 무의식의 심연을 열어 보였다면, 사르트르는 그 심연 위에 남겨진 인간의 자유와 책임, 그로 인한 불안에 직면한 자신을 발견했다.

아직 끝이 아니다. 주체에 대한 이 불신은 다시금 더 정교하고 날카로운 시선 아래 놓인다. 자크 라캉Jacques Lacan(1902~1981)은 인간 주체가 언어와 상징체계 속에서 형성된다고 보았다. 그는 주체가 자기 자신을 타인의 언어와 욕망을 통해 인식하며, 처음부터 완전한 자아로 존재하는 것은 아니라고 말한다. 자아는 타자의 시선과 말 속에서 형성된 흔적에 가깝다. "나는 내가 존재하지 않는 곳에서 생각하고, 내가 생각하지 않는 곳에서 존재한다"라는 그의 선언은 자아의 분열성을 드러낸다.

미셸 푸코는 다시 자아라는 개념의 기원을 묻는다. 과연 우리가 말하는 '주체'란 어디에서 비롯된 것일까? 그는 인간의 주체성조차도 특정한 시대의 담론과 권력 장치가 만들어낸 효과일 뿐이라고 말한다. 푸코에게 주체란 자율적인 인식의 주체가 아니라, 규율과 제도, 담론의 네트워크 속에서 탄생한 산물이다. 우리가 믿어온 '자유로운 자아'는 실은 권력이 부여한 하나의 형식일 뿐이다. 주체는 이제 완전히 낯선 타자의 얼굴을 하고 우리 앞에 선다.

그리고 마침내 리처드 도킨스가 등장한다. 이제 무대는 철학에서 생물학으로, 사유에서 분자로 이동한다. 그는 인간을 유전자의 생존과 복제를 위한 수단으로 본다. 우리가 느끼는 감정이나 윤리, 온갖 선택은 모두 유전자의 전략일 뿐이라는 것이다. 인간을 물질적 시각에서 새로 정의하고자 하는 그의 시도로 인해, 오랜 세월 탐구되어온 '나'라는 개념은 해체되고 만다.

당신이 아니라 유전자가 주인공

—

옥스퍼드대의 동물학자 리처드 도킨스는 1976년 『이기적 유전자 The Selfish Gene』라는 제목의 책을 출간했다. 서른다섯의 젊은 나이에 쓴 이 책은 오늘날 유전자 결정론의 '바이블'로 회자된다. 당시 무명에 가까웠던 도킨스는 이 한 권의 책으로 단숨에 유전자 중심주의 진화 이론의 핵심 주자로 발돋움했다. 출간 당시에도 큰 화제였지만, 거의 50년이라는 세월이 흐른 지금도 이 책은 여전히 과학 분야의 베스트셀러 자리에서 내려올 줄을 모른다.

이 책은 한 사람의 천재적인 아이디어로부터 어느 날 갑자기 만들어진 것이 아니다. 사실 도킨스가 책의 내용과 관련해 독자적이고 독창적인 연구를 한 것은 거의 없다고 해도 과언이 아니다. 하지만 그의 책은 조지 윌리엄스George Christopher Williams(1926~2010), 윌리엄 해밀턴William Donald Hamilton(1936~2000), 존 메이너드 스미스John Maynard Smith(1920~2004) 등 동시대의 진화생물학자들이 내놓은 참신한 이론을 잘 정리해 대중들이 이해하기 쉬운 용어로 풀어 소개함으로써 당당히 현대 생물학의 가장 영향력 있는 저술로 자리매김했다.

미국의 진화생물학자 조지 윌리엄스는 1966년에 쓴 책 『적응과 자연선택Adaptation and Natural Selection』에서 자연선택이 일어나는 단위는 종이나 개체군 같은 집단이 아니라 유전자라고 주장했다. 다시 말해 자연선택은 종의 이익을 위한 것이 아니라 유전자의 이익을 위한 것이라는 뜻이다. 이는 그전까지 있었던 '집단선택group selection' 진화 이론에 대한 반박이기도 했다. 이에 도킨스는 윌리엄스의 유전자 중심적 사고

도킨스에게 영향을 미친 대표적인 진화생물학자 존 메이너드 스미스(왼쪽)와 조지 윌리엄스(오른쪽). 스미스는 개체군 내에서 개체들이 상호작용하는 방식을 게임 이론을 사용해 제시했고, 윌리엄스는 자연선택이 일어나는 단위가 유전자라고 주장했다. 이들은 리처드 도킨스의 이기적 유전자 이론에 주요 기반이 되는 유전자 중심적 사고를 제공했다.

를 한 차원 더 발전시켰고, '이기적 유전자'라는 다소 도발적인 개념을 만들어내기에 이르렀다.

이 개념이 주장하는 바는 진화와 유전에 대한 전통적인 설명은 애초부터 방향이 뒤집혀 있다는 것이었다. 생명체가 자기 번식을 위해 유전자를 사용하는 게 아니라, 거꾸로 유전자가 자신을 복제하고 널리 퍼뜨리기 위해 생명체를 도구로 이용하고 있다는 뜻이다. 그에 따르면 생명의 주인공은 개체가 아니라 유전자다. 이를 설명하기 위해 『이기적 유전자』에는 다음과 같이 생명체를 가리키는 도킨스의 우아하면서도 냉정한 용어 '생존 기계survival machine'와, 진정한 주인공인 유전자의 끈질긴 생명력을 강조해 만든 용어 '자기 복제자replicator'가 등장한다.

> 그들은 당신 안에도 내 안에도 있다. 그들은 우리의 몸과 마음을 창조했다. 그리고 그들이 살아있다는 사실이야말로 우리가 존재하는 궁극적인 이론적 근거이기도 하다. 자기 복제자는 기나긴 길을 지나 여기까지 왔다. 이제 그들은 유전자라는 이름으로 계속 나아갈 것이며, 우리는 그들의 생존 기계다.

실제로 개체는 필멸이나 유전자는 불멸이다. 생명체의 수명은 한정되어 있지만 그들의 유전자는 자기 복제를 통해 무한히 생존할 수 있다. 그렇게 보면 우리의 몸뚱이는 그저 유전자의 생존을 돕는 '껍데기'에 불과하다. 그리고 진화라는 과정 또한 유전자를 실어 나르는 동물도 식물도 세균도 아닌, 자기 복제자를 중심으로 볼 때라야 가장 잘 설명될 수 있다는 것이다. 자기를 가장 많이 복제하는 데 성공한 유전자는 환경에 가장 잘 적응한 생존 기계를 만들어낸 것들이다.

이와 비슷한 아이디어가 그보다 거의 100년 전에 활동했던 영국의 소설가 새뮤얼 버틀러Samuel Butler(1835~1902)의 작품에서 이미 발견된다. 유전과 생명의 진화에 대한 철학적 통찰을 담은 그의 책『생명과 습관Life and Habit』에는 다음과 같은 문장이 등장한다. "닭은 단지 달걀이 또 다른 달걀을 만드는 방법일 뿐이다. A hen is only an egg's way of making another egg." 도킨스는 이 유명한 경구에서 그저 닭을 개체로, 달걀을 유전자로 바꾸었을 따름이다. 개체는 유전자가 더 많은 유전자를 만들기

「닭과 달걀」(뱅크시, 2006).
닭은 단지 달걀이 또 다른 달걀을 만드는 하나의 방법에 불과할까?

위한 도구일 뿐이다.

어찌 보면 지극히 당연한 발견인지도 모른다. 진화론의 '현대적 종합modern synthesis'*에 따르면 자연선택에 따른 진화는 유전자 수준에서 발생하는 돌연변이에 의해 추동되기 때문이다. 유전자가 주인공이다. 이 아이디어는 굉장히 매력적이다. 사람들은 대개 조종되는 대상보다 조종하는 자가 더 중요하다고 생각하기 때문이다. 한편 또 다른 관점에

---

* 1930~40년대에 확립된 진화 이론의 통합적 모델로, 다윈의 자연선택 이론과 멘델의 유전 법칙, 집단유전학을 결합해 만든 현대 진화생물학의 중심 틀을 말한다. 이 용어는 줄리언 헉슬리의 책 『진화: 현대적 종합 Evolution: The Modern Synthesis』에서 유래했다.

서 보면 굉장히 모욕적이며, 심지어 허무감까지 불러일으키기도 한다. 유전자가 만들어내는 표현형, 즉 생명의 겉모습에는 사실상 어떠한 내재적 가치도 없다는 것을 암시하는 탓이다. 이 모든 것이 유전자의 은밀한 계략이었다니. 우리라는 존재, 우리가 영위해가는 삶에는 유전자의 증식이라는 목적 말고는 아무런 의미도 가치도 없는 것일까?

유전자는 어쩌다 이기적 존재가 되었을까

그런데 어쩌다 유전자에 '이기적'이라는 딱지가 붙었을까? 유전자는 당과 인산, 염기가 연속적으로 연결된 이중나선 모양의 산성 물질로 되어 있다. 유전자는 그 자체로 살아있지 않다. 한낱 화학물질에 불과한 유전자가 이기적일 리 없다. 당시 많은 비평가들이 도킨스가 선택한 '이기적'이라는 단어에 불만을 표출했다. 어감이 싸늘하고 부정적인 데다 너무 결정론적으로 보인다는 이유에서였다. 철학자 메리 미즐리Mary Beatrice Midgley(1919~2018)는 「유전자 저글링Gene-Juggling」이라는 제목의 논문 첫머리에서 도킨스의 주장을 두고 "유전자들은 이기적일 수도 이타적일 수도 없다. 원자가 질투할 수 없고 코끼리가 관념적일 수 없고, 비스킷이 목적론적일 수 없는 것과 마찬가지다"라고 말했다.*

도킨스는 유전자를 이기적이라 한 것을 두고 은유적인 표현일 뿐이라 해명했다. 물론 미즐리도 유전자에 대한 의인화가 분명히 은유일

---

* Midgley, M. (1979) 논문 참조.

수밖에 없음을 잘 알고 있었다. 그러나 그녀는 그러한 의인화가 도킨스의 주장을 구성하는 데 문자 그대로 '필수적' 요소라고 지적한다. 유전자에게 '이기심'이라는 감정적 본성을 부여하지 않고는 무한히 증식하려는 유전자의 속성을 강조한 그의 이론에 설득력이 떨어진다고 보았기 때문이다.

도킨스는 원래 책의 제목이 '불멸의 유전자immortal gene'가 될 수도 있었다고 나중에 털어놓은 바 있다. 유전 정보의 불멸성이 이 책의 중심 주제인 데다가, 유전자의 영속성이야말로 자연선택을 통해 획득한 적응의 진수이기 때문이다. 하지만 어떤 이유로 '이기적 유전자'로 결정되었는데, 결론적으로 이 결정은 더없이 탁월한 선택이었음이 드러났다. 이 책을 한 번이라도 읽은 독자는 제목이 주는 힘과 강렬한 이미지에 압도되고 만다.

유전자가 이기적이라는 표현은 공교롭게도 1970년대 영국에서 유행한 '신자유주의neoliberalism' 패러다임과도 잘 맞아떨어졌다. 당시 보수당의 지도자가 되고 막 정권을 잡은 마거릿 대처Margaret Hilda Thatcher(1925~2013) 총리가 부자연스러운 복지정책보다는 경제활동을 극대화하고 무한경쟁을 통해 시장을 지배하려는, 인간의 이기적 욕망에 바탕을 둔 경제정책을 주도했기 때문이다. 도킨스의 책은 이러한 사회적 분위기와 맞물려 인기를 끌며 각계각층의 치열한 논쟁을 촉발했다. 사람들은 인간의 이기적 행동을 이기적 유전자에 투영해 분석하려 했다. '이기적'이라는 용어는 거의 일상용어처럼 쓰이기 시작했다.

책에서 도킨스는 성공한 유전자에 대해 우리가 기대할 수 있는 성질 중 가장 중요한 것은 '비정한 이기주의'라고 말했다. 그리고 유전자

『이기적 유전자』(1976) 초판본 표지.
도킨스는 동물학자이자 초현실주의 화가이기도 한 데스먼드 모리스의 그림 「기대에 찬 계곡The Expectant Valley」을 책의 표지로 사용했다. 그는 딴 세상 생물처럼 생긴 것들이 살고 움직이고 진화하는 꿈의 풍경 같다며 이 그림을 매우 마음에 들어 했다.

의 이기주의는 개체의 행동에서도 이기성이 나타나는 원인이 된다고 못박았다. 이를 보면 그가 '이기적'이라는 용어를 단지 은유로만 의도한 것이 아님을 알게 된다.

그러나 유전자의 행동이 이기적으로 보인다는 사실이 인간을 포함한 생명체를 이기적이게끔 만드는 것은 아니다. '이기적' 유전자라는 도킨스의 표현은 사실 역설적으로 생명체가 어째서 '이타적' 행동을 하느냐를 에둘러 설명하기 위한 수단 중 하나였다. 일찍이 다윈은 개미나 꿀벌처럼 집단사회를 이루며 사는 동물이 성공적으로 번성하는 것을 관찰하고는 적자생존에 입각한 자신의 자연선택 이론이 틀린 것은 아닐까 노심초사했다. 타인을 위해 자신을 기꺼이 희생하려는 사회적이고도 도덕적인 행동이 진화 과정에서 어떻게 살아남을 수 있었는지 의문을 품었던 것이다.

인간을 포함한 여러 동물의 이타적 행동에 대해 실질적인 이론이 만들어진 것은 그로부터 거의 100년이 지나서였다. 진화생물학자 윌리엄 해밀턴William Donald Hamilton(1936~2000)은 1964년 '친족 선택kin selection'이라 불리는 이론을 발표했다. 개체가 자신의 생존과 번식뿐 아니라, 자신과 유전자를 공유하는 가까운 친척의 생존과 번식의 성공 여부에도 지대한 관심을 갖고 관여한다는 개념이다. 즉 개체는 자신이 자손을 직접 낳는 것 외에도, 친척을 돕는 '이타적' 행동으로 자신과 닮은 유전자를 효과적으로 후대에 전달할 수 있다는 것이다.

부모가 자식을 정성껏 돌보는 이유는 자신의 유전자와 절반이 닮았기 때문이지, 다른 이유는 없다. 자식을 돌보면 결국 자기 유전자가 살아남는 데 유리해지기 때문에 이타적인 행동을 한다는 것이다. 그래

진화생물학자 윌리엄 해밀턴.
해밀턴은 이타적 행동을 유전자에 기초해 설명한 이론생물학적 성과로 유명하다. 그는 1964년 친족 선택 이론이라고도 불리는 포괄 적합도 이론을 발표해 유전자 선택설의 발전에 크게 기여했다.

서 존 홀데인John Burdon Sanderson Haldane(1892~1964)은 이 개념을 이해하기 쉽게끔 재치 있게 다음과 같이 표현하기도 했다. "만약 두 명의 형제나 여덟 명의 사촌이 강에 빠진다면, 나는 목숨을 걸고 물에 뛰어들 수도 있다."* 이론적으로 봤을 때 형제는 자신과 같은 유전자 절반을 공유하며, 사촌은 약 8분의 1을 공유하기 때문이다. 자신을 희생하는 이타적인 행위가 유전자의 입장에서 보면 전혀 손해가 아니라는 뜻이다. 해밀턴은 이러한 유전적 친연도genetic relatedness 개념을 수학적으로 잘 정리해 '해밀턴의 법칙Hamilton's rule'이라고도 불리는 '포괄 적합도inclusive fitness' 이론으로 발전시켰다.**

---

* Dugatkin, L.A. (2007) 논문 참조.
** Hamailton, W.D. (1964) 논문 참조.

그러니까 생존 경쟁에 별 이득이 없을 것 같은 이타적인 행동이 동물들에게 나타나는 이유는 결국 자신을 효과적으로 퍼뜨리고자 하는 유전자의 이기적 선택 때문이라고 주장하는 것이다. 유전자의 수준에서 보면 이타주의란 이기주의의 하나에 불과하다. 바로 여기에 착안해 도킨스는 자신의 '이기적 유전자' 이론으로 이타적 행위를 설명할 수 있다고 보았다. 이타적인 행동이 진화적으로 충분히 선택될 수 있다는 주장이다. 개체는 때때로 손해를 볼지 몰라도, 유전자는 언제나 이득을 얻는다.

그러나 은유라는 것은 어디까지나 현상을 보다 잘 묘사하고 이해하기 위한 방법이지, 배후에 숨은 원리를 설명하거나 진실을 증명하기 위한 방법은 아니다. 더군다나 과학적인 증거가 요구되는 곳일수록 더더욱 남용되어서는 안 된다. 위 이론은 유전자를 자신을 퍼뜨리는 데 혈안이 된 '이기적' 존재라고 진지하게 가정할 때라야만 가능한 설명이다. 그러나 유전자의 이기심은 은유이자 가정일 뿐이다. 게다가 해밀턴의 이론은 복잡한 사회에서 가까운 친척을 제외한 이들, 특히 낯선 이들을 향해 발휘되는 순수한 이타심을 설명하기에는 적합하지 않다는 단점을 노출한다.

사회생물학과 유전자 결정론

사람들은 '진화론적 방법론을 이용해 인간의 심리와 행동을 설명하는 것이 과연 타당한가?'라는 문제를 놓고 한 세기 넘게 논쟁을 벌여

왔다. 이 논의의 단초를 제공한 것은 역시 다윈의 『종의 기원』이었다. 그러나 다윈은 정작 이 책에서 동물의 기원과 진화에 대해서만 줄기차게 논의했지, 인간에 대해서는 어떠한 직접적인 언급도 하지 않았다. 신의 형상을 따라 지어졌다고 믿는 인간이 실은 다른 동물로부터 기원했다고 주장하면 사회적으로 큰 파장을 일으킬 터였다.

그러나 책의 말미에서 다윈은 놀랍게도 자신의 진화 이론이 결국 인간의 심리에까지 영향을 미치는 강력한 요인이 될 거라고 말했다. 먼 미래에 심리학은 인간의 정신적인 힘이나 역량이 진화라는 점진적인 변화를 통해 필연적으로 획득된다는 사실에 근거해 그 기초가 새롭게 세워질 거라는 예견이었다. 후대에 탄생할 사회생물학의 지적 근거가 되었다. 그 선봉장은 하버드대의 생물학자 에드워드 윌슨Edward Osborne Wilson(1929~2021)이었다. 1975년에 출간된 그의 책『사회생물학: 새로운 종합 Sociobiology: The New Synthesis』에는 주로 동물의 행동에 관한 이야기만이 다루어졌다. 인간에 대한 언급은 거의 없었다. 그러나 책의 마지막 장에서 윌슨은 동물의 행동에 관한 생물학적 연구가 결국 인간의 공격성, 도덕성, 동성애 같은 성 행동의 다양한 측면까지 훌륭히 설명해줄 수 있다는 주장을 의도적으로 흘려놓았다. 인간의 사회적 행동이 유전자의 생존과 증식이라는 근본적 목적에 봉사하는 것이라는 말이었다. 전통적인 사회학은 머지않아 진화를 토대로 한 생물학으로 흡수되고 말 거라는 도발적인 예측도 함께 내놓았다.

윌슨의 주장에 학계가 발칵 뒤집어졌다. 학문적 자존심에 상처를 입은 사회학자들은 물론, 동료 생물학자와 과학철학자들마저 두 집단으로 갈라져 날카롭게 대립했다. 도킨스를 비롯해 해밀턴, 존 메이너

사회생물학자 에드워드 윌슨.
미국 하버드대의 생물학자 윌슨은 동물의 행동에 관한 생물학적 연구가 인간의 공격성, 도덕성, 동성애 같은 사회적 행동의 다양한 측면을 설명할 수 있다며 사회생물학을 주장했다. 그는 저서 『인간 본성에 대하여』(1978)와 『개미』(1990)로 두 차례 퓰리처상을 수상했다.

드 스미스, 로버트 트리버스Robert Ludlow Trivers(1943~) 등은 윌슨의 주장을 적극 옹호했지만, 윌슨과 같은 대학의 동료 교수였던 스티븐 제이 굴드와 리처드 르원틴Richard Charles Lewontin(1929~2021)은 인간의 행동을 유전과 진화로 설명한다는 발상이 지나치게 환원주의적인 데다 심지어 결정론적이라며 비판의 날을 세웠다.

어떤 이들에게 그의 주장은 인간 중심주의이자 이성 중심주의에 종지부를 찍은, 진정으로 혁명적인 시도였다. 반면에 다른 이들에게는 유전자 환원론의 불길한 재연으로 여겨졌다. 사회생물학의 주장을 '우생학적 사고의 부활'에 가까운 도발로 보는 시각도 있었다. 인류는 불과 반세기 전 유전자 결정론에 입각한 우생학과 약육강식을 옹호하는 사회진화론으로 인해 나치의 단종법과 유대인 학살로 대표되는 엄청난 비극을 경험하지 않았던가. 실제로 제2차 세계대전 이후 우생학이 크게 쇠락하면서 미국우생학회AES는 1972년 학회의 명칭을 '사회생물학연구학회Society for the Study of Social Biology'로 공식 변경했는데, 그 때문에 사회생물학이라는 학문의 정체성에 대한 의심의 눈초리는 좀처럼 거두어지지 않았다. 급기야 윌슨은 강연 도중 급진 과학자 그룹의 항의 시위를 받아 물을 뒤집어쓰는 봉변을 당하기도 했다.

윌슨은 이후 인간 행동의 유전적 결정 문제에 집중해 1978년 펴낸 『인간 본성에 관하여 On Human Nature』에서 더 강한 어조로 이렇게 썼다.

> 인간의 사회적 행동이 유전적으로 결정되는가 하는 문제는 이제 더 이상 질문거리도 되지 않는다. 문제는 어느 정도인가 하는 것이다. 유전적 요소가 큰 부분을 차지한다는 증거는 많으며, 그것은 대부분의 사람들이—나아가 유전학자들이—알고 있는 것보다 훨씬 더 상세하고 압도적이다. 나는 좀 더 강하게 말하겠다. 그것은 이미 결정적이라고.

이 부분은 사회생물학이 과학 이론이라기보다 정치 이론에 가깝다고 비판받는 지점이기도 하다. 우리가 드러내는 행동의 차이, 능력의 차이, 사회적 지위와 성취의 차이는 우리의 노력이 아니라 타고난 유전자에 의해 결정된다. 유전적 요소는 이미 '결정적'이다. 그렇다면 우리 사회가 겪고 있는 불평등 문제는 불평의 대상이 될 수 없다. 이처럼 유전자 결정론은 과학의 이름을 빌려 현 사회 질서를 정당화하고 지배계급의 이익을 대변하는 보수주의의 이데올로기로 소비될 수 있다.

미워도 다시 한 번, 본성이냐 양육이냐

사회생물학이 다시금 불붙인 논쟁은 사실 오랜 역사를 가진다. 그것은 유전이냐 환경이냐, 또는 본성이냐 양육이냐 등 여러 가지 다른 이름의 논쟁으로 불려왔지만, 결국 목적은 하나였다. 둘 중 어느 쪽이 더 중요한지, 어느 쪽이 더 결정적인지 판가름하려는 시도였다. (사람들은 무승부를 좋아하지 않는다. 언제나 둘 중 하나가 이기는 것을 보고 싶어한다.) 그러나 오늘날 다양한 분과 학문의 연구 결과는 이 질문이 애초부터 잘못된 것임을 보여주고 있다. 중요한 것은 두 요소가 어떤 방식으로 함께 작용하느냐 하는 문제다.

인간 게놈 프로젝트Human Genome Project(HGP)가 한창이던 2001년, 인간 게놈 지도의 초안을 발표한 미국의 생물학자 크레이그 벤터John Craig Venter(1946~)는 인간의 유전자 수가 예상과 달리 약 3만 개밖에 되지 않는다는 결과를 확인하고 놀랐다. 그는 언론과의 인터뷰에서 '생물학적 결정론'이라는 개념을 논하기에는 인간이 가진 유전자 수가 턱없이 적어 보인다고 말했다. 굴드도 『뉴욕 타임스』에 기고한 글에서 이러한 결과가 거의 모든 생물학적 통념을 지배해온 '환원주의'의 종식을 알리는 부고라고 썼다.

그러나 비록 결정론적 시각이 옳지 못하다고 주장하려는 게 그들의 의도였다 해도, 유전자의 수에 근거해 인간의 심리와 행동이 유전적으로 결정되어 있는지 아닌지 판단하는 것은 현명한 처사로 보이지 않는다. 유전자가 도대체 얼마나 많아야 결정론적이라 말할 수 있겠는가? 유전자 하나하나가 가진 기능이 속속들이 분석되고 있는 오늘날, 우리는 거기에 인간의 성향이나 행동을 결정할 만한 구체적인 명령이 들어있지 않다는 것을 안다. 기말고사에서 수학 문제를 잘 풀게 하는 유전자, 천 냥 빚도 한 마디에 갚게 해주는 달변 유전자, 오늘 점심으로 짜장면 대신 짬뽕을 고르게 만드는 선택 유전자 같은 것은 없다. 유전자의 수가 10만 개, 또는 100만 개로 늘어난다 해도 그런 유전자가 생겨날 것 같지 않다.

유전자는 실제로 우리의 행동에 영향을 미친다. 그러나 유전자가 행동의 기초가 된다는 말과 우리의 행동이 유전자에 의해 '결정'된다는 말은 엄연히 다른 이야기다. 만약 우리가 가진 유전자가 침팬지와 달리 직립보행을 하는 데 있어 결정적이라고 한다면 그것은 어느 정도 수긍할 만하다. 그러나 어떤 사람은 종교를 믿고, 다른 이는 무신론자가 되는 일에 유전자가 결정적이라고 한다면 거기에 금방 동의할 사람은 거의 없을 것이다. 사회생물학에서 주장하듯 인간의 행동이 유전자라는 원인에 의해 극적으로 좌우될 수 있다면 우리의 삶은 더 이상 자유롭다 할 수 없다. 누구보다도 유전자의 중요성을 강조했던 유전학자 제임스 왓슨도 이렇게 말한 적이 있다. "유전자 요법이 사람의 운명을 바꾸어놓는다고 말하지만, 신용카드의 빚을 대신 갚아주는 것으로도 다른 사람의 운명을 바꿀 수 있다."

에밀 졸라Émile Zola(1840~1902)의 유명한 소설 『목로주점L'Assommoir』은 제르베즈Gervaise라는 한 여성의 비극적인 일생을 그리면서 인간이 유전적·환경적 요인의 지배를 벗어날 수 없음을 자연주의 관점에서 이야기한다. 그녀는 천성적으로 소박하고 성실했기에 세탁소를 차려 열심히 운영하고 이웃에도 좋은 평판을 얻었지만, 이상하리만치 계속되는 불운에 남자 문제까지 겹치면서 결국 불행한 죽음을 피해가지 못한다. 졸라는 제르베즈가 알코올 중독자인 아버지의 '나쁜 유전자'를 물려받아서 비극이 이미 오래전부터 예정되어 있었던 것처럼 음울하게 묘사했지만, 실제로 그녀를 파국으로 몰고간 것은 주변의 부도덕한 인물들과 그보다 더 열악할 수 없는 비참한 환경이었다. 졸라는 이 소설을 포함해 총 20권에 달하는 루공–마카르Rougon-Macquart 연작소설*을 구상하면서 "중력이 법칙을 가지듯 유전도 자신의 법칙을 가진다"라는 믿음을 전하고자 했다. 그러나 이는 인간을 어떤 고약한 운명에서 벗어날 수 없는 존재처럼 묘사하기 위한 소설적 장치였을 뿐이다.

윌슨은 인간의 도덕적 행동 또한 사회생물학적 방법으로 설명할 수 있다고 주장한다. '윤리의 본질과 기원이 무엇이냐'라는 질문에 종교가 아닌 과학이 흡족한 답을 줄 수 있다고 본 것이다. 그는 친족 선택, 호혜적 이타주의reciprocal altruism**, 그리고 죄수의 딜레마prisoner's

---

* 졸라의 설정에 따르면 루공가 사람과 마카르가 사람들은 한 여성에게서 난 두 가족이다. 그녀의 첫 번째 남편은 엄격하고 성실한 농부 루공이었고 두 번째 남편은 폭력적인 범죄자 마카르였다. 알코올 중독에 빠지게 되는 마카르가 사람들 중에는 『목로주점』의 주인공 제르베즈와 그녀의 딸 나나가 포함된다. 루공–마카르가 사람들은 헨리 고더드의 책 『칼리카크가』의 문학적 원형이라 할 수 있다.

** 유전적으로 가까운 친척을 돕는 친족 선택과 달리, 혈연 관계가 아닌 개체 간의 협동을 설명하는 이론을 말한다. 중이 제 머리를 깎을 수 없으므로 '내가 네 머리를 깎

「세탁부」(앙리 드 툴루즈 로트렉, 1886).
『목로주점』에서 세탁부 제르베즈의 고단한 삶을 파국으로 몰고간 것은 나쁜 유전자가 아니라 끊임없는 불운과 주위의 부도덕한 인물들이었다. 개인 소장.

dilemma* 이론을 활용해 이타적인 동기를 가진 개체들이 결국 생존 가능성이 더 크다고 주장한다. 그리고 이렇게 이타적인 행동이 생존에 유리하다는 깨달음으로부터 윤리적 행동이 시작될 수 있다고 설명한다.

그러나 철학자 피터 싱어Peter Albert David Singer(1946~)는 어떤 것이

아줄 테니 너는 내 머리를 깎아다오'라고 협상하는 조건부 자기희생과 유사하다.
* 　수학자 존 내시John Forbes Nash, Jr.(1928~2015)가 고안한 게임 이론으로, 무한 경쟁과 이기적 판단이 인간 사회에서 언제나 좋은 결과를 가져오지 못한다는 사실을 깨닫게 되면서 '이타적 협력'이라는 개념이 진화하게 되었음을 설명하는 데 사용된다.

자연스럽기 때문에 옳다는 논증은 사실fact로부터 가치value를 도출하려는 '자연주의적 오류naturalistic fallacy'에 해당하기 때문에 타당하지 못하다고 본다. 그는 윤리적 전제란 과학적 탐구를 통해 발견되는 것이 아니라고 강조한다. 어떤 윤리적 규칙들이 진화 과정에서 우연히 탄생한 유전적 적응의 산물이라고 한다면, 우리는 그런 윤리적 기준이 절대적으로 옳다고 생각하기 어렵다.

미즐리는 『짐승과 인간Beast and Man』에서 인간 행동의 유전적 원인이 사회적 원인보다 더 압도적이라 볼 이유는 전혀 없다고 목소리를 낸다. 어느 쪽이든 우세가 정해져 있다고 말한다면 그것이야말로 위험한 발언이며, 우리의 운명도 비참해지기 쉽다. 과학저술가 매트 리들리 역시 인간의 행동이 본성과 양육 모두에 의해서 만들어진다는 사실을 부인할 수 없다고 말한다. 그는 『본성과 양육Nature via Nurture』에서 '본성 대 양육nature vs. nurture'의 논쟁은 이제 멈추고, '양육을 통한 본성nature via nurture'이라는 새로운 관점에서 이야기를 시작해야 한다는 의견을 피력했다.

그런 유전자는 없다

친족 선택의 메커니즘을 설명하는 해밀턴의 법칙은 부모와 나 사이, 또는 형제자매 사이의 유전적 동일성을 50퍼센트로 설정한다. 삼촌과 조카 사이는 25퍼센트, 사촌지간은 12.5퍼센트다. 친족 관계가 한 단계 멀어질수록 유전적 친연도는 절반씩 줄어든다. 그러나 그렇게 수학적으로 계산하려는 시도가 무색한 것이, 대다수 인간의 유전자 염기서열은 사실 99.9퍼센트 동일하다는 분석 결과가 알려져 있다. 공통점이 전혀 없어 보일 것 같은 임의의 두 사람, 즉 예를 들어 한국인과 에스키모인 사이, 또는 중앙아프리카의 피그미족과 북유럽의 핀란드인 사이에도 유사성은 99.9퍼센트를 나타낸다. 그렇다면 친족 관계가 멀어질수록 나타나야 하는 유전적 차이라는 것은 사실상 아무리 커봐야 0.1퍼센트도 채 안 되는 극히 작은 수치가 된다. 친자확인 검사 수준으로 유전자 마커를 면밀히 검사해 어디서 어떤 차이가 나는지 구체적으로 확인하지 않고는 체감상 누구도 구분할 수 없는 미미한 차이에 불과하다. (도킨스는 '녹색 수염 효과green beard effect'*라는 개념으로 이를 보완하려 했지만, 그 역시 실체적 근거가 희박하다.)

    내가 나의 친척과 유전적으로 가까운 관계라는 사실은 살아가면서 자주 접촉하는 경험을 통해 알게 되는 것이지, 유전자 서열의 유사성을 따지고 계산함으로써 알아내는 것이 아니다. 갑작스런 위기 상황에서 나와의 유전적 친연도를 수학적으로 계산해 친족을 몇 명까지 구해야 내게 이득이 될지 따진다는 것은 믿을 수 없도록 우스운 일이다. 그에 따르면 사촌 여덟 명이 한꺼번에 물에 빠지는 극히 드문 경우가 아닌 한 우리는 돕고자 생각할 필요조차 없다. 대여섯 명쯤은 무시해도 좋다. 우리는 타인에게 이타적으로 대할 때 실제로 그것이 나의 유

---

* 어떤 유전자가 자신이 발현되었음을 외부로 드러내는 식별 가능한 표식(예를 들어 눈에 확 띄는 '녹색 수염')을 만들고, 다른 개체에서 그 표식을 쉽게 인식해 자신과 같은 유전자를 가진 개체에 이타적인 행동을 하게 만든다는 효과를 의미한다. 이론적으로는 가능할지 몰라도 실제 자연계에서는 매우 드물고, 진화적으로도 불안정한 메커니즘이라 여겨진다.

「적선을 받는 벨리사리우스」(자크 루이 다비드, 1781).
우리는 타인에게 이타적으로 대할 때 실제로 그것이 나의 유전자 전달에 얼마나 도움이 될지 계산하기 위해 매번 계산기를 두드리지 않는다. 릴 미술관 소장.

전자 전달에 얼마나 도움이 될지 계산기를 매번 두드리지 않는다. 사람들은 때때로 자신을 알아주는 소중한 친구나 존경하는 스승, 또는 연약한 어린이를 위해 자기 목숨을 버리기도 한다.

반면 위와 같은 계산을 고안해낸 동일한 학자들이 이번에는 인간과 침팬지의 염기서열 사이에서 발견되는 1.6퍼센트라는 유전적 차이는 별것 아니라며 지나치게 과소평가한다. (인간과 침팬지의 유전체는 약

98.4퍼센트 동일하다.) 동물행동학자들은 동물의 사회에서 관찰되는 본능적인 행동을 인간의 사회적 행동의 기준으로 바로 적용하는 데 주저함이 없을 만큼 그 정도 유전적 차이에는 연연하지 않는다. 그러나 1.6퍼센트의 작은 수치에는 결코 건널 수 없는 거대한 심연이 가로놓여 있다. 인간 존재의 존엄성은 바로 그 작은 차이에서 만들어진다.

도킨스가 말하는 '유전자 중심주의적 관점gene-centered view'은 인간을 다른 모든 생물로부터 철저하게 분리시키는 인본주의라는 이분법적 허구를 지적하고 인간의 오만을 고발했다는 점에서 의의가 있다. 그러한 관점에서 자연과 인간의 구분은 사라지거나 최소화된다. 동물과 인간의 차이는 질적인 차이가 아니라 기껏해야 양적인 차이, 정도의 차이일 뿐이다.

인간과 쥐는 유전체 염기서열 수준에서 약 80퍼센트 일치한다. 그렇다면 이 정도 차이는 질적인 차이일까, 양적인 차이일까? 백분율 수치가 질적인 차이를 말해줄 수는 없을 것이다. 따라서 이 경우도 양적인 차이일 뿐이다. 그럼 바나나는 어떨까? 같은 방식으로 분석하면 인간과 바나나의 유전자는 60퍼센트의 동일성을 보인다. (그렇다고 '인간의 절반은 바나나'라는 식으로 오해하는 사람은 없기를!) 여전히 이 숫자만 가지고는 인간과 바나나가 얼마나 다른지 말해주지 못한다. 인간 고유의 인지능력, 언어, 기술과 문화가 만들어내는 질적인 차이는 이런 방법으로 절대 포착되지 않는다. 인간이 사회적으로 수행하는 행동들이 생물학적으로는 동물의 행위와 유사해 보일지라도, 그 행동의 의미와 가치는 완전히 다르다. 유전적 관점만으로는 질적인 차이를 제대로 설명할 수 없다.

카를 마르크스는 『1844년 경제학 철학 수고Ökonomisch-philosophische Manuskripte aus dem Jahre 1844』에서 이렇게 말했다. "인간은 자연적 존재다. 그러나 그는 단지 자연적 존재일 뿐 아니라, 인간적인 자연 존재다." 인간도 자연의 일부로서 물질적이고 육체적인 조건에 따라 존재하지만, 단순한 동물적 존재가 아니라 의식, 자유, 노동, 그리고 타인과의 관계를 통해 자연과 능동적으로 관계를 맺고 자신 자신을 창조하는 존재라는 뜻이다. 이 말은 물론 마르크스가 자본주의 노동이 인간을 어떻게 소외시키는가를 분석하는 맥락에서 한 말이지만, 사회생물학적 관점이 인간 존재의 가치와 신비를 얼마나 간과하고 있는지를 나타내는 의미로 받아들이더라도 전혀 어색하지 않다.

도킨스가 '유전자 중심의 관점'이라고 말할 때의 그 '유전자'가 무엇을 의미하는지도 사실 불분명하다. 그는 유전자라는 용어를 언제나 매우 모호하게 사용한다. 어떤 문장에서는 분자생물학자들이 기능적 단위로서 흔히 거론하는 '시스트론cistron'을 의미하다가도, 또 어떨 때는 수백 수천 개의 '뉴클레오타이드nucleotide'로 구성된 DNA 조각을 가리키기도 한다. 또 다른 곳에서는 '염색체chromosome'나 아니면 더 큰 규모의 '유전체genome' 전체를 말하는 경우도 있다. 게다가 '자기 복제자replicator'라는 멋진 용어를 발명해 유전자 대신 사용했고 이를 크게 유행시키는 데도 성공했지만, 사실 그 용어조차 의미가 명확하지 않다. 그는 '유전자'라는 말을 제멋대로 사용하고 있다!

그는 '유전자'라는 용어를 누구나 원하는 대로 정의해 써도 좋다고 말한다. 그 스스로 역시 자신의 목적에 따라 유전자에 특별한 의미를 부여했다. 그러나 그의 '이기적' 유전자는 많은 혼란을 자초했다. 어떤 의미에서 도킨스는 이기성을 부각시키기 가장 적절한 방식으로 유전자의 정의를 좁혀 설정한 후, '그러므로 이제부터 이야기하는 모든 유전자는 이기적'이라고 선언하는 '조작적 정의persuasive definition'의 오류를 범하고 있는 셈이다.

도킨스가 사용했던 유전자의 정의는 사실 그에게 유전자 중심적 사고를 전해주었던 조지 윌리엄스의 정의였다. 그러나 아이러니하게도 윌리엄스 자신은 이 정의를 만족스럽게 여기지 않았다. 윌리엄스는 도킨스가 유전자를 '자기 복제자'라고 부르는 바람에 유전자를 거의 언제나 DNA 분자와 동일시할 수 있다는 걸로 오해하게 된 것 같다며 불만을 표시했다. 실제로 DNA는 분자이지 메시지가 아니다. 거꾸로 유전자는 정보 꾸러미지 물리적 개념이 아니다.

그가 가장 사랑하는 용어 '자기 복제자'도 사실은 물리적으로 불가능한 개념이다. 어떤 DNA도 스스로 자신을 복제할 수 없기 때문이다. DNA라는 화학물질은 그 자체로 활성이 없기에 여러 단백질의 정교한 도움을 얻지 않고서는 절대로 스스로 복제하고 증식할 수 없다. '이기적' 유전자가 도킨스가 원하는 대로 작동하기 위해서는 '이타적' 단백질이 필요한 셈이다. 그것도 단백질 한두 개가 아니라 수백 가지가 필요하다. 누가 유전자를 그렇게 정의할 권한을 그에게 주었을까? 그런 유전자는 없다. 지난 50년 가까운 시간 동안 유전자에 대한 이해는 계속해서 갱신되었고, 이제 유전자에 대한 도킨스의 정의를 그대로 사용하는 유전학자는 사실상 없다고 해도 과언이 아니다.

진짜 이기적 유전자는 나야 나

―

사실 가장 이상해 보이는 점은, 유전자의 관점에서 성공이란 자신과 아주 똑같은──도킨스의 표현에 따르면 '복제 정확도가 뛰어난'──복제물을 다량 만들어내는 것이 결코 아니라는 사실이다. 진화 과정에서 살아남으려면 똑같은 것을 반복해 만드는 게 아니라, 오히려 돌연변이가 생겨서 앞으로 변화할 환경에 더 잘 적응하고 오래 살아남을 만한 변이체를 다양하게 여럿 만드는 게 더 유리하다. 이것이 바로 무성생식을 하던 단세포 생물이 섹스를 발명한 이유다. 똑같은 유전자를 자자손손 오래도록 남기려면 단순한 이분법을 따라 유전자를 증식하는 것이 가장 현명한 방법이다. 그러나 이 경우 살아남기에 불리해진 환경이 되면 모든 개체가 적응하지 못하고 멸종해버릴 위험이 있다.

유성생식을 발명한 다세포 생물은 서로 다른 두 개체의 유전자를 섞어서 자손을 만들게 되었기 때문에 유전적 다양성을 훨씬 크게 확보할 수 있었고, 그로 인해 급변하는 환경에 보다 수월하게 적응하는 개체가 생겨날 수 있었다. 그러나 그 대가로 자신의 유전자가 절반밖에 보존되지 못하게 되는 방법적 한계를 감수해야만 했다.

인간을 포함한 모든 동물은 어차피 몇 세대 지나가고 나면 본래의 유전자가 기하급수적으로 사라지고 자신의 정체성을 잃는다. 사랑하는 나의 손주에게 남아있는 내 유전자는 4분의 1뿐이다. 증손자에게는 고작 8분의 1만이 남게 된다. 자신의 정체성을 후대에 남기기 위해 증손자를 여덟 명 이상 만들어야 할까? 미즐리는 『짐승과 인간』에서 재미있는 이야기를 들려준다.

「루이 14세의 초상화」(이아생트 리고, 1700~1701).
루이 16세의 처형으로, 루이 14세의 유전자 중 단두대의 이슬로 사라진 것은 고작 32분의 1이었다. 나머지 32분의 31은 루이 14세와 전혀 관계가 없는 유전자다. 파리 루브르 박물관 소장.

대왕 루이 14세가 죽고 증손자에게 왕위를 넘겼을 때 그의 유전자 중 8분의 1이 남아 자기 나라를 다스리는 데 도움을 주었다. 70년 뒤 루이 16세는 그의 유전자 중 32분의 1 정도를 단두대로 가지고 갔다.

단두대의 이슬로 사라질 끔찍한 운명을 맞은 것은 단지 자기 자신의 32분의 1뿐이니 차라리 다행이라 말해도 좋을까? 나머지 32분의 31은 루이 14세와 전혀 관계가 없는 유전자다! 이쯤 되면 자신과 비슷한 유전자를 자손에게 남기려는 게 어째서 이기적인 행동이라고 믿는다는 건지 좀처럼 이해되지 않는다. 이런 극적인 변화를 거친 후에도 자신의 정체성은 상당량 그대로 유지된다고 생각하는 사람이 있다면,

그는 세대가 바뀔 때마다 자기 유전자가 얼마나 빨리 사라지는지 계산할 줄 모르는 것이다.

그뿐이 아니다. 지금 한 개인이 지니고 있는 DNA는 과거 어느 세대의 모든 조상들이 거의 동등하게 기여한 결과다. 윌슨은『인간 본성에 관하여』에서 1700년으로 거슬러 올라가면 우리 개개인의 조상이 200명이 넘어서며, 그들 각각이 현재의 자손에 기여한 정도는 염색체 하나보다도 훨씬 적어진다고 말했다.

또 한 가지 중요한 사실이 있다. 지금으로부터 불과 1,000년 정도만 거슬러 올라가도 오늘날 나 한 명의 유전자를 만드는 데 동원되었던 조상은 수백만 명에 달하게 된다. 내 유전자에는 그들의 유전자가 거의 일정하고도 동등한, 그러나 매우 작은 지분을 가지고 있다는 사실이다. 내 유전자는 사실 내 것이 아니라 내가 알지 못하는 과거의 수많은 사람들이 지니고 있던 것을 짜깁기한 것에 불과하다! (예일대의 통계학자 조지프 창Joseph Chang은 지금으로부터 5,000년 전에 살았으며 오늘날 후손을 한 명이라도 남긴 모든 사람은 현재 생존하는 전 세계 모든 사람의 조상에 해당한다는 사실을 수학적으로 증명했다.*) 게다가 1,000년이라는 시간은 수십억 년에 달하는 유전자의 유구한 생애에 비하면 눈 깜짝할 새나 다름없다. 내 유전자와 당신의 유전자는 생각보다 훨씬 더 다르지 않다.

'땀에 젖은 티셔츠 실험sweaty T-shirt experiment'이라 불리는 유명한 실험이 있다. 1995년 스위스의 동물학자 클라우스 베데킨트Claus Wedekind가 수행한 연구다. 그는 44명의 남성 지원자에게 깨끗한 티셔

---

* Chang, J. (1999) 논문 참조.

츠를 이틀간 입히고 격렬한 운동을 하게 했다. 그동안 샤워를 하거나 향수를 사용할 수 없었다. 회수한 티셔츠는 49명의 여성 참가자에게 나눠주어 냄새를 맡고 느낌이 좋은지 나쁜지 등을 평가하게 했다. 그 결과 여성들은 자신과 특정 유전자의 차이가 가장 큰 남성의 땀 냄새를 선호하는 것으로 나타났다.*

그 특정 유전자란 바로 주조직적합성복합체major histocompatibility complex(MHC)를 만드는 유전자였다. MHC는 포유동물의 면역계를 결정하는 분자로, 다양성을 가질수록 더 많은 병균과 바이러스가 퍼뜨리는 질병에 저항성을 가지게 된다. 진화적으로 인간은 자신도 모르게 자신과 면역학적으로 가장 관련이 적은 사람에게서 큰 매력을 느낀다는 사실이 알려져 있다. 서로 다른 유전형을 가진 사람끼리 짝을 지으면 그 자식의 유전적 다양성이 커진다. 오늘날 치타는 멸종 위기에 놓여 있는데, 그 이유는 MHC의 다양성이 점점 사라지고 있기 때문이다. 이는 근친혼을 고집하다 열성 유전질환으로 인해 대가 끊어진 합스부르크 왕가의 저주를 연상케 한다. 유전자가 달라야 좋은 것이다. 자손들의 유전자가 나와 다르고 더 다양해질수록 생존에 더 유리해진다! 동일한 유전자를 지닌 채 오래오래 사는 게 최고의 목표라면 우리는 차라리 아메바가 되는 게 낫다.

한편 우리가 정말 '이기적' 유전자라고 불러야 마땅한 유전자들이 실제로 우리 몸 안에 존재한다. Alu나 LINE-1과 같이 짤막한 반복서열로 구성된 '전이인자transposable element'가 바로 그것이다. 이들

---

* Wedekind, C. et al. (1995) 논문 참조.

스위스의 동물학자 클라우스 베데킨트와 '땀에 젖은 티셔츠' 실험.
베데킨트의 실험은 자신과 면역학적으로 가장 관련이 적은 상대를 만날수록 유전자 다양성이 큰 자손을 얻을 수 있다는 사실을 보여준다. 이 실험은 남성 참가자들이 이틀 동안 입은 티셔츠를 상자에 넣은 뒤, 여성 참가자들에게 가장 끌리는 냄새의 티셔츠를 말해달라는 것이었다. 그 결과 여성들은 자신과 가장 다른 주조직적합성복합체MHC를 가진 남성에게 끌리는 것으로 나타났다.

은 자기 자신을 수시로 복제해 유전체 곳곳에 무작위로 삽입한다. 결과적으로 예상치 못한 곳에서 돌연변이와 유전자 불활성화가 일어난다. 이것은 1950년대 초 미국의 유전학자 바버라 매클린톡$^{Barbara\ McClintock(1902~1992)}$이 옥수수를 대상으로 변이를 연구하다 처음 발견했는네, 유전체 내에서 지속직으로 자리바꿈^{trnasposition}을 일으킨디고 하여 '도약 유전자$^{jumping\ gene}$'라는 이름이 붙었다.*

그런데 알고 보니 이 유전자들은 전체 인간 유전체의 45퍼센트를 차지할 정도로 어마어마한 규모를 이루고 있었다. Alu는 짧지만 수백만 개나 존재해 모두 합치면 전체 유전체의 10퍼센트나 된다. 역전사효소$^{reverse\ transcriptase}$를 가지고 있는 LINE-1은 17퍼센트나 차지한다. HERV$^{human\ endogenous\ retrovirus}$라고 불리는 반복서열도 발견되었는데, 이들은 과거 인간의 몸에 감염해 들어왔던 적이 있는 바이러스들의 잔재다. 지금은 흔적만 남고 대부분 비활성 상태이긴 하지만, 이들도 무려 8퍼센트나 차지하고 있다! 인간 고유의 유전자라고 부를 수 있는 부위가 전체 유전체의 2퍼센트밖에 되지 않는다는 사실과 비교하면 바이러스에서 기원한 염기서열이 놀라울 정도로 압도적이라고 할 수 있다. 인간은 어쩌면 오래전 침입자들이 남기고 간 기억 위에 쌓인 하나의 생물학적 구조물에 불과한지도 모르겠다. 인간은 사실 인간으로만 되어 있지 않다. 모든 인간은 사이보그다.

결론적으로 말하자면, 이들 전이인자야말로 도킨스가 말한 '이기적 유전자'에 딱 들어맞는 개념이다. 전체의 이익과 무관하게, '기생적'

---

* Miller, S.M. (1993) 논문 참조.

1987년 NBA 덩크슛 콘테스트에서 마이클 조던이 점프하는 모습.
녹조류 볼복스 *Volvox carteri* 에서 발견된 한 전이인자에는 이 전설적인 농구선수의 이름을 따 'Jordan'이라는 이름이 붙었다. 유전체 내에서 끊임없이 점프하면서 자신을 스스로 복제하는 이러한 '도약 유전자'야말로 진정한 의미에서 이기적 유전자라 할 만하다.

성향만을 발전시키며 오직 자기 복제에 유리한 방향으로만 진화해왔기 때문이다. 이들은 바로 이 순간에도 바삐 움직이며 자신을 계속해서 증식하는 데 몰두하고 있다. 유전체의 기생자이자 오랜 공생자이며, 이기적 유전자의 살아있는 화석이라 부를 만하다.

유전자는 문화와 더불어 진화한다

―

1980년대에 들어서면서 진화심리학이라는 이름의 새 학문이 등장했다. 사실 인간의 행동을 생물학적으로 설명하려 한다는 점에서 진화심리학도 사회생물학과 크게 다르지 않다. 다만 진화심리학은 사회생물학 논쟁에서 교훈을 얻어 과격한 이데올로기로 간주될 수 있는 주장과 거리를 유지하면서, 주된 관심사를 인간의 심리적 특성을 연구하는 데 두었다. '산타바버라 학파'를 창시한 진화심리학자 존 투비John Tooby(1952~2023)와 레다 코스미데스Leda Cosmides(1957~)는 남녀의 성별 차를 빼고는 인간 집단 사이에 기본적으로 유전적 차이가 없다는 입장을 취했다.

진화심리학은 인간의 본성을 동물로부터 진화한 인류의 조상이 원시환경 조건에서 생존하기 위해 시행착오를 겪으며 얻은 '진화된 심리적 기제evolved psychological mechanism(EPM)'라고 본다. 우리의 정신은 본래 석기시대의 수렵·채집인처럼 생각하게끔 설계되어 있다는 것이다. EPM이란 아주 서서히 진화한 복잡한 메커니즘이기 때문에, 진화심리학자들은 인간의 본성이 '플라이스토세Pleistocene'* 이후로는 별다른 변화를 겪지 않았을 거라 본다. 하지만 이런 가정은 인간이 고대에 형성된 유전자에 의해 현재까지 지속적으로 영향받을 수밖에 없다는 결정론적 해석을 그대로 인정하는 꼴이다.

―――――――――

* 　지질 시대 구분에서 고대 인류가 살았을 것으로 여겨지는 약 258만 년 전부터 1만 2,000년 전까지의 시기를 일컫는다. 홍적세라고도 한다. 신생대 제4기의 거의 대부분에 해당한다.

그러나 최근의 게놈 분석 연구에 따르면, 진화는 우리가 생각하는 것 이상으로 매우 빠르게 진행되고 있다. 인간의 역사와 문화가 생물학적 진화보다 훨씬 더 급격하게 변화하기 때문에 고대에 형성된 EPM을 가지고 현대를 살아가는 현대인의 심리 기제에 쉽게 적용할 수 없다는 말이다. 예를 들면, 현대인은 더 이상 고대인처럼 번식을 최고의 가치로 여기며 행동하지 않는다. 피임 도구를 활용해 원치 않는 임신을 막는다. 풍족한 식생활과 과다한 영양 상태로 인해 더 이상 고대인처럼 단 음식을 선호하지 않는다. 애써 구애하지 않더라도 생식세포 기증과 체외수정을 통해 자식을 얻을 수도 있다. 이처럼 진화론적 접근 방식이 더는 유효하지 않은 경우를 이제는 얼마든지 찾아볼 수 있다. 기술과 문화의 빠른 발전 덕분이다.

진화심리학은 사회생물학과 마찬가지로, '그럴듯한 이야기just-so story'**와 같이 허무맹랑한 추론에 의존하는 경우가 많다는 비난에 특히 취약하다. 실제로 현대의 진화는 진화심리학 교과서에서 다뤄지는 것보다 훨씬 복잡하며, 환경과 문화의 영향을 그 어느 때보다 더 많이 받아 예측불허의 방향으로 이루어질 가능성이 높다. 진화 이론이 유념해야 할 중요한 점 한 가지는 인간의 심리와 행동을 결정하는 데 현대의 문화와 환경이 미치는 영향을 과소평가하지 말아야 한다는 것이다.

** 러디어드 키플링의 우화집 『*Just So Stories*』의 제목에서 따온 표현. 이 우화집은 원래 동물들의 신체 특징이 어떻게 생겨났는지를 상상력으로 설명한 어린이용 책이다. 어떤 주장이 실제 근거나 검증 없이 그럴듯하게 들리도록 지어낸 것 같은 경우 이를 비꼬는 표현이다.

『그럴듯한 이야기』*Just So Stories* (러디어드 키플링, 1912)의 표지. 이 책에는 '코끼리는 어떻게 긴 코를 갖게 되었을까'라는 부제가 달려 있다. 책에 따르면 아기 코끼리가 림포포강에서 악어에게 코를 물렸는데 잡아먹히지 않으려고 필사적으로 잡아당기다가 지금처럼 코가 길어졌다고 한다.

도킨스가 『이기적 유전자』의 마지막 장에서 소개한 '밈meme' 개념은 사실 문화를 사회생물학적으로 설명하고자 할 때 드러나는 한계를 극복하기 위한 대안으로 제시된 것이었다. 밈은 일종의 '문화 복제자 cultural replicator'라 할 수 있다. 문화의 전달도 유전자의 전달과 다르지 않아서 관습, 언어, 패션, 기술 등 문화적 요소들이 시간의 흐름을 따라 진화한다는 주장이다.

밈 이론은 1990년대 대니얼 데닛Daniel Dannett(1942~2024)과 수전 블랙모어Susan Blackmore (1951~)의 지지를 받으며 관심을 끌었다. 1997년에는 밈에 관한 독자적인 연구와 토론을 위한 학술논문『미메틱스 저널*Journal of Mimetics*』이 창간되기도 했다. 하지만 거기까지였다. 밈 개념은 인터넷 하위문화의 추종자를 중심으로 인기몰이를 하는 데는 성공했지만, 학계의 진지한 관심을 끌어내는 데는 실패했다. 문화 현상을 학문적으로 설득력 있게 설명하는 연구를 지속적으로 내놓지 못했기 때문이다. '밈이라는 밈'은 뛰어난 전달력을 가졌지만, 문제는 실체가 없다는 것이었다. 『미메틱스 저널』은 10년도 못 가 폐간되고 말았다.

밈 이론은 초라하게 사라졌지만, 생물학적 진화와 문화적 진화 사이의 유사점은 꾸준히 학자들의 관심을 끌었다. 곧 마커스 펠드먼Marcus William Feldman(1942~)과 카발리-스포르차를 중심으로 한 '유전자-문화 공진화론'이 인간의 행동과 사회를 이해하기 위한 주요한 탐구 방법으로 등장했다. 이들은 인간의 보편적인 유전적 능력을 중시하는 진화심리학자들과 달리 개인 고유의 유전적 구성을 강조한다. 만약 당신에게 우유 속에 들어있는 젖당을 소화할 락테이스 유전자가 없다면 라떼도 마음껏 즐기지 못한다. 한 잔만 잘못 마셔도 배앓이를 하기 일쑤다. 당신이 라떼를 문제없이 마실 수 있다면 그것은 오랜 낙농업의 역사가 선택압을 형성해 당신의 조상으로 하여금 유제품을 소화할 수 있는 유전자를 진화시켰기 때문이다. 문화적으로 유도된 선택에 따라 유전자는 변화하거나 고정된다. 유전자와 문화는 마치 끈으로 연결된 것처럼 함께 작동한다.

문화적 요인은 선택 과정을 복잡하게 만들기 때문에, 진화를 유전자 전달의 측면에서만 본다면 현실과 완전히 동떨어진 결론에 도달하기 쉽다. 조지프 헨릭은 『호모 사피엔스』에서 역사의 어느 시점부터는 문화적 진화가 우리 종의 유전적 진화의 일차적인 동력이 되었다고 주장한다. 그는 문화적 진화가 유전적 진화를 주도하는 체제의 문턱을 '진화적 루비콘강'이라 불렀다. 이 강을 건넌 이후 인간은 다시 이전으로 돌아갈 수 없는 생소한 진화의 경로로 올라서게 되었다는 말이다.

문화적 학습이란 너무나도 강력한 힘이어서, 동물이 경험적으로 피하는 것들을 인간은 오히려 즐긴다. 인간은 통증을 고통이 아니라 쾌락의 문턱으로, 쓴맛을 독의 신호가 아니라 성숙한 감각의 증표로 받아들이게끔 진화했다. 역기를 들 때 근육에서 느껴지는 통증을 피하지 않고, 몸을 멋지게 만들기 위해 참고 즐긴다. 이후 찾아오는 근육통에도 은근한 쾌감이 느껴진다.

고추의 매운맛은 신경계에 화재 경보를 울리지만, 인간은 그 자극을 일부러 추구하며 기꺼이 땀을 흘린다. 쓴맛은 동물에게 대부분 독성을 경고하는 신호일 뿐이지만, 인간은 커피와 와인, 홉이 든 맥주 속에서 그 씁쓸한 맛을 음미할 줄 알게 되었다. 자극을 피하는 대신 길들이고, 고통을 멀리하는 대신 긍정적 의미를 부여하는 능력, 이것이 인간이 문화를 통해 스스로를 다시 진화시킨 방식이다. 진화를 바라보는 도킨스의 시각이 더는 유효하지 않은 이유다.

도킨스의 위험한 생각

대니얼 데닛은 『다윈의 위험한 생각 *Darwin's Dangerous Idea*』에서 다윈의 진화론을 모든 것을 녹여버리는 '만능산 universal acid'에 비유했다. 그는 자연선택 이론이 너무나 훌륭해서 생물학적 진화에만 써먹기에는

「로레트와 한 잔의 커피」(앙리 마티스, 1916~1917).
쓴맛은 동물에게 대부분 독성을 경고하는 신호일 뿐이지만, 인간은 커피의 쓴맛을 즐기고 음미할 줄 알게 되었다. 이것이 인간이 문화를 통해 스스로를 다시 진화시킨 방식이다. 시카고 미술관 소장.

아깝다고 보았다. 자연선택은 세상에서 일어나는 수많은 변화를 설명하는 '일반 법칙universal law'이 될 자격이 있다고 주장한 것이다. 유전학자 도브잔스키Theodosius Grygorovych Dobzhansky(1900~1975)는 "진화의 개념을 통하지 않고서는 생물학의 그 무엇도 의미가 없다"라고 말한 바 있다. 그러나 진화론은 사실싱 생물학 범주에만 국한되기를 거부한다. 다윈주의가 종교와 언어, 윤리와 예술에 이르기까지 세상의 모든 방면에 보편적으로 적용 가능하다는 시각이 점점 인기를 얻어가고 있다. 이처럼 진화론은 이른바 생물학판 '모든 것의 이론theory of everything'이라 할 만하다.

그런데 데닛은 왜 다윈의 생각을 위험하다고 했을까? 아마도 다윈의 진화론이 기존의 세계관—특히 종교적, 철학적, 심지어 과학 내부의 일부 견해들—에 미치는 영향이 혁명적이고, 심지어 체제 전복적일 수도 있다고 생각했기 때문일 것이다. 데닛이 보기에 다윈의 생각은 단 하나의 알고리즘적 메커니즘에 의해 신비롭고 신성하다고 여겨 온 우주의 의미까지도 기계적으로 설명할 수 있었다.

진화론은 보존되어야 할 동일성과 차별성, 그리고 다양성까지 모두 설명한다고 말한다. 이것은 일종의 아이러니라고 할 수 있는데, 서로 완전히 정반대되는 현상까지도 하나의 원리로 설명할 수 있다고 주장하기 때문이다. 그런 이유로 과학철학자 칼 포퍼Karl Raimund Popper(1902~1994) 역시 진화론은 정말로 '모든 것을 설명할 수 있는 이론'임에 틀림없다고 꼬집기도 했다. 어쩌면 모든 것을 설명할 수 있는 이론이란 아무것도 제대로 설명하지 못하는 이론일 수 있다. 이것이 다윈의 생각이 위험해 보이는 또 하나의 숨은 이유라고 본다.

형이상학이나 종교의 역사도 마찬가지지만, 생물학의 역사도 어떻게 보면 '스스로 존재하는 자'를 찾아다닌 역사라 할 수 있다. 도킨스의 유전자는 생명체의 조종자일 뿐 아니라 생명체의 역사에서 최초로 존재했던, '스스로 살아있는' 물질이었다. 도킨스는 유전자가 맹목적으로 자신을 퍼뜨리려는 의도를 가지고 있다고 말한다. 생명체는 애써 기계로 격하시켜놓고 반대로 비활성 화학물질인 DNA에 맹목적인 목적을 숨겨놓는다. 도킨스의 이기적 유전자 이론은 '기계론mechanism'보다는 더 목적적으로 말하면서, 동시에 '목적론teleology'보다는 더 기계적으로 말하는, 실로 애매한 자세를 취한다. 도킨스는 그의 과학 인생 내내 생기론vitalism을 강하게 부정해왔지만, 이기적 유전자를 바탕으로 한 모순적 물질관은 도리어 '은밀한 생기론crypto-vitalism'*에 가깝다.

실제로 도킨스의 이기적 유전자 이론이 일종의 '은밀한 생기론'처럼 보일 수 있다는 비판은 여러 철학자와 과학자들 사이에서 꾸준히 제기되어왔다. 이것은 단순히 용어의 문제라기보다는, 유전자에 거의 의인화된 능동성과 목적성을 부여하는 방식이 일종의 생명력vitality 개념처럼 작용하고 있다는 데서 나온 비판이다.

도킨스는 진화 과정을 논리적으로 가장 만족스럽게 설명할 방법은 '유전자의 눈'으로 바라보는 것이라고 말했다. 그런 관점에서 유전자는 복제하고자 하고, 속임수를 쓰고, 장기적 전략을 구사하며, 심지

---

* 생기론이란 생명체가 단순한 물리화학적 법칙만으로 설명될 수 없으며 고유한 '생명력'이 있다고 보는 관점인데, '은밀한 생기론'은 겉으로는 생기론을 부정하면서도 실제 설명 방식에서는 마치 무언가 초월적이고 목적 지향적인 힘이 작용하는 것처럼 말하는 태도를 말한다.

옥스퍼드대의 동물학자 리처드 도킨스.
서른다섯의 젊은 나이에 베스트셀러 『이기적 유전자』를 쓴 도킨스는 이 한 권의 책으로 단숨에 유전자 중심주의 진화 이론의 핵심 주자로 발돋움했다. '이기적' 유전자라는 그의 표현은 역설적으로 생명체가 어째서 '이타적' 행동을 하는지 설명하기 위함이었다. 하지만 이기적 유전자를 바탕으로 한 그의 모순적 물질관은 여러 철학자와 과학자들에게 비판받고 있다.

어 이타적 행위까지 조직한다. 이런 설명은 언어적으로는 은유이지만, 개념적으로는 유전자에 의도를 부여하는 듯한 느낌을 준다. 이런 방식은 과학적으로는 자연선택의 무작위적이고 비의도적인 과정을 설명하는 것이지만, 유전자가 무언가를 '의도한다'라는 식의 표현은 결국 목적론적인 오해를 충분히 불러일으킬 수 있다.

메리 미즐리는 이기적 유전자 이론이 사실상 생물학을 가장한 목적론적 설명이라고 말했다. 옥스퍼드대 명예교수이자 도킨스의 박사학위 논문을 심사하기도 했던 데니스 노블Denis Noble(1936~)도 도킨스가 생기론을 부정하면서도 유전자를 어떤 '운명적 힘'처럼 다루고 있다고 비판한 바 있다. 따라서 '은밀한 생기론'이라는 비판은 단순히 과장된 논쟁이 아니라, 도킨스의 생명관이 가진 철학적 긴장과 개념적 모호성을 정확히 짚어낸 지적이라고 할 수 있다.

죽어라, 이기적 유전자여, 죽어라

도킨스는 DNA를 가리켜 '불멸의 나선immortal coil'이라 불렀다. 불멸은 불멸이지만, 그것을 담고 있는 개체의 의미나 목적은 없다. 모든 생명은 유전적 사명이 부여한 명령을 따를 뿐 거기에 내재되어 있는 목적은 아무것도 없다는 말이다. 자신을 무한히 증식하는 게 최고의 목표인 것처럼 행동하던 유전자가 결국 만들어낸 표현형은 아무 목적도 없는 존재라니, 그것은 대체 무얼 하려던 걸까?

도킨스는 『만들어진 신 The God Delusion』에서 종교가 진화 과정의 의

도치 않은 부산물이라고 주장했다. 그러나 어느 누가 진화 과정의 '부산물'이 무엇인지에 대해 논할 수 있을까? 도킨스가 스스로 지적했듯이 자연선택은 앞을 내다보지 않고 결과를 예측하지도 않으며, 당연히 어떤 목적도 가지고 있지 않다. 진화에 목적이 없는데 어떻게 의도한 '산물'이 있고, 의도치 않은 '부산물'이 따로 있다는 걸까?

'다윈의 불독'이라 불렸던 토머스 헉슬리Thomas Henry Huxley(1825~1895)는 말년에 진행했던 로마니스 강연Romanes lecture에서 「진화와 윤리 *Evolution and Ethics*」라는 제목으로 인간 문명의 특별함에 대해 언급한 바 있다. 인간의 문명이란 잘 가꾼 정원과 같아서, 진화의 세계가 만들어 가는 자연의 일부이면서도 진화의 세계와는 또 다른 차원의 특별한 영역이라는 점을 강조했다. 그는 인간의 소중한 문명을 지속시키기 위해서는 자연 상태에서 무자비하게 이루어지는 생존경쟁 방식과는 차원이 다른, 인간 사회만의 윤리적 규칙이 필요하다고 주장한 것이다.

도킨스는 모든 생명체가 '생존 기계'로서 유전자의 음모에 순응해야 하는 수동적인 존재로 살아가지만, 오직 인간만이 유전자의 폭거에 반기를 들 수 있다고 말했다. 어쩌면 이런 깨달음이 헉슬리가 말했던 '윤리'의 시작인지도 모른다. 그는 『이기적 유전자』에서 이렇게 썼다.

> 우리는 이기적으로 태어났다. 그러므로 관대함과 이타주의를 가르쳐보자. 우리 자신의 이기적 유전자가 무엇을 하려는 녀석인지 이해해 보자. 그러면 우리는 적어도 유전자의 의도를 뒤집을 기회를, 다른 종이 결코 생각해 보지도 못했던 기회를 잡을 수 있을지도 모른다.

영국의 생물학자 토머스 헉슬리. 토머스 헉슬리는 다윈과 동시대를 살았던 영국의 유명한 생물학자였다. 무엇보다 진화론을 강력히 지지하고 다윈을 대신해 논쟁에 나서서 '다윈의 불독'이라는 별명을 얻었다. 그는 로마니스 강연에서 진화의 세계와는 다른 인간 문명의 특별함에 대해 언급하기도 했다. 그는 『멋진 신세계』를 쓴 올더스 헉슬리의 할아버지다.

　어딘가 모순적이다. 그가 줄기차게 주장해왔던 유전자 결정론이 갈 곳을 잃은 나머지 유전자 결정론을 넘어선 곳에서 도움을 요청하는 형국이다. 이는 실존적이고 경험적인 데에서 나온 선언임이 틀림없지만, 동시에 철학적 무능과 무책임을 드러내는 발언이기도 하다. 물론 우리에게는 유전자의 의도를 뒤집을 능력이 있다. 도킨스가 말한 '가르침'을 통해 관대해질 수도, 충분히 이타적으로 바뀔 수도 있다. 그의 말은 모두 사실이다. 그가 굳이 말하지 않았더라도 누구나 일상에서 늘 그렇게 느끼고 있을 터다. 그러나 인간과 동물의 차별성을 한사코 부인하던 이가 갑자기 인간의 특수성을 인정하는 모양새가 그리 달갑지 않다. 그렇게 선언할 논리적 근거가 제시되지 않았기 때문이다.

　인간은 특별한가? 인간은 어째서 특별한가? 실제로 인간에 이르러 진화는 이제 운명을 다했다고 보는 의견이 많다. 인간은 더 이상 자연선택에 의해 '자연스럽게'(?) 진화하기를 거부한다. 유전학자 스티브 존스John Stephen Jones(1944~)는 인간의 진화가 이제 끝났다고 주장한다. 현대 사회의 변화가 자연선택의 압력을 점점 약화시키고 있다고 보는 것이다. 의학과 기술의 발달로 유전적으로 취약한 사람도 건강을 유지하고 얼마든지 자손을 남길 수 있다. 급속도로 세계화가 이루어지고 지리적 고립이 줄어들면서 전 세계의 인구가 과거 어느 때보다 빠른 속도로 뒤섞이고 있기에, 특정 집단에 국한된 독특한 유전적 형질이 유지될 가능성이 낮아졌다. 과거에는 생존 능력과 번식의 성공이 직결되었지만, 현대에는 개인의 취향과 선호에 따라 자녀의 수를 줄일 수 있게 되었다. 더 이상 자연선택이 인간 진화의 주요 동력으로 작동하지 못하고 있다. 인간은 열린 존재다. 인간은 진화의 법칙을 완전히 바꿔놓았다.

미국의 과학 저널리스트 데이비드 돕스David Dobbs는 2013년 온라인 매거진 『이온Aeon』에 「죽어라, 이기적 유전자여, 죽어라Die, selfish gene, die」라는 제목의 에세이를 기고해 화제가 된 적이 있다. 돕스는 이 글에서 도킨스의 '이기적 유전자' 은유를 비판하면서, 유전자 중심적 시각이 지나치게 단순화된 이해를 불러일으키면서 유전자의 실제 작동 방식을 제대로 반영하지 못하게 되었다고 말했다. 유전학의 다른 중요한 측면들—예를 들어 환경의 역할이나 유전자 간 복잡한 상호작용—을 가리는 결과를 초래했다는 뜻이다.

그는 유전자가 전혀 변하지 않고도 그것이 발현되거나 읽히는 방식이 바뀜으로써 얼마든지 개체의 표현형이나 행동을 바꿀 수 있음을 강조한다. 유전형이 구축해내는 표현형적 특성은 단순히 유전자의 차이만으로 설명되지 않는다. 우리가 인간이지 벌레나 초파리, 또는 고양이와 같지 않은 이유는 단지 그들과 다른 유전자를 가졌기 때문이 아니다. 그들과 놀랍도록 유사한 유전체를 가지고 있음에도 그것을 '읽는 방식'이 애초부터 다르기 때문이다. 유전자를 자연선택의 기본 단위로 보는 데 지나치게 집중한 나머지, 진화를 이해하는 데 필요한 다른 중요한 요소들이 무시되었다는 정당한 지적이다.

이제는 상황이 많이 달라졌다. 후성유전학epigenetics이나 진화발생생물학evo-devo 등 신생 학문에 몸담은 많은 생물학자들은 앞으로 유전자 중심적 관점을 버리고 유전자 발현에 미치는 유동적이고 환경 의존적인 기능을 더 강조하는 관점이 필요하다고 주장한다. 유전자 그 자체를 독자적인 장인 건축가로 볼 것이 아니라, 협력하여 건물을 개조하고 유지하는 팀의 일원으로 보아야 한다. 도킨스의 관점은 너무나 낡아버렸다. 이제는 '이기적 유전자'가 아니라 '사회적 유전체social genome'라 불리는 게 더 어울리는 시대가 왔다. 그런데 왜 이기적 유전자는 죽지 않을까? 이렇게나 많이 틀린 데다 낡아빠진 이론이 어째서 죽지 않고 여전히 승승장구하는 걸까?

우리는 누구이며, 왜 이곳에 존재하는 걸까? 생명의 역사를 결국 DNA라는 기막히게 성공적인 화학물질의 일대기로 보아도 좋을까? DNA의 무한한 증식만이 생명이 존재해야 할 유일한 이유일까? 인간이 기계라는 견해는 과연 지금 당신의 삶에 잘 들어맞는 걸까? 인간의 삶에 어떤 의미가 있어야 한다고 믿는다면 그것은 단지 인간 중심주의적인 편견에 불과한 걸까?

「죽어라, 이기적 유전자여, 죽어라」라는 제목의 글이 실린 웹진 『이온』의 해당 표지 그림. 데이비드 돕스가 도킨스의 이론을 비판한 글에는 메뚜기가 소개된다. 메뚜기는 평소에는 초식성의 온순한 'grasshopper'이지만, 개체 수가 늘어나고 밀도가 높아지면 떼 지어 이동하며 공격성을 띠는 군집성 'locust'로 변모한다. 이는 하나의 유전자가 극단적으로 서로 다른 두 가지 표현형을 유도할 수 있다는 예시가 된다. 이로부터 돕스는 '이기적 유전자' 모델이 지나치게 단선적이고 기계적이며, 실제 유기체의 행동은 유전자뿐 아니라 환경과 발달 과정 등의 상호작용에 의해 훨씬 더 유동적으로 결정된다는 사실을 지적하고 있다.

나는 이렇게 말하고 싶다. 개인으로서 찬란하게 빛나는 단 한 시간의 삶이 유전자로서 한 시대를 견디는 것보다 더 크고 깊은 가치를 지닐 수 있다고. 잠재력이 중요한 것은 오로지 그것이 실현될 때 일어날 일 때문이다. 성냥보다는 불이, 반죽보다는 빵이, 설계도보다는 건물이 더 중요하다. 우리는 유전자보다 훨씬 더 소중한 존재다. 자연선택의 단위가 유전자라는 과학적 사실이, 유전자를 당신 대신 주인공으로 내세워야 한다는 주장을 정당화해주지 않는다. 『이기적 유전자』에 대한 열광은 이 정도로 충분하다. 이제 그 열광의 이면을 성찰할 때다.

나가는 글

좋은 유전자는 모두 비슷비슷한 이유로 찬사를 받지만, 나쁜 유전자는 저마다 다양한 이유로 천대받는다. 검은 피부를 만드는 유전자, 정신지체를 유발하는 유전자, 유대인의 정체성을 만드는 유전자, 범죄 유전자, 동성애나 불륜, 그리고 암과 같은 퇴행성 질환을 일으키는 유전자까지, 나쁜 유전자는 늘 인간의 불안과 혐오의 대상이자 편견의 도구가 되어왔다. 유전자는 마치 우리의 인생을 옥죄는 올가미처럼, 벗어나기 힘든 숙명처럼 이해되었다. 그 뒤에는 과학이라는 이름으로 포장된 잘못된 신념이 자리하고 있다.

이 책에서 나는 과거 우생학의 비극으로부터 현대의 유전자 치료 담론까지, 우리가 유전자에 덧씌운 오해를 하나하나 벗겨내고자 했다. 무심코 믿어온 '유전자 결정론'이라는 견고한 신화를 최대한 부드럽게, 그러나 단호하게 해체하려고 노력했다. 이 책을 읽으며 유전자는 우리의 삶을 지배하는 운명이 아니라 주어진 환경 아래서, 또 노력과 우연 가운데서 의미를 만들어가는 정보일 뿐이라는 사실을 독자들이 발견하게 된다면 그보다 기쁘고 보람된 일은 없을 것이다. 유전자에 새겨진 것은 가능성이지, 무조건 받아들여야 할 필연이 아니다.

인간이란 무엇일까? 철학자 리처드 로티Richard McKay Rorty(1931~2007)는 『우연성, 아이러니, 연대Contingency, Irony, and Solidarity』에서 인간 본성에 어떤 내재된 본질이나 발견되어야 할 보편적 인간성 같은 것은 존재하지 않는다고 말했다. 인간의 본성은 결코 고정되어 있거나 완성된 것이 아니라는 통찰이다. 나는 이와 비슷하게, 우리는 '완성된' 존재가 아니라 끝없이 변화하는 '과정'의 존재임을 기억해달라고 책의 어딘가에서 말했다. 여기서 필연적으로 겪을 수밖에 없는 불안과 방황이야말로 인간다움의 증거라고 나는 믿는다. 부족하고 불완전하지만 그로 인해 다양한 정체성을 갖게 된 우리 모두가 온전해질 수 있는 길은 오직 소통과 공감, 그리고 사회적 연대뿐이다.

과학은 인간이 그것을 어떻게 해석하느냐에 따라 차별의 도구가 되기도 하고 연대의 동력이 되기도 한다. 유전자에 관한 사실 중 무언가가 잘못 전달되었다면, 그것은 과학이 틀렸기 때문이 아니라 과학을 해석하는 방식이 틀렸기 때문이다. 유전자라는 단어만으로 스스로를 한계 짓고 자신의 운명을 탓해본 적 있는 이들에게, 이 책이 이미 닫혀버렸다고 생각했던 가능성의 문을 다시 열어주는 도구로 쓰이면 좋겠다. 유전자에 대한 두려움과 무지와 편견을 넘어 더 자유롭고 생명력 넘치는 삶을 꿈꾸기를 기대해본다.

전작 『생명을 묻다』가 많은 독자로부터 분에 넘치는 사랑을 받았다. 독자들의 기대에 힘입어 근 3년 만에 생명에 관한 두 번째 책을 펴내게 되었다. 이 책도 고귀한 생명으로서의 인간을 다시 따뜻하게 바라보게 하는 데 작으나마 도움이 되기를 희망하며 썼다. 이른비 출판사의 박희진 대표님과 안신영 편집장님과 함께 책을 만드는 일은 언제나 즐겁다. 마지막으로 부족한 책을 열심히 읽어주시고 힘이 되는 멋진 말씀으로 추천해주신 정재승 교수님, 이은희 작가님, 김유태 작가님, 그리고 정혜윤 피디님께 감사를 전한다.

참고문헌

들어가는 글

Galton, F., 1865, "Hereditary talent and character", Macmillan's Magazine, 322.

Gray, John Nicholas, 2015, *The Soul of the Marionette: A Short Inquiry into Human Freedom*(『꼭두각시의 영혼』, 김승진 옮김, 이후, 2016).

Müller-Wille, Staffan; Rheinberger, Hans-Jörg, 2012, *Vererbung: Geschichte und Kultur eines biologischen Konzepts*(『유전의 문화사』, 현재환 옮김, 부산대학교출판문화원, 2022).

Pichot, André, 1999, *Histoire de la notion de gène*(『유전자 개념의 역사』, 이정희 옮김, 나남, 2010).

Sandel, Michael, 2007, *The Case against Perfection: Ethics in the Age of Genetic Engineering*(『완벽에 대한 반론』, 김선욱·이수경 옮김, 와이즈베리, 2016).

1. 피부색 유전자

김영호, 2024, 『지구얼굴 바꾼 인종주의』, 도서출판 뱃길.

염운옥, 2019, 『낙인찍힌 몸』, 돌베개.

현재환, 2020, 「인종 분류의 과학사와 그 흔적들」, 『스켑틱』(24호), 바다출판사.

Barbujani, G. et al., 1997, "An apportionment of human DNA diversity",

Proceedings of the National Academy of Sciences of the U.S.A., 94: 4516-4519.

Cavalli-Sforza, Luigi Luca, 1996, *Geni, Popoli, E Lingue*(『유전자, 사람, 그리고 언어』, 이정호 옮김, 지호, 2005).

Cavalli-Sforza, L.L.; Feldman, M.W., 2003, "The application of molecular genetic approaches to the study of human evolution", *Nature Genetics*, 33: 266-275.

Crawford, N.G. et al., 2017, "Loci associated with skin pigmentation identified in African populations", *Science*, 358: 6365.

Darwin, Charles, 1871, *The Descent of Man, and Selection in Relation to Sex*(『인간의 기원』, 추한호 옮김, 동서문화사, 2018).

Delacampagne, Christian, 2000, *Une Histoire du Racisme*(『인종차별의 역사』, 허정희 옮김, 예지, 2013).

Desmond, Adrian; Moore, James, 1991, *Darwin: The Life of a Tormented Evolutionist*(『다윈 평전』, 김명주 옮김, 뿌리와 이파리, 2009).

Gibbons, A., 2014, "Shedding light on skin color", *Science*, 346: 934-936.

Gould, Stephen Jay, 1981, *The Mismeasure of Man*(『인간에 대한 오해』, 김동광 옮김, 사회평론, 2003).

Guillaumin, Golette, 1995, *Racism, Sexism, Power and Ideology*(London: Routledge Chapman & Hall): 107.

Heine, Steven J., 2017, *DNA Is Not Destiny*(『유전자는 우리를 어디까지 결정할 수 있나』, 이가영 옮김, 시그마북스, 2018).

Jablonski, N.G.; Chaplin, G., 2018, "The roles of vitamin D and cutaneous vitamin D production in human evolution and health", *International Journal of Paleopathology*, 23: 54-59.

Kant, Immanuel, 1764, *Beobachtungen über das Gefühl des Schönen und Erhabenen*.

Kant, Immanuel, 1798, *Anthropologie in pragmatischer Hinsicht*(『실용적 관점에서의 인간학』, 백종현 옮김, 아카넷, 2014).

Karawita, A.C., 2023, "The swan genome and transcriptome, it is not all

black and white", *Genome Biology*, 24: 13.
Lamason, R.L. et al., 2005. "SLC24A5, a putative cation exchanger, affects pigmentation in zebrafish and humans", *Science*, 310: 1782-1786.
Lewontin, R.C., 1972, "The apportionment of human diversity", *Evolutionary Biology*, 6: 381-398.
Ovidius, *Metamorphoses*(『변신 이야기』, 천병희 옮김, 도서출판 숲, 2017).
Reich, David, 2018, *Who We Are and How We Got Here*(『믹스처』, 김명주 옮김, 동녘사이언스, 2020).
Sebastián-Enesco, C.; Semin, G.R., 2019, "The brightness dimension as a marker of gender across cultures and age", *Psychological Research*, 84: 2375-2384.
Sussman, Robert Wald, 2014, *The Myth of Race*(『인종이라는 신화』, 김승진 옮김, 지와 사랑, 2022).
Templeton, A.R., 1998, "Human races: A genetic and evolutionary perspective", *American Anthropologist*, 100: 632650.
Templeton, A.R., 2013, "Biological races in humans", *Studies in History and Philosophy of Science Part C: Studies in History and Philosophy of Biological and Biomedical Sciences*, 44: 262-271.
Yudell M. et al., 2016, "Taking race out of human genetics", *Science*, 351: 564-565.
Zimmer, Carl, 2018, *She Has Her Mother's Laugh*(『웃음이 닮았다』, 이민아 옮김, 사이언스북스, 2023).
https://www.cancer.gov/publications/dictionaries/cancer-terms/def/oculocutaneous-albinism(NCI Dictionary of Cancer Terms, "oculocutaneous albinism")
https://www.yna.co.kr/view/AKR20171013080200009 ("피부 색소 영향 미치는 '유전자변이주' 발견", 『연합뉴스』 2017년 10월 13일 기사).
https://scienceon.kisti.re.kr/srch/selectPORSrchTrend.do?cn=SCTM00169653 ("아프리카인 피부는 왜 검을까?", 『사이언스온』 2017년 10월 13일 기사).

2. 희귀병 유전자

신승환, 2023, 『생명철학』, 이학사.

정우현, 2022, 『생명을 묻다』, 이른비.

Alvarez, G. et al., 2009, "The role of inbreeding in the extinction of a European royal dynasty", *PLoS ONE*, 4: e5174.

Castelbaum, L. et al., 2020, "On the nature of monozygotic twin concordance for autistic trait severity: A quantitative analysis", *Behavior Genetics*, 50: 263-272.

Dartnell, Lewis, 2023, *Being Human: How Our Biology Shaped World History* (『인간이 되다』, 이충호 옮김, 흐름출판, 2024).

Darwin, Charles, 1871, *The Descent of Man, and Selection in Relation to Sex*(『인간의 기원』, 추한호 옮김, 동서문화사, 2018).

Desmond, Adrian; Moore, James, 1991, *Darwin: The Life of a Tormented Evolutionist*(『다윈 평전』, 김명주 옮김, 뿌리와 이파리, 2009).

Heine, Steven J., 2017, *DNA Is Not Destiny*(『유전자는 우리를 어디까지 결정할 수 있나』, 이가영 옮김, 시그마북스, 2018).

Lannoy, N.; Hermans, C., 2010, "The 'royal disease' - haemophilia A or B? A haematological mystery is finally solved", *Haemophilia*, 16: 843-847.

Mukherjee, Siddhartha, 2016, *The Gene: An Intimate History*(『유전자의 내밀한 역사』, 이한음 옮김, 까치, 2017).

Rady, Martyn, 2020, *The Habsburgs*(『합스부르크, 세계를 지배하다』, 박수철 옮김, 까치, 2022).

Stevens, R., 2005, "The history of haemophilia in the royal families of Europe", *British Journal of Haematology*, 105: 25-32.

Zimmer, Carl, 2018, *She Has Her Mother's Laugh*(『웃음이 닮았다』, 이민아 옮김, 사이언스북스, 2023).

https://www.farminsight.net/news/articleView.html?idxno=7763 ("미국 젖소의 94%를 차지하는 홀스타인종이 선택적 교배로 매년 근친도가 0.46% 증가하고 있다", 『팜인사이트』 2021년 6월 28일 기사)

3. 사나운 유전자

Bregman, Rutger, 2019, *Humankind: A Hopeful History*(『휴먼카인드』, 조현욱 옮김, 인플루엔셜, 2021).

Darwin, Charles, 1871, *The Descent of Man, and Selection in Relation to Sex*(『인간의 기원』, 추한호 옮김, 동서문화사, 2018).

Darwin, Charles, 2010, *The Variation of Animals and Plants under Domestication*, Cambridge University Press, 1st Edition.

Dugatkin, Lee Alan; Trut, Lyudmila, 2017, *How to Tame a Fox*(『은여우 길들이기』, 서민아 옮김, 필로소픽, 2018).

Graham, Loren, 2016, *Lysenko's Ghost*(『리센코의 망령』, 이종식 옮김, 동아시아, 2021).

Harari, Yuval N., 2015, *Sapiens: A Brief History of Humankind*(『사피엔스』, 조현욱 옮김, 김영사, 2015)

Hare, B. et al., 2012, "The self-domestication hypothesis: evolution of bonobo psychology is due to selection against aggression", *Animal Behaviour*, 83: 573–585.

Hare, B., 2017, "Survival of the friendliest: Homo sapiens evolved via selection for prosociality", *Annual Review of Psychology*, 68: 155–186.

Hare, Brian; Woods, Vanessa, 2020, *Survival of the Friendliest*(『다정한 것이 살아남는다』, 이민아 옮김, 디플롯, 2021).

Henrich, Joseph, 2017, *The Secret of Our Success*(『호모 사피엔스』, 주명진·이병권 옮김, 21세기북스, 2024)

Kukekova, A.V. et al., 2018, "Red fox genome assembly identifies genomic regions associated with tame and aggressive behaviours", *Nature Ecology and Evolution*, 2: 1479–1491.

Pendleton, A.L. et al., 2018, "Comparison of village dog and wolf genomes highlights the role of the neural crest in dog domestication", *BMC Biology*, 16: 64.

Roberts, Alice, 2017, *Tamed: Ten Species that Changed Our World*(『세상을 바꾼 길들임의 역사』, 김명주 옮김, 푸른숲, 2019).

Smoller, Jordan, 2012, *The Other Side of Normal*(『정상과 비정상의 과학』, 오공훈 옮김, 시공사, 2015).

vonHoldt, B.M. et al., 2017, "Structural variants in genes associated with human Williams-Beuren syndrome underlie stereotypical hypersociability in domestic dogs", *Science Advances*, 3: e1700398.

Wrangham, Richard, 2019, *The Goodness Paradox*(『한없이 사악하고 더없이 관대한』, 이유 옮김, 을유문화사, 2020).

4. 열등한 유전자

김재형 외, 2024, 『우리 안의 우생학』, 돌베개.

김호연, 2009, 『우생학, 유전자 정치의 역사』, 아침이슬.

신승환, 2023, 『생명철학』, 이학사.

염운옥, 2009, 『생명에도 계급이 있는가-유전자 정치와 영국의 우생학』, 책세상.

정우현, 2022, 『생명을 묻다』, 이른비.

Desmond, Adrian; Moore, James, 1991, *Darwin: The Life of a Tormented Evolutionist*(『다윈 평전』, 김명주 옮김, 뿌리와 이파리, 2009).

Dikötter, Frank, 2019, *How to Be a Dictator*(『독재자가 되는 법』, 고기탁 옮김, 열린책들, 2021).

Gerstenbrand, F.; Karamat, E., 1999, "Adolf Hitler's Parkinson's disease and an attempt to analyse his personality structure", *European Journal of Neurology*, 6: 121-127.

Gould, Stephen Jay, 1981, *The Mismeasure of Man*(『인간에 대한 오해』, 김동광 옮김, 사회평론, 2003).

Hitler, Adolf, 1927, *Mein Kampf*(『나의 투쟁』, 황성모 옮김, 동서문화사, 2014).

Lieberman, A., 1997, "Hitler's Parkinson's disease began in 1933", *Movement Disorders*, 12: 239-240.

Matlock, P., 1952, "Identical twins discordant in tongue-rolling", *Journal of*

  Heredity, 43: 24.

Pennisi, E., 1997, "Haeckel's embryos: fraud rediscovered", *Science*, 277: 1435.

Pichot, André, 1999, *Histoire de la notion de gène*(『유전자 개념의 역사』, 이정희 옮김, 나남, 2010).

Plato, B.C.380, *Politeia*(『국가』, 천병희 옮김, 도서출판 숲, 2013).

Ridley, Matt, 1999, *Genome: The Autobiography of a species in 23 chapters by Matt Ridley*(『생명 설계도, 게놈』, 하영미·전성수·이동희 옮김, 반니, 2016).

Russell, Bertrand, 1929, *Marriage and Morals*(『결혼과 도덕』, 이순희 옮김, 사회평론, 2016).

Singleton, M.M., 2014, "The 'science' of eugenics: America's moral detour", *Journal of American Physicians and Surgeons*, 19: 122-125.

Spencer, Herbert, 1857, *Progress: Its Law and Cause*(『진보의 법칙과 원인』, 이정훈 옮김, 지식을만드는지식, 2014).

U.S. Supreme Court, 1927, "Buck v. Bell", *Supreme Court Reporter*, 47: 584-585.

Weedon, M.N. et al., 2007, "A common variant of HMGA2 is associated with adult and childhood height in the general population", *Nature Genetics*, 39: 1245-1250.

Weindling, P., 2012, "Julian Huxley and the Continuity of Eugenics in Twentieth-century Britain", *Journal of Modern European History*, 10: 480-499.

Wiedemann, H.R., 1990, "Cheek dimples", *American Journal of Medical Genetics*, 36: 376.

Yengo, L. et al., 2022, "A saturated map of common genetic variants associated with human height", *Nature*, 610: 704-712.

Zimmer, Carl, 2018, *She Has Her Mother's Laugh*(『웃음이 닮았다』, 이민아 옮김, 사이언스북스, 2023).

https://www.bbc.com/korean/features-54715070 ("인도의 '구세주 동생' 오

빠 골수 이식 성공했지만, 윤리성 논란", 『BBC 뉴스 코리아』 2020년 10월 28일 기사)뉴스

https://www.newstatesman.com/culture/books/2022/02/the-sinister-return-of-eugenics?utm_source ("우생학의 불길한 귀환", 『뉴 스테이츠먼』 2022년 2월 9일 존 그레이의 칼럼)

https://unesco.org.uk/site/assets/files/15161/068197engo.pdf ("UNESCO: Its Purpose and Its Philosophy", 1946, 줄리언 헉슬리의 선언문)

5. 범죄 유전자

최정균, 2024, 『유전자 지배 사회』, 동아시아.

Bakermans-Kranenburg, M.J.; van Ijzendoorn, M.H., 2011, "Differential susceptibility to rearing environment depending on dopamine-related genes: new evidence and a meta-analysis", *Development and Psychopathology*, 23: 39-52.

Beaver, K.M. et al., 2008, "A gene-based evolutionary explanation for the association between criminal involvement and number of sex partners", *Biodemography and Social Biology*, 54: 47-55.

Borgaonkar, D.; Shah, S., 1974, "The XYY chromosome, male—or syndrome?", *Progress in Medical Genetics*, 10: 135-222.

Bouchard Jr., T.J. et al., 1990, "Sources of human psychological differences: the Minnesota Study of Twins Reared Apart", *Science*, 250: 223-228.

Caspi, A. et al., 2002, "Influence of life stress on depression: Moderation by a polymorphism in the 5-HTT gene", *Science*, 301: 386-389.

Dwyer, Phlip; Micale, Mark S., 2021, *The Darker Angels of Our Nature: Refuting the Pinker Theory of History & Violence*(『우리 본성의 악한 천사』, 김영서 옮김, 책과함께, 2023).

Eagleman, David, 2011, *Incognito: The Secret Lives of the Brain*(『인코그니토』, 김소희 옮김, 쌤앤파커스, 2011).

Farrington, D.P., 2000, "Psychosocial predictors of adult antisocial personality and adult conviction", *Behavioral Sciences and the Law*, 18: 605-622.

Ficks, Courtney A.; Waldman, Irwin D., 2014, "Candidate genes for aggression and antisocial behavior: a meta-analysis of association studies of the 5HTTLPR and MAOA-uVNTR", *Behavior Genetics*, 44: 427-444.

Gibbons, A., 2004, American Association of Physical Anthropologists Meeting. "Tracking the evolutionary history of a 'warrior gene'", *Science*, 304: 818.

Glass, W.G. et al., 2006, "CCR5 deficiency increases risk of symptomatic West Nile virus infection", *Journal of Experimental Medicine*, 203: 35-40.

Gould, Stephen Jay, 1981, *The Mismeasure of Man*(『인간에 대한 오해』, 김동광 옮김, 사회평론, 2003).

Heine, Steven J., 2017, *DNA Is Not Destiny*(『유전자는 우리를 어디까지 결정할 수 있나』, 이가영 옮김, 시그마북스, 2018).

Henrich, Joseph, 2017, *The Secret of Our Success*(『호모 사피엔스』, 주명진·이병권 옮김, 21세기북스, 2024).

Jacobs, P.A. et al., 1965, "Aggressive behavior, mental sub-normality and the XYY male", *Nature*, 208: 1351-1352.

Lee, K.S. et al., 2018, "Selection on the regulation of sympathetic nervous activity in humans and chimpanzees", *PLoS Genetics*, 14: e1007311.

Newman, T.K. et al., 2005, "Monoamine oxidase A gene promoter variation and rearing experience influences aggressive behavior in rhesus monkeys", *Biological Psychiarty*, 57: 167-172.

Pinker, Steven, 2011, *The Better Angels of Our Nature*(『우리 본성의 선한 천사』, 김명남 옮김, 사이언스북스, 2014).

Pinker, Steven, 2018, *Enlightenment Now: The Case for Reason, Science, Humanism, and Progress*(『지금 다시 계몽』, 김한영 옮김, 사이언스북

스, 2021).

Raine, Adrian, 2013, *The Anatomy of Violence*(『폭력의 해부』, 이윤호 옮김, 흐름출판, 2015).

Sapolsky, Robert M., 2017, *Behave: The Biology of Humans at Our Best and Worst*(『행동』, 김명남 옮김, 문학동네, 2023).

Sweitzer, M.M. et al., 2013, "Polymorphic variation in the dopamine D4 receptor predicts delay discounting as a function of childhood socioeconomic status: evidence for differential susceptibility", *Social Cognitive and Affective Neuroscience*, 8: 499–508.

Terao, M. et al., 2022, "Turnover of mammal sex chromosomes in the Sry-deficient Amami spiny rat is due to male-specific upregulation of Sox9", *Proceedings of the National Academy of Sciences of the U.S.A.*, 119: e2211574119.

Tiihonen, J. et al., 2015, "Genetic background of extreme violent behavior", *Molecular Psychiatry*, 20: 786–792.

Wei, X. & Nielsen, R., 2019, "CCR5-Δ32 is deleterious in the homozygous state in humans", *Nature Medicine*, 25: 909–910.

Widom, C.S.; Brzustowicz, L.M., 2006, "MAOA and the "cycle of violence": childhood abuse and neglect, MAOA genotype, and risk for violent and antisocial behavior", *Biological Psychiatry*, 60: 684–689.

Witkin, H.A. et al., 1976, "Criminality in XYY and XXY men", *Science*, 193: 547–555.

Wrangham, Richard, 2019, *The Goodness Paradox*(『한없이 사악하고 더없이 관대한』, 이유 옮김, 을유문화사, 2020).

https://www.bbc.com/news/science-environment-29760212 ("Two genes linked with violent crime", 『BBC 뉴스』 2014년 10월 28일 기사)

https://www.nature.com/articles/news.2009.1050 ("Lighter sentence for murderer with 'bad genes'", 『네이처』 2009년 9월 30일 Emiliano Feresin의 뉴스 기사)

6. 동성애 유전자

박한선, 2023, 『인간의 자리』, 바다출판사.

정우현, 2022, 『생명을 묻다』, 이른비.

최정균, 2024, 『유전자 지배 사회』, 동아시아.

Bagemihl, Bruce, 1999, *Biological Exuberance: Animal Homosexuality and Natural Diversity*(『생물학적 풍요』, 이성민 옮김, 히포크라테스, 2023).

Bailey, J.M. et al., 2000, "Genetic and environmental influences on sexual orientation and its correlates in an Australian twin sample", *Journal of Personality and Social Psychology*, 78: 524-536.

Balthazart, J., 2018, "Fraternal birth order effect on sexual orientation explained", *Proceedings of the National Academy of Sciences of the U.S.A.*, 115: 234-236.

Deleuze, Gilles; Guattari, Félix, 1972, *L'Anti-Œdipe: Capitalisme et schizophrénie*(『안티 오이디푸스: 자본주의와 분열증』, 김재인 옮김, 민음사, 2014).

Diamond, Jared, 1996, *The Third Chimpanzee*(『제3의 침팬지』, 김정흠 옮김, 문학사상, 2015).

Foucault, Michel, 1976, *Histoire de la sexualité*(『성의 역사』, 이규현 옮김, 나남, 2020).

Ganna, A. et al., 2019, "Large-scale GWAS reveals insights into the genetic architecture of same-sex sexual behavior", *Science*, 365: 6456.

Hamer, D.H. et al., 1993, "A linkage between DNA markers on the X chromosome and male sexual orientation", *Science*, 261: 321-327.

Heine, Steven J., 2017, *DNA Is Not Destiny*(『유전자는 우리를 어디까지 결정할 수 있나』, 이가영 옮김, 시그마북스, 2018).

Kendler, K.S. et al., 2000, "Sexual orientation in a U.S. national sample of twin and nontwin sibling pairs", *American Journal of Psychiatry*, 157: 1843-1846.

Matson, C.K. et al., 2011, "DMRT1 prevents female reprogramming in the postnatal mammalian testis", *Nature*, 476: 101−104.

Mukherjee, Siddhartha, 2016, *The Gene: An Intimate History*(『유전자의 내밀한 역사』, 이한음 옮김, 까치, 2017).

Park, Dongkyu et al., 2010, "Male−like sexual behavior of female mouse lacking fucose mutarotase", *BMC Genetics*, 11: 62.

Rice, W.R. et al., 2012, "Homosexuality as a consequence of epigenetically canalized sexual development", *The Quarterly Review of Biology*, 87: 343−368.

Ridley, Matt, 1999, *Genome: The Autobiography of a species in 23 chapters by Matt Ridley*(『생명 설계도, 게놈』, 하영미·전성수·이동희 옮김, 반니, 2016).

Swaab, Dick, 2010, *Wij Zijn Ons Brein. van Baarmoeder tot Alzheimer*(『우리는 우리 뇌다』, 신순림 옮김, 열린책들, 2015).

Uhlenhaut, N.H. et al., 2009, "Somatic sex reprogramming of adult ovaries to testes by FOXL2 ablation", *Cell*, 139: 1130−1142.

Wrangham, Richard, 2019, *The Goodness Paradox*(『한없이 사악하고 더없이 관대한』, 이유 옮김, 을유문화사, 2020).

Yakir, Liat, 2024, *A Brief History of Love*(『사랑의 짧은 역사』, 진영인 옮김, 아모르문디, 2025).

https://www.bostonglobe.com/2024/04/08/opinion/sex−gender−medical−terms/("섹스와 젠더", 『보스턴글로브』 2024년 4월 8일 앨런 소칼과 리처드 도킨스의 사설)

https://jamanetwork.com/DocumentLibrary/jama−network−draft−guidance−on−gender−sex−and−age.pdf

https://nypost.com/2023/05/20/trans−woman−forced−to−use−mens−locker−room−sues−nyc−yoga−studio−for−5m/

https://trove42.com/new−york−city−recognizes−31−gender−identities/

https://www.apa.org/practice/guidelines/transgender.pdf

https://www.nature.com/articles/d41586−023−03922−6

7. 암 유전자

Agus, David B., 2023, *The Book of Animal Secrets*(『코끼리는 암에 걸리지 않는다』, 허성심 옮김, 현암사, 2024).

Ames, B.N. et al., 1973, "Carcinogens are mutagens: a simple test system combining liver homogenates for activation and bacteria for detection", *Proceedings of the National Academy of Sciences of the U.S.A.*, 70: 2281-2285.

Heine, Steven J., 2017, *DNA Is Not Destiny*(『유전자는 우리를 어디까지 결정할 수 있나』, 이가영 옮김, 시그마북스, 2018).

Hu, C. et al., 2021, "A population-based study of genes previously implicated in breast cancer", *New England Journal of Medicine*, 384: 440-451.

Koshland Jr., D.E., 1993, "Molecule of the Year", *Science*, 262: 1953.

Martin, G.S., 2001, "The hunting of the Src", *Nature Review of Molecular Cell Biology*, 2: 467-475.

Mitchell, P.D. et al., 2021, "The prevalence of cancer in Britain before industrialization", *Cancer*, 127: 3054-3059.

Moore, Kate, 2016, *The Radium Girls*(『라듐 걸스』, 이지민 옮김, 사일런스북, 2018).

Mukherjee, Siddhartha, 2010, *The Emperor of All Maladies: A Biography of Cancer*(『암: 만병의 황제의 역사』, 이한음 옮김, 까치, 2011).

Pecorino, Lauren, 2016, *Molecular Biology of Cancer*, 4th edn., Oxford University Press.

Reitz, Manfred, 2006, *Die Chaos Zellen*(『세포들의 반란』, 정수정 옮김, 프로네시스, 2008).

Skloot, Rebecca, 2010, *The Immortal Life of Henrietta Lacks*(『헨리에타 랙스의 불멸의 삶』, 김정한·김정부 옮김, 문학동네, 2012).

Sontag, Susan, 1978, *Illness as Metaphore*(『은유로서의 질병』, 이재원 옮김, 이후, 2002).

Weinberg, Robert, 1998, *One Renegade Cell*(『세포의 반란』, 조혜성·안성민 옮

김, 사이언스북스, 2005).

https://equivita.it/documents/Newsweek_cancer_000.pdf ("We fought cancer… and cancer won", 『뉴스위크』 2008년 9월 15일 기사)

https://www.cbsnews.com/news/breast-cancer-most-commonly-diagnosed ("Female breast cancer passes lung cancer as most commonly diagnosed worldwide", 『CBS 뉴스』 2021년 2월 4일 기사)

https://www.newsweek.com/2015/10/16/researchers-studying-elephants-improve-cancer-treatment-380822.html ("Why elephants don't get cancer—and what that means for humans", 『뉴스위크』 2015년 10월 8일 기사)

https://www.nytimes.com/2010/02/07/books/review/Margonelli-t.html?pagewanted=all&_r=0 ("Eternal Life", 『뉴욕 타임스』 2010년 2월 7일 서평 기사)

https://www.pharmnews.com/news/articleView.html?idxno=65481 ("美 대법원 인간유전자 특허 불허", 『팜뉴스』 2013년 6월 17일 기사)

8. 이기적 유전자

이찬웅, 2021, 『기계이거나 생명이거나』, 이학사.

최재천 외, 2008, 『사회생물학, 인간의 본성을 말하다』, 산지니.

최재천, 2023, 『다윈의 사도들』, 사이언스북스.

Chang, J., 1999, "Recent common ancestors of all present-day individuals", *Advances in Applied Probability*, 31: 1002-1026.

Darwin, Charles, 1859, *On the Origin of Species by Means of Natural Selection*(『종의 기원』, 장대익 옮김, 사이언스북스, 2019)

Dawkins, Richard, 1976, *The Selfish Gene*(『이기적 유전자』, 홍영남 옮김, 을유문화사, 1993)

Dawkins, Richard, 2006, *The God Delusion*(『만들어진 신』, 이한음 옮김, 김영사, 2007)

Dawkins, Richard, 2013, *An Appetite for Wonder: The Making of a Scientist*(『리

처드 도킨스 자서전 1: 어느 과학자의 탄생』, 김명남 옮김, 김영사, 2016)

Dawkins, Richard, 2015, *Brief Candle in the Dark: My Life in Science*(『리처드 도킨스 자서전 2: 나의 과학 인생』, 김명남 옮김, 김영사, 2016)

Dennett, Daniel C., 1995, *Darwin's Dangerous Idea: Evolutions and the Meaning of Life*(『다윈의 위험한 생각』, 신광복 옮김, 바다출판사, 2025)

Dugatkin, L.A., 2007, "Inclusive fitness theory from Darwin to Hamilton", *Genetics*, 176: 1375-1380.

Hamilton, W.D., 1964, "The genetical evolution of social behaviour. I", *Journal of Theoretical Biology*, 7: 1-16.

Hamilton, W.D., 1964, "The genetical evolution of social behaviour. II", *Journal of Theoretical Biology*, 7: 17-52.

Henrich, Joseph, 2017, *The Secret of Our Success*(『호모 사피엔스』, 주명진·이병권 옮김, 21세기북스, 2024)

Leland, Kevin, Brown, Gillian, 2011, *Sense and Nonsense*(『센스 앤 넌센스』, 양병찬 옮김, 동아시아, 2014).

Lewontin, R.C., Rose, S., Kamin, L.J., 2017, *Not in Our Genes: Biology, Ideology, and Human Nature*(2nd edn.)(『우리 유전자 안에 없다』(2판), 이상원 옮김, 한울아카데미, 2023).

McGrath, Alister, 2004, *Dawkins' God*(『도킨스의 신』, 김지연 옮김, SFC, 2007).

Midgley, Mary, 1978, *Beast and Man*(『짐승과 인간』, 권루시안 옮김, 위고, 2025).

Midgley, M., 1979, "Gene-Juggling", *Philosophy*, 54: 439-458.

Miller, S.M., 1993, "Jordan, an active Volvox transposable element similar to higher plant transposons", *Plant Cell*, 5: 1125-1138.

Noble, Dennis, 1992, *The Music of Life: Biology Beyond the Genome*(『생명의 음악』, 이정모·염재범 옮김, 열린과학, 2009).

Ridley, Matt, 2003, *Nature via Nurture: Genes, Experience, and What Makes Us*

Human(『본성과 양육』, 김한영 옮김, 김영사, 2004)

Singer, Peter, 2011, *The Expanding Circle: Ethics, Evolution, and Moral Progress*(『사회생물학과 윤리』, 30주년 기념판, 김성한 옮김, 연암서가, 2012)

Wedekind, C. et al., 1995, "MHC-dependent mate preferences in humans", *Proceedings of the Royal Society B: Biological Sciences*, 260: 245-249.

Wilson, Edward O., 1978, *On Human Nature*(『인간 본성에 대하여』, 이한음 옮김, 사이언스북스, 2000)

Zola, Émile, 1877, *L'Assommoir*(『목로주점』, 박명숙 옮김, 문학동네, 2011)

https://aeon.co/essays/the-selfish-gene-is-a-great-meme-too-bad-it-s-so-wrong ("죽어라, 이기적 유전자여, 죽어라", 『이온』 2013년 12월 13일, 데이비드 돕스의 에세이)

https://www.dongascience.com/news.php?idx=-57795 ("쥐와 인간 유전자 80% 같다", 『동아사이언스』 2002년 12월 6일 기사)

https://www.gresham.ac.uk/watch-now/human-evolution-over ("인간의 진화는 끝났는가?", 스티브 존스의 「그리샴 칼리지 강연」 2015년 2월 11일 유튜브 강연)

나가는 글

Rorty, Richard, 1989, *Contingency, Irony, and Solidarity*(『우연성, 아이러니, 연대』, 김동식·이유선 옮김, 사월의책, 2020).

도판 출처 및 소장처

크리에이티브 커먼스(CC) 저작자 표시는 모두 위키미디어 커먼스(Wikimedia Commons)의 이미지 자료이며, PD는 퍼블릭 도메인이다.

29_Museo Nacional del Prado(Madrid), PD 32_Rod Waddington, CC-BY-SA-2.0 35_Musée d'Orsay(Paris), PD 38_The Linnean Society, linnean.org 41_British Museum, PD / Internet Archive and West Virginia University Libraries 45_Brera Gallery(Milan), rorate-caeli.blogspot.com 48_Museo Nacional del Virreinato(Tepotzotlán, Mexico), PD 51_UNESDOC Digital Library, unesdoc.unesco.org 56_Cystic Fibrosis Foundation, x.com / PD 59_Robert Bulmahn, CC-BY-2.0 60_Tony Webster, CC-BY-2.0 64_National Portrait Gallery, PD 66_allthatsinteresting.com

72_Wellcome Library(London), CC-BY-4.0 77_PD 79_PD 82_PD 85_Kunsthistorisches Museum Wien, PD 89_Museo del Prado(Madrid), PD 90_Kunsthistorisches Museum Wien, PD 92_National Museum of Egyptian civilization(Cairo), CC-BY-SA-3.0 96_Down House, PD / PD 101_Musée du Louvre(Paris), PD / Museo Nacional del Prado(Madrid), PD 103_Linda Hall Library, lindahall.org 108_Encyclopædia Britannica, Inc.

115_Nationaal Archief, PD 118_Institute of Cytology and Genetics of Siberia 120_Tatiana Bulyonkova, Flickr, CC-BY-SA-2.0 122_The Trustees of the Natural History Museum(London) 124_Svetlana Argutinskaya, CC-BY-SA-4.0 128_CC-BY-SA-4.0 130_Rijksmuseum Amsterdam, PD 136_Alex Georgiev, Kibale Chimpanzee Project(kibalechimpanzees.wordpress.com) 138_Museo del Prado(Madrid), PD 143_National Portrait Gallery(London), PD / Musée Carnavalet(Paris), PD 147_Todd Huffman, CC-BY-2.0 / PD

155_GilPe, CC-BY-SA-4.0 157_PD 159_Arthur Estabrook Papers, Special Collections & Archives, University at Albany, SUNY 162_PD 165_Marine Biological Laboratory, history. archives.mbl.edu 168_Galton Institute, tekniskmuseum.no 172_PD 173_PD 177_Friedrich Franz Bauer, German Federal Archives, CC-BY-SA-3.0 / PD 180_collections.libraries.indiana.edu 182_UCLA Library Digital Collections, digital.library.ucla.edu 185_C&T Auctions, BNPS 187_deutschlandmuseum.de 191_Warner Bros 194_Harry Ransom Center(The University of Texas at Austine), fridakahlo.org

201_shutterstock 205_impdb.fandom.com 207_Wellcome Collection, CC-BY-4.0 208_Wellcome Collection, CC-BY-4.0 212_Österreichische Galerie Belvedere(Wein), PD 215_genetrackzimbabwe.com / metaphasegenetics.com 217_penntoday.upenn.edu 222_edition.cnn.com(screenshot) 224_United States Holocaust Memorial Museum, PD / Archiv der Max-Planck-Gesellschaft(Berlin-Dahlem), 227_Christopher P. Michel, CC-BY-SA-4.0 229_tate.org.uk 231_Guinness World Records(facebook) 232_CC-BY-3.0 237_PD / Christopher Michel, CC-BY-SA-4.0

244_lettresantiques.fandom.com/fr/wiki 249_Museo Nacional del Prado(Madrid), PD 252_Yann Caradec, CC-BY-SA-2.0 258_Munch-museet, PD 261_musée du Louvre, PD 264_Warner Bros. Pictures 265_Clinica Estetico, imdb.com 266_LSE Library, Flickr Commons, PD 269_science.org 273_ad.nl 276_Musée des Beaux-Arts de la ville de Paris, PD 277_Disney/Pixar 279_Focus Features, slate.com

284_PD 287_PD / Daily Herald Archive, physicsworld.com 289_Wellcome Collection, CC-BY-4.0 292_tobacco.stanford.edu 295_Library of Congress(Washington, D.C.), loc.gov 296_intelligentcollector.com 299_The Mary Lasker Papers, National Library of Medicine 301_Australian War Memorial, awm.gov.au 304_fastlifehacks.com 307_science.org 310_thirteen.org(screenshot) 315_CC-BY-SA-3.0 318_flickr.com, CC BY-SA / National Institutes of Health (NIH), PD

324_PD 327_Media Services, Stony Brook University / University of Sussex, Brithsh Library-Science Blog(blogs.bl.uk) 329_alamy 332_Oxford University Press 334_Tokyo Zoological Park Society 337_Jim Harrison, CC-BY-2.5 342_Private collection, PD 345_Palais des Beaux-Arts de Lille, PD 350_Musée du Louvre(Paris), PD 353_LUCA Science Magazine, luca.co.in / sickchirpse.com 355_reddit.com 358_PD 361_Art Institute of Chicago, CC-BY-SA-4.0 364_Shane Pope, Flickr.com, CC-BY-2.0 367_Wellcome Collection, CC-BY-4.0 370_aeon.co(screenshot)

나쁜 유전자
세계사를 뒤바꾼 문제적 유전자 바로 읽기

1판 1쇄 발행일 2025년 9월 15일
1판 2쇄 발행일 2025년 11월 20일

지은이 정우현
펴낸이 박희진

펴낸곳 이른비
등록 제2020-000136호
주소 10517 경기도 고양시 덕양구 행신로 143번길 26, 1층
전화 031) 979-2996 팩스 031) 979-0311
이메일 ireunbibooks@naver.com
페이스북 facebook.com/ireunbibooks
인그타그램 @ireunbibooks

편집 안신영 **조판** 노승우 **디자인** 김선미

ⓒ 정우현, 2025
ISBN 979-11-982850-7-2 03470

책값은 뒤표지에 있습니다.
파본은 구입하신 서점에서 바꾸어드립니다.
무단 전재와 복제를 금합니다.

이른비 씨 뿌리는 시기에 내리는 비를 말하며, 마른 땅을 적시는 비처럼
인간의 정신과 마음을 풍요롭게 하는 책을 만듭니다.